"十二五"职业教育国家规划教材
经全国职业教育教材审定委员会审定

（修订版）

模具钳工
第2版

主　编　魏丽燕
副主编　傅宝根　张小青
参　编　江建招　吴坤生　林艳如
　　　　李晓琴

机械工业出版社
CHINA MACHINE PRESS

本书是"十二五"职业教育国家规划教材修订版，是根据教育部最新公布的《职业院校模具专业教学标准》，同时参考钳工及模具工职业资格标准编写而成的。本书以任务为引领，共分 6 个单元，23 个任务，主要内容包括钳工基础知识，钳工基础操作，镶配件的制作，零件的研磨与抛光，模具拆装，模具的安装、调试与验收。

本书可作为职业院校模具专业教材，也可作为钳工、模具工岗位培训教材。

为便于教学，本书配套有助教课件等教学资源，选择本书作为教材的教师可登录 www.cmpedu.com 网站，注册、免费下载。

图书在版编目（CIP）数据

模具钳工／魏丽燕主编．--2 版．--北京：机械工业出版社，2025.6．--（"十二五"职业教育国家规划教材）．-- ISBN 978-7-111-78503-3

Ⅰ．TG76

中国国家版本馆 CIP 数据核字第 2025GM4815 号

机械工业出版社（北京市百万庄大街22号　邮政编码100037）
策划编辑：汪光灿　　　　　责任编辑：汪光灿
责任校对：曹若菲　薄萌钰　封面设计：张　静
责任印制：单爱军
北京盛通数码印刷有限公司印刷
2025 年 7 月第 2 版第 1 次印刷
184mm×260mm・14.25 印张・2 插页・351 千字
标准书号：ISBN 978-7-111-78503-3
定价：47.50 元

电话服务	网络服务
客服电话：010-88361066	机　工　官　网：www.cmpbook.com
010-88379833	机　工　官　博：weibo.com/cmp1952
010-68326294	金　书　网：www.golden-book.com
封底无防伪标均为盗版	机工教育服务网：www.cmpedu.com

前　言

本书是"十二五"职业教育国家规划教材修订版，是根据教育部现行的《职业院校模具专业教学标准》，同时参考钳工及模具工职业技能资格标准，结合职业院校学生的认知特点及机械行业，特别是模具生产企业现状及岗位要求编写的。应广大读者要求，并根据机械工业出版社的建议，2023年启动了对第1版的修订工作，并于2025年1月完成。为了对标钳工技能竞赛的训练，本书在单元二中增加了任务五，学校可根据自身情况，通过增加课时加强竞赛训练，也可以任选任务四或任务五完成教学要求。为了提升教学直观性，便于学生复习和预习，本版增加了17个教学视频。

本书以任务为引领，共分6个单元，包括23个任务，主要介绍测量技术、划线、锯削、锉削、钻孔、研磨抛光、模具装配、模具拆卸、模具安装调试及模具验收等工艺基础知识及操作方法、步骤等。本书着重培养学生的实践动手能力和学习思考能力，力求体现以下特色。

1. 执行现行标准

本书依据现行《职业院校模具专业教学标准》的要求，对接钳工及模具制造工职业技能资格标准。

2. 体现新模式

本书采用理实一体化的编写模式，突出"做中教，做中学"的职业教育特色。

3. 注重实操性

本书以任务为引领，精讲多练，强化学生的实践动手能力，教学目标明确。

4. 强调直观性

本书尽量以图代字，图文并茂，并采用教学视频，简洁易懂，符合职业院校学生的认知特点。

5. 选用灵活性

本书内容范围广泛，选用灵活性强，不仅适用于基础钳工和模具钳工教学，同时兼顾模具拆装与调试（选学部分）。

本书建议教学学时为130~214学时（4~8周），具体学时分配建议如下

单元	任务		建议学时
单元一 钳工基础知识	任务一	安全认知	2
	任务二	钳工常用设备及量具认知	6~12
	任务三	划线常识	4~6
	任务四	装配基础	2~4
单元二 钳工基础操作	任务一	正方形的锯削加工	4~6
	任务二	正方形的锉削加工	4~6

(续)

单元	任务		建议学时
单元二 钳工基础操作	任务三	滑块的锯削与锉削*	12~14
	任务四	鸭嘴锤头的制作	20~24
	任务五	五巧板的制作*	20~24
单元三 镶配件的制作	任务一	凹凸件的锉配	4~10
	任务二	燕尾的镶配	6~12
	任务三	燕尾圆弧变位配	6~12
单元四 零件的研磨与抛光	任务一	凹模板的研磨	6~12
	任务二	型腔的抛光	4~6
单元五 模具拆装*	任务一	典型单工序落料冲模的拆装	4~6
	任务二	落料冲孔复合模的拆装	4~6
	任务三	单分型面塑料模具的拆装	6~12
	任务四	斜导柱侧向分型模具的拆装	6~12
单元六 模具的安装、调试与验收*	任务一	落料冲孔复合模的安装	2~6
	任务二	落料冲孔复合模的调试	2~4
	任务三	注射模的安装	2~6
	任务四	注射模的调试	2~6
	任务五	模具的验收	2~6
总计			130~214

注：带"*"部分为选学内容。

教学建议：

1）教师可根据实际教学情况来确定教学目标，安排不同的教学学时，有选择地进行教学训练，具体安排如下：

单元任务	教学学时	适用范围
单元一（部分）、单元二（部分）	1周（26~30学时）	汽车及电类专业
单元一、单元二（部分）	2周（52~60学时）	汽车、机类（非模具）专业
单元一~四	4周	模具专业
单元五、单元六	2~3周	模具拆装、调试

2）在实际教学中，教师可根据学生情况，将各任务中的"相关知识"融入学生技能实训中，同时注重培养学生的安全意识、质量意识和职业道德规范。

3）积极采用多媒体教学，把指导教师的动作示范、多媒体演示和学生动手训练灵活地融合在一起。同时，每个教学班级尽可能配备2~3位指导教师，其中一位教师须具备机械类专业本科学历。

本书由福建工业学校魏丽燕任主编，江苏省南京技师学院傅宝根和福建工业学校张小青任副主编，江建招、吴坤生、林艳如、李晓琴参加了编写，福建省部分模具行业、企业专家对本书提出了宝贵的建议。在编写过程中，编者参阅了国内外出版的有关教材和资料，在此一并向相关作者表示衷心感谢！

由于编者水平有限，书中不妥之处在所难免，恳请读者批评指正。

编　者

二维码索引

序号与名称	二维码	页码	序号与名称	二维码	页码
视频1-1 游标卡尺		6	视频2-4 锉削工具		37
视频1-2 游标万能角度尺的读数		6	视频2-5 锉削操作		40
视频1-3 千分尺的读数		8	视频2-6 平面锉法		41
视频1-4 游标万能角度尺的使用		14	视频2-7 工件的装夹		51
视频1-5 游标高度卡尺的使用		19	视频2-8 钻头的装夹及转速的调节		52
视频1-6 样冲的使用		19	视频2-9 钻孔操作		53
视频2-1 手锯及锯条的安装		29	视频2-10 外圆弧面锉削		53
视频2-2 锯削姿势		31	视频2-11 内圆弧面的锉削		54
视频2-3 起锯方法		32			

目 录

前言
二维码索引
单元一　钳工基础知识 … 1
　　任务一　安全认知 … 1
　　任务二　钳工常用设备及量具认知 … 3
　　任务三　划线常识 … 16
　　任务四　装配基础 … 23
单元二　钳工基础操作 … 28
　　任务一　正方形的锯削加工 … 28
　　任务二　正方形的锉削加工 … 35
　　任务三　滑块的锯削与锉削* … 43
　　任务四　鸭嘴锤头的制作 … 48
　　任务五　五巧板的制作* … 56
单元三　镶配件的制作 … 66
　　任务一　凹凸件的锉配 … 66
　　任务二　燕尾的镶配 … 73
　　任务三　燕尾圆弧变位配 … 81
单元四　零件的研磨与抛光 … 93
　　任务一　凹模板的研磨 … 93
　　任务二　型腔的抛光 … 98
单元五　模具拆装* … 105
　　任务一　典型单工序落料冲模的拆装 … 105
　　任务二　落料冲孔复合模的拆装 … 111
　　任务三　单分型面塑料模具的拆装 … 117
　　任务四　斜导柱侧向分型模具的拆装 … 127
单元六　模具的安装、调试与验收* … 136
　　任务一　落料冲孔复合模的安装 … 136
　　任务二　落料冲孔复合模的调试 … 146
　　任务三　注射模的安装 … 155
　　任务四　注射模的调试 … 167
　　任务五　模具的验收 … 177
附录 … 191
　　附录A　钳工国家职业技能标准 … 191
　　附录B　模具工国家职业技能标准 … 203
参考文献 … 221

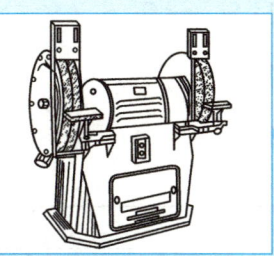

单元一

钳工基础知识

任务一　安全认知

【知识目标】

1. 了解钳工工作场地的布局。
2. 掌握安全文明生产常识。

一、钳工工作场地

钳工工作场地是指钳工的固定工作地点。钳工工作场地的布局一定要合理，且必须符合安全文明生产的要求。

1. 合理布置主要设备

1）钳工工作台应安放在光线适宜、工作方便的地方，各钳工工作台之间的距离应适当。面对面放置的钳工工作台还应在中间设置安全网。

2）砂轮机、钻床应安装在场地的边缘。尤其是砂轮机，一定要安装在安全、可靠的地方。

2. 毛坯和工件要分开放

毛坯和工件要分别摆放整齐，工件尽量放在搁架上，以免磕碰。

3. 合理摆放工、夹、量具

常用工、夹、量具应放在工作位置的附近，便于随时取用。工具、量具用后应及时保养并放回原处存放。

4. 工作场地应保持整洁

每个工作日下班后应按要求对设备进行清理、润滑，并把工作场地打扫干净。

二、安全文明生产常识

遵守劳动纪律，执行安全操作规程，严格按工艺要求操作是保证产品质量的重要前提。安全为了生产，生产必须安全。安全文明生产的一般常识如下。

1）工作前按要求穿戴好防护用品。

2）不准擅自使用不熟悉的机床、工具、量具。
3）毛坯、半成品应按规定摆放整齐,并随时清除油污、异物等。
4）清除切屑时,不得用手直接拉、擦或嘴吹。
5）工具、夹具、量具应放在指定地点,严禁乱堆乱放。
6）工作中一定要严格遵守钳工安全操作规程,见表1-1。

表1-1 钳工安全操作规程

序号	安全操作规程内容
1	进入实训场地必须穿工作服、工作鞋、戴工作帽,女同学必须把长发收入帽内;禁止穿高跟鞋、拖鞋、背心、裙子、短裤等操作
2	工作前先检查工作场地及工具是否安全,若有不安全之处及损坏现象,应及时清理和修理,并安放妥当
3	锤头和锤把要安装牢固
4	锤头、錾子、冲头尾部不准有淬头裂缝、卷边及毛刺,錾切工件时要注意自己和他人不要被切屑击伤
5	锤击时要注意周围环境,根据工作场所情况在工作前放置安全网
6	锤击时应将锤头和锤把上的油擦净,不得戴手套操作
7	使用锉刀时应装上锉刀柄。锉刀柄不得有裂缝,如果出现裂缝则必须有箍,不得结扎钢丝
8	锉刀放置不得伸出工作台外
9	不准用锉刀进行撬、砸、敲打等操作
10	锉刀在工件上不能推拉过两端面
11	锉刀不得沾油,存放时不得互相叠放,不得将坚硬物品放置于锉刀之上
12	工件支承一定要牢固平稳,在支承过程中要随时加木垫
13	大型或重型工件翻面或调头时,必须使用起重工具,并加木垫
14	平台要保持洁净,搬动时要采取防护措施,防止平面滑伤,以保证平台工作面的精度
15	锯条不宜过松或过紧,以免断裂
16	锯削工件用台虎钳夹持时,锯切位置不宜伸出过长
17	工件锯削开始或将要切断时,须轻轻推锯,以防滑出碰手或使锯条断裂
18	锯切工件一定夹紧,且钢件要润滑
19	工作前必须检查板牙、板牙架、丝锥和丝杠是否有损坏裂纹
20	使用丝锥和板牙时,一定要垂直加工工件,用力均匀,不要过猛,以防工具及工件损坏,攻不通孔螺纹更要特别小心
21	铰孔时不准反转,以免切削刃崩刃
22	刮刀一定要装好手把方可使用,以免戳伤
23	刮研时不要用力过猛,以免滑脱刺伤
24	刮研时工件要轻拿轻放,合研表面必须保持清洁
25	工件研磨时不要用力过猛,推拉时不得过长
26	使用砂轮刃磨工具时,要听从教师指导,并按操作规程进行
27	钻孔时按机加工一般安全技术规则进行(见机加工安全技术规则)
28	钻床速度不能随意变更,如需调整,需经师傅同意,必须停车后才能调整
29	钻孔时工件必须夹于台虎钳上,严禁用手握住工件;钻孔将要穿透时,应十分小心,不可用力过猛
30	装配中所用扳手、螺钉旋具等要符合规定,用力不能过猛,以防打滑造成事故。使用扳手要符合螺母的要求,站好位置,同时注意旁人,以防扳手滑脱伤人,扳手不允许当锤子使用
31	使用电钻前,应检查是否漏电(如有漏电现象应交电工处理),并将工件放稳,人要站稳,手要握紧,两手用力要均衡并掌握好方向,保持钻杆与被钻工件面垂直

任务二 钳工常用设备及量具认知

【知识目标】

1. 了解钳工常用设备的种类、规格和用途。
2. 了解常用设备的使用注意事项。
3. 了解钳工常用量具的组成和结构。
4. 掌握安全文明生产基本常识。

【技能目标】

能正确使用游标卡尺、千分尺、R规及游标万能角度尺。

一、钳工常用设备

钳工工作场地是供一组工人工作的固定地点，在这块固定场地上，安装的主要设备有钳工工作台、台虎钳、砂轮机、台式钻床等。

1. 钳工工作台

钳工工作台如图1-1所示，也称钳工台或钳桌、钳台，其主要作用是安装台虎钳和存放钳工常用工具、夹具、量具。

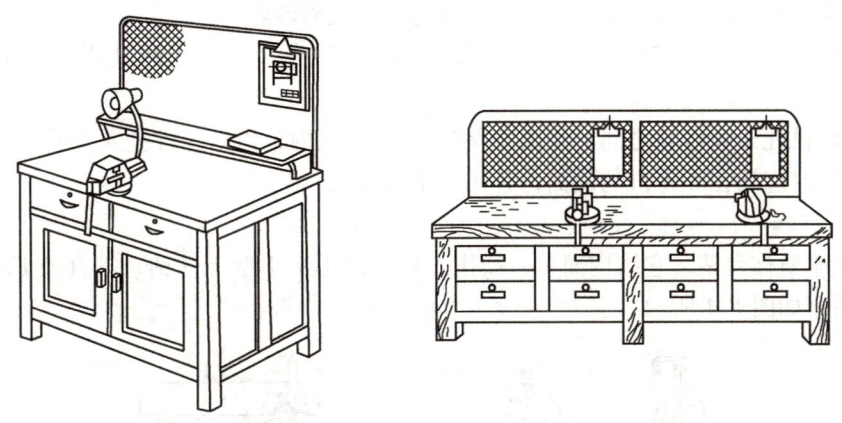

图1-1　钳工工作台

2. 台虎钳

台虎钳是用来夹持工件的通用夹具，其规格用钳口宽度来表示，常用规格有100mm、125mm和150mm等。

台虎钳有固定式和回转式两种，如图1-2所示。两者的主要结构和工作原理基本相同，其不同点是回转式台虎钳比固定式台虎钳多了一个底座，工作时钳身可在底座上回转，因此使用方便、应用范围广，可满足不同方位的加工需要。

使用台虎钳的注意事项如下。

1）夹紧工件时要松紧适当，只能用手扳紧手柄，不得借助其他工具加力。

2）强力作业时，应尽量使力朝向固定钳身。
3）不许在活动钳身和光滑平面上敲击作业。
4）对丝杠、螺母等活动表面应经常清洗、润滑，以防生锈。

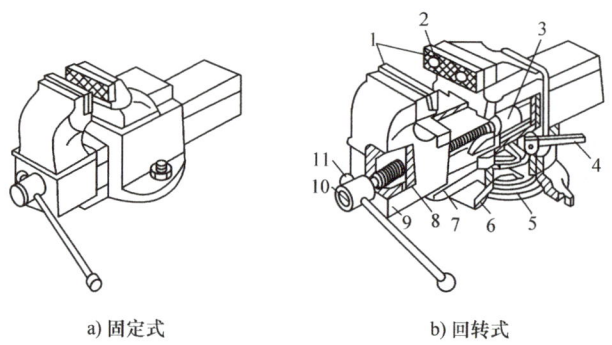

a) 固定式　　　　b) 回转式

图 1-2　台虎钳

1—钳口　2—螺钉　3—螺母　4、11—手柄　5—夹紧盘　6—转盘座
7—固定钳身　8—挡圈　9—活动钳身　10—丝杠

3. 砂轮机

砂轮机是用来刃磨各种刀具、工具的常用设备，由电动机、砂轮机座、托架和防护罩等部分组成，如图 1-3 所示。

砂轮较脆，转速又很高，使用时应严格遵守以下安全操作规程：

1）砂轮机的旋转方向要正确，只能使磨屑向下飞离砂轮。
2）砂轮机起动后，应在砂轮旋转平稳后再进行磨削。若砂轮跳动明显，应及时停机修整。
3）砂轮机托架和砂轮之间的距离应保持在 3mm 以内，以防工件扎入造成事故。
4）磨削时应站在砂轮机的侧面，且用力不宜过大。

4. 台式钻床

台式钻床简称台钻，它结构简单、操作方便，常用于小型工件钻、扩直径 12cm 以下的孔。台式钻床如图 1-4 所示。

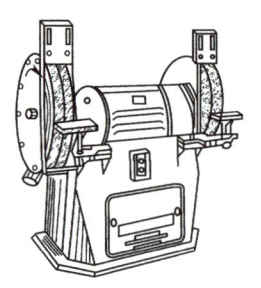 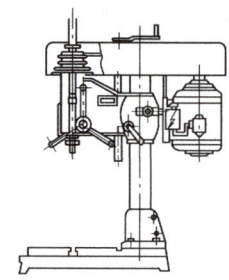

图 1-3　砂轮机　　　　图 1-4　台式钻床

5. 常用设备的操作练习

（1）台虎钳操作与保养练习　首先了解台虎钳的结构，熟悉各部分的作用，然后进行工件夹紧、松开及回转盘的转动、固定等基本动作练习，以及台虎钳的日常保养练习。

（2）砂轮机操作与磨削练习　认真观察砂轮机的结构，调整托架，使其与砂轮的距离不大于3mm，然后进行磨削练习，并进行更换砂轮和砂轮机日常保养练习。

（3）台式钻床操作练习

1）认真观察台式钻床的结构，熟悉各部分的作用；进行润滑练习。

2）主轴由低速到高速逐级进行变速练习。

3）练习手动进给，基本掌握匀速进给。

4）工作台升、降及固定练习。

5）单项操作熟练后，可进行钻头装夹及空转、进给练习；进行台式钻床保养练习。

二、钳工常用量具及使用方法

1. 量具的分类

为了保证产品质量，必须对加工过程中及加工完毕的工件进行严格的测量。用来测量工件及产品形状、尺寸的工具称为量具或量仪。量具的种类很多，根据其用途及特点不同，可分为万能量具、专用量具和标准量具等。

（1）万能量具　能对多种零件、多种尺寸进行测量的量具。这类量具一般都有刻度，在测量范围内可测量出零件或产品形状、尺寸的具体数值，如游标卡尺、千分尺、百分表和游标万能角度尺等。

（2）专用量具　专为测量零件或产品某一形状、尺寸制造的量具。这类量具不能测出具体的实际尺寸，只能测出零件或产品的形状、尺寸是否合格，如卡规、量规等。

（3）标准量具　只能制成某一固定尺寸，用来校对和调整其他量具的量具，如量块。

2. 量具的组成、结构及工作原理

凡利用尺身和标尺标线间长度之差原理制成的量具，统称为游标量具。常用的游标量具有游标卡尺、游标高度卡尺、游标深度卡尺、游标齿厚卡尺和游标万能角度尺等。

（1）游标卡尺　游标卡尺可用来测量长度、厚度、外径、内径、孔深和中心距等。游标卡尺的分度值有0.1mm、0.05mm和0.02mm三种。

1）游标卡尺的结构。图1-5所示为三用游标卡尺，它由主标尺、游标尺、内测量爪、外测量爪、深度尺和制动螺钉等部分组成。

2）游标卡尺的标线原理。0.05mm游标卡尺标线原理是：主标尺每1格长度为1mm，游标尺总长为39mm，等分20格，每格长度为39mm/20 = 1.95mm，则主标尺2格和游标尺1格长度之差为2mm - 1.95mm = 0.05mm，所以它的分度值为0.05mm。0.02mm游标卡尺的标线原理是：主标尺每1格长度为1mm，游标尺总长度为49mm，等分50格，游标每格长度为49mm/50 = 0.98mm，主标尺1格和游标尺1格长度之差为1mm - 0.98mm = 0.02mm，所以它的分度值为0.02mm。

3）游标卡尺的读数方法。首先读出游标卡尺"零"标尺标记左边尺身上的整毫米数，再看游标卡尺从左边"零"标尺标记开始第几条标线与尺身某一标线对齐，从"零"标尺标记左端到对齐游标格数与分度值的乘积就是不足1mm的小数部分，最后将整毫米数与小数相加就是测得的实际尺寸，如图1-6所示。

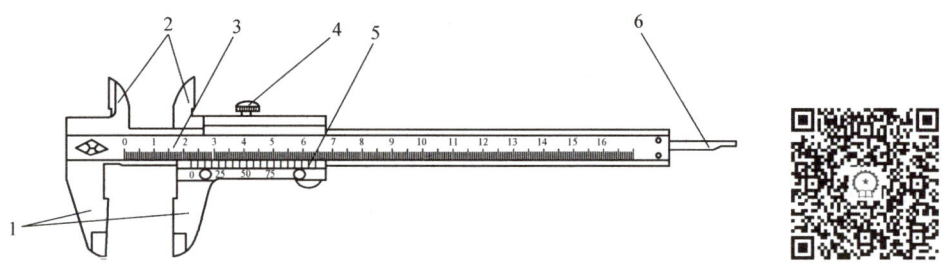

图 1-5 三用游标卡尺

1—外测量爪 2—内测量爪 3—主标尺 4—制动螺钉 5—游标尺 6—深度尺

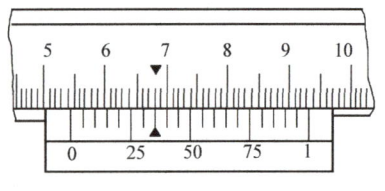

54mm+0.35mm=54.35mm

a) 0.05mm游标卡尺的读数方法

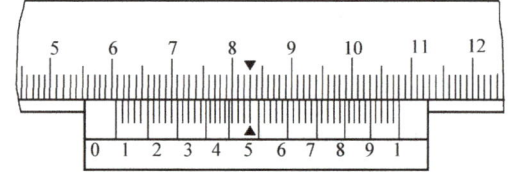

60mm+0.48mm=60.48mm

b) 0.02mm游标卡尺的读数方法

图 1-6 游标卡尺的读数方法

（2）游标万能角度尺 游标万能角度尺是用来测量工件内、外角度的量具。其测量精度有 2′和 5′两种，测量范围为 0°~320°。

1）游标万能角度尺的结构。游标万能角度尺如图 1-7 所示，主要由主尺、扇形板、基尺、游标尺、直角尺、直尺和卡块等部分组成。

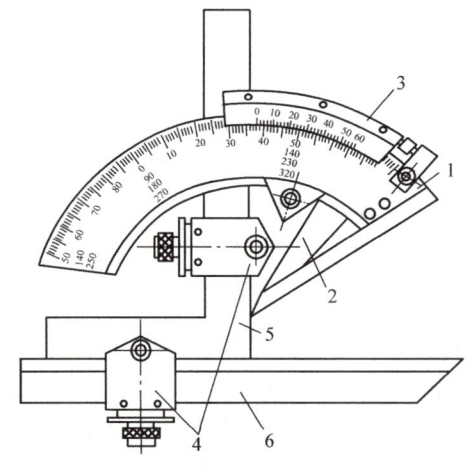

图 1-7 游标万能角度尺

1—主尺 2—基尺 3—游标尺 4—卡块 5—直角尺 6—直尺

2）2′游标万能角度尺的标线原理。主尺标线每格为 1°，游标共 30 格等分 29°，游标尺每格为 29°/30 = 58′，主尺 1 格和游标尺 1 格之差为 1°−58′ = 2′，所以它的测量分度值为 2′。

3）游标万能角度尺的读数方法。先读出游标尺"零"标记前面的整度数，再看游标尺第几条标线和尺身标线对齐，读出角度"′"的数值，最后两者相加就是测量角度的数值。

游标万能角度尺测量不同范围角度的方法如图1-8所示。

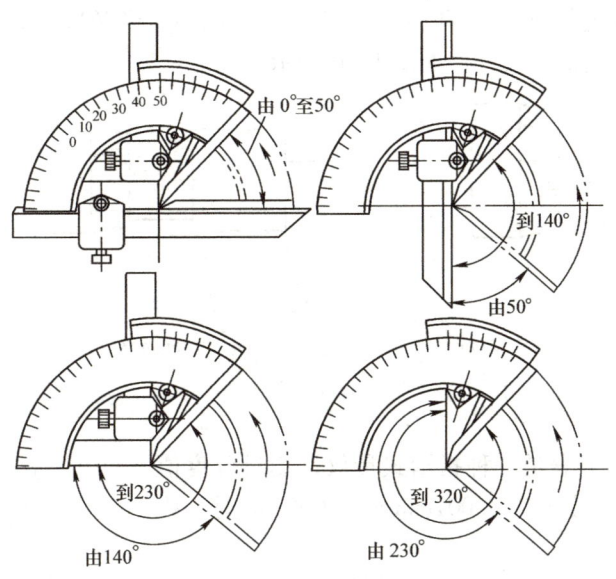

图1-8 游标万能角度尺测量方法

（3）外径千分尺 千分尺是测量中最常用的精密量具之一。千分尺的种类较多，按其用途不同可分为外径千分尺、内径千分尺、深度千分尺、内测千分尺和螺纹千分尺等。千分尺的测量分度值为0.01mm。

1）外径千分尺的结构。外径千分尺的结构如图1-9所示。

2）外径千分尺的标线原理。固定套管上每相邻两标线轴向每格长为0.5mm。测微螺杆螺距为0.5mm。当微分筒转1圈时，测微螺杆就移动1个螺距0.5mm。微分筒圆锥面上共等分50格，微分筒每转一格测微螺杆就移动0.01mm，所以千分尺的测量分度值为0.01mm。

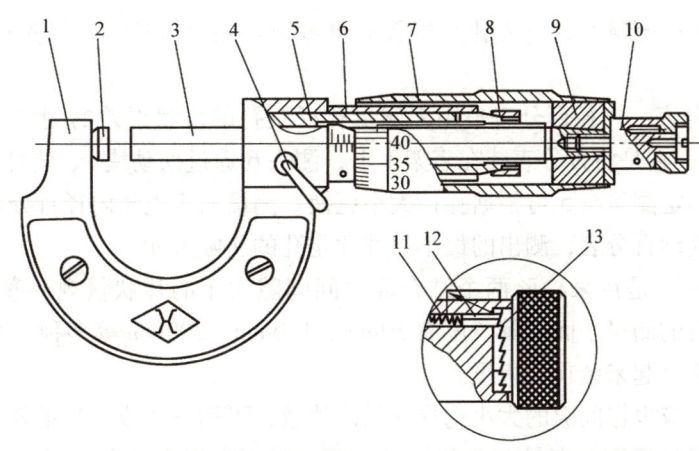

图1-9 外径千分尺的结构

1—尺架 2—测砧 3—测微螺杆 4—锁紧装置 5—螺纹套 6—固定套管 7—微分筒
8—调节螺母 9—接头 10—测力装置 11—弹簧 12—棘轮爪 13—棘轮

3）外径千分尺的读数方法。先读出固定套管上露出标尺标记的整毫米及半毫米数。再看微分筒哪一标尺标记与固定套管的基准线对齐，读出不足半毫米的小数部分。最后将两次读数相加，即为工件的测量尺寸，如图1-10所示。

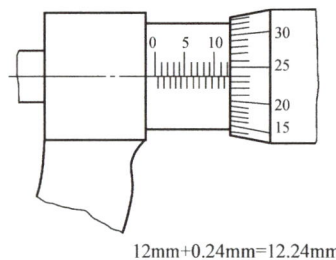 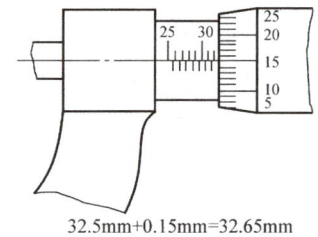 

12mm+0.24mm=12.24mm　　　32.5mm+0.15mm=32.65mm

图1-10　外径千分尺的读数方法

（4）百分表　百分表是一种指示式量仪，测量分度值为0.01mm。当测量分度值为0.001mm或0.005mm时，称为千分表。

1）百分表的结构。百分表的结构如图1-11所示。

2）百分表的标线原理及读数方法。百分表齿杆的齿距是0.625mm。当齿杆上升16齿时，上升的距离为0.625mm×16=10mm，此时和齿杆啮合的16齿的小齿轮正好转动1周，而和该小齿轮同轴的大齿轮（100个齿）也必然转1周。中间小齿轮（10个齿）在大齿轮带动下将转10周，与中间小齿轮同轴的长指针也转10周。由此可知，当齿杆上升1mm时，长指针转1周。度盘上共等分100格，所以长指针每转1格，齿杆移动0.01mm。故百分表的测量分度值为0.01mm。

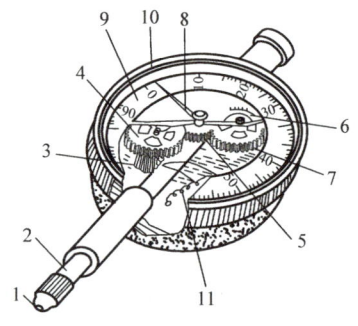

图1-11　百分表的结构

1—测头　2—测杆　3—小齿轮
4、7—大齿轮　5—中间小齿轮
6—转数指针　8—指针　9—度盘
10—表圈　11—拉簧

使用百分表进行测量时，首先让长指针对准零位，测量时长指针转过的格数即为测量尺寸。

（5）内径百分表　内径百分表是用来测量孔径及孔的形状误差的测量工具。内径百分表如图1-12所示，它是将百分表装在表架1上，测头6通过摆动块7、测杆3将测量值1:1地传给百分表。固定测量头5可根据孔径大小更换。测量前应先将内径百分表对准零位，测量时，应沿轴向摆动百分表，测出的最小尺寸才是孔的实际尺寸。

（6）塞尺　塞尺是用来检验两个结合面之间间隙大小的片状量规。塞尺如图1-13所示，它有两个平行的测量平面，其长度有50mm、100mm、200mm等多种。塞尺有若干个不同厚度的片，可叠合起来装在夹板里。

使用塞尺时，应根据间隙的大小选择塞尺的片数，可用一片或数片重叠在一起插入间隙内。厚度小的塞尺片很薄，容易弯曲和折断，插入时不宜用力太大。用后应将塞尺擦拭干净，并及时合到夹板中。

3. 常用量具的技能训练

（1）游标卡尺的使用　用游标卡尺进行测量时，内、外测量爪应张开到略大于被测尺

单元一　钳工基础知识

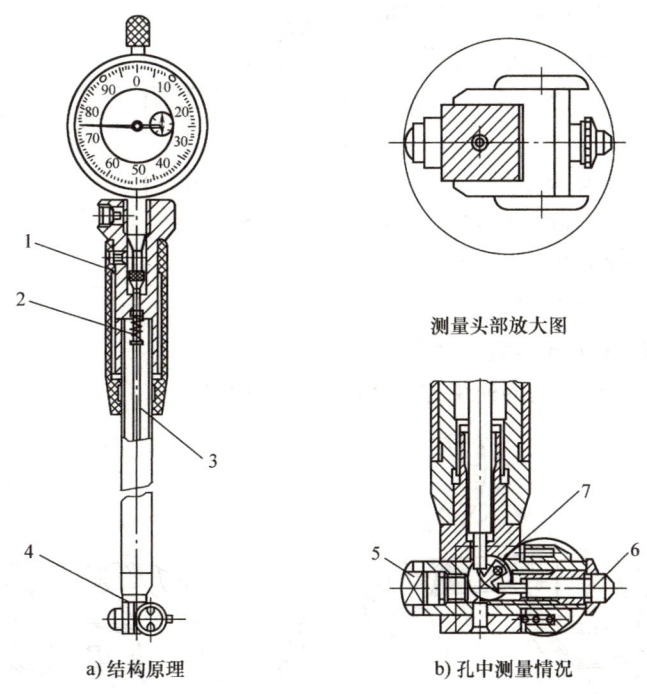

图 1-12　内径百分表

1—表架　2—弹簧　3—测杆　4—定心器　5—固定测量头　6—测头　7—摆动块

寸。先将尺框贴靠在工件测量基准面上，然后轻轻移动游标，使外（或内）测量爪贴靠在工件另一面上，如图 1-14 所示，并使游标卡尺测量面接触正确，不可处于图 1-15 所示的歪斜位置，然后把制动螺钉拧紧，读出读数。

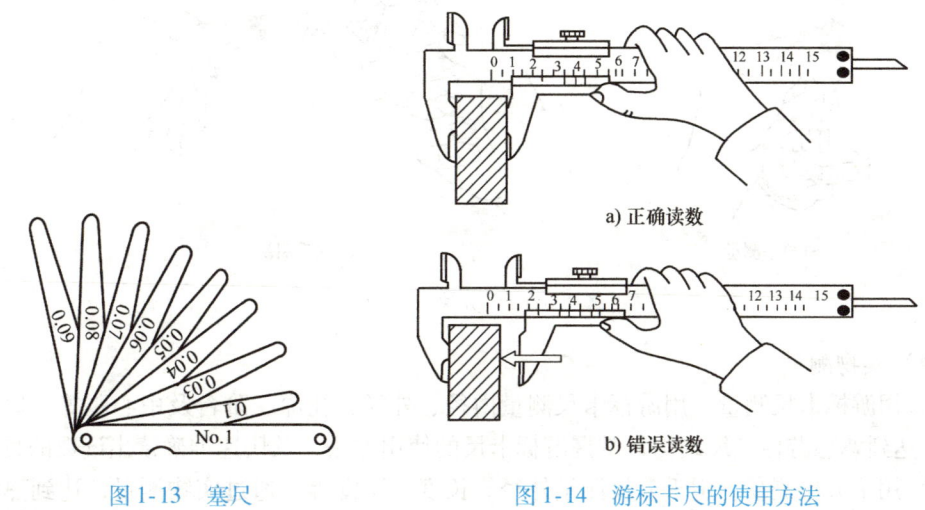

图 1-13　塞尺　　　　图 1-14　游标卡尺的使用方法

（2）千分尺的使用　用千分尺进行测量前，应先将砧座和测微螺杆的测量面擦干净，并校准千分尺的零位，如图 1-16 所示。测量时可用单手或双手操作，具体方法如图 1-17 所示。不管用哪种方法，旋转力要适当，一般应先旋转微分筒，当测量面快接触或刚接触工件表面时，再旋转棘轮，以控制一定的测量力，最后读出读数。测量后应擦净千分尺，并将测量面涂防锈油。千分尺应定期送计量部门进行精度鉴定。

（3）游标万能角度尺的使用　测量前应将测量面擦干净，直尺调好后将卡块紧固螺钉拧紧。测量时应先将基尺贴靠在工件测量基准面上，然后缓慢移动游标，使直尺紧靠在工件表面再读出读数。针对不同角度范围，游标万能角度尺的使用方法如图1-8所示。

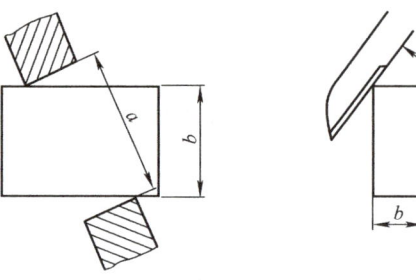

图1-15　游标卡尺测量面与工件错误接触

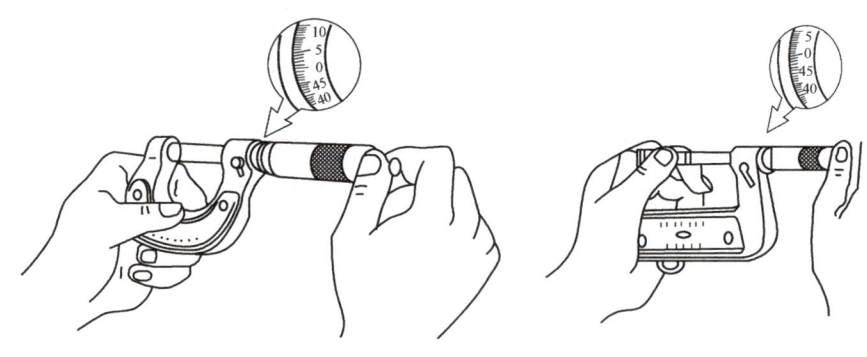

a) 0～25mm千分尺的校准　　　　b) 25～50mm或更大尺寸千分尺的校准

图1-16　千分尺的零位校准

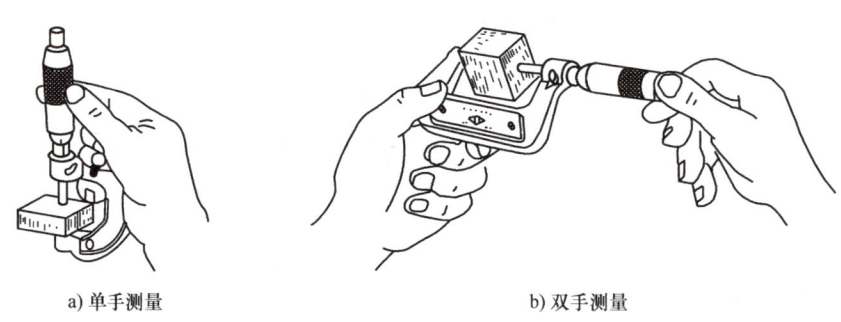

a) 单手测量　　　　b) 双手测量

图1-17　千分尺的使用方法

（4）实物测量

1）用游标卡尺测量。用游标卡尺测量内径、外径、孔深、阶台及中心距等。通过实物测量，达到熟悉游标卡尺结构、掌握游标卡尺的使用方法，及快速准确读出读数的目的。

2）用千分尺测量。用千分尺测量外径、长度、厚度等。通过实物测量，达到熟悉千分尺结构、掌握千分尺的使用方法，及快速、准确读出读数的目的。

3）用游标万能角度尺测量。用游标万能角度尺对不同的角度、锥度进行测量。通过实物测量，达到熟悉游标万能角度尺的结构、不同范围内角度的测量方法，及快速准确读出读数的目的。

4. 应用实例

（1）任务布置　针对图1-18所示的模具滑块的零件图和图1-19所示的滑块实体图，请选择合适的量具完成 $40_{-0.2}^{-0.1}$ mm、$30_{-0.041}^{-0.020}$ mm、15°和R3.02mm四个尺寸的测量。

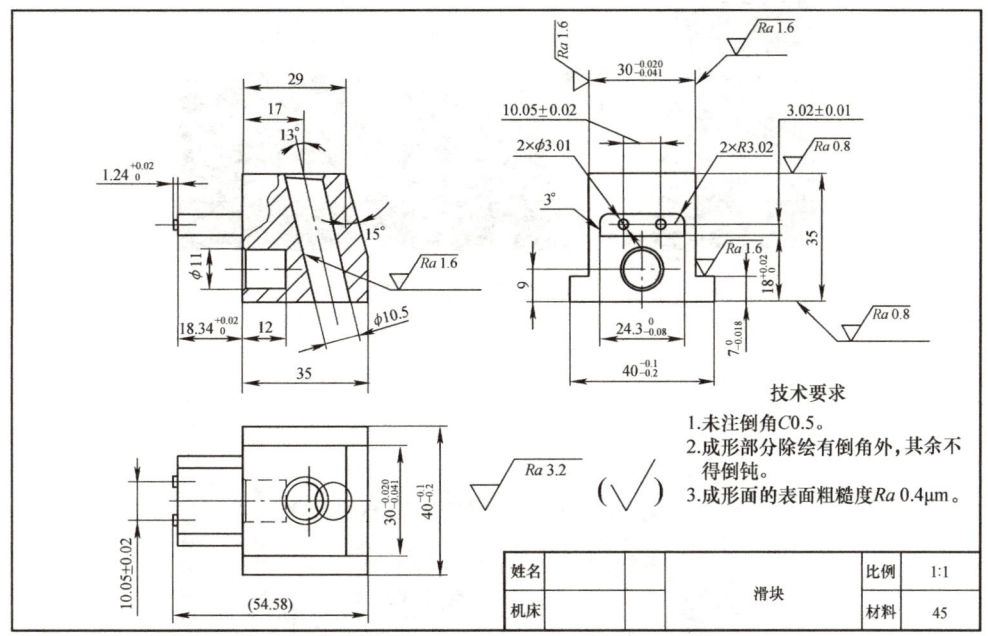

图1-18　模具滑块的零件图

（2）任务分析及量具选择　结合图1-19所示的实物图，分析图1-18所示的零件图，$40_{-0.2}^{-0.1}$ mm、$30_{-0.041}^{-0.020}$ mm、15°和R3.02mm是较典型的四个尺寸，它们分别是长度、角度和圆角尺寸。根据它们的尺寸特点、尺寸大小和公差范围，进行如下量具选择：①选用0~150mm的游标卡尺测量尺寸 $40_{-0.2}^{-0.1}$ mm；②选用25~50mm千分尺测量尺寸 $30_{-0.041}^{-0.020}$ mm；③选用游标万能角度尺测量角度15°；④选用R规测量R3.02mm。

（3）$40_{-0.2}^{-0.1}$ mm测量过程与步骤　使用0~150mm的游标卡尺对 $40_{-0.2}^{-0.1}$ mm进行测量，其步骤如下。

图1-19　滑块实体图

1）测量前把游标卡尺和工件擦干净。

2）检查各部分的相互作用，如尺框和微动装置移动是否灵活、制动螺钉能否起作用。

3）校对游标卡尺零位。将游标卡尺两测量爪紧密贴合后应无明显的光隙，主标尺和游标尺的"零"标尺标记应对齐，如图1-20所示。

4）将工件平放在平台上，用左手抵住主标尺左端，右手握住主标尺并移动游标使测量爪靠近工件表面。旋紧微调装置制动螺钉，右手拇指转动微调螺母，使两量爪测量面与被测表面平行接触，并做少量滑移，凭手感轻微接触为止，如图1-21所示。目光正视读出尺寸数值。

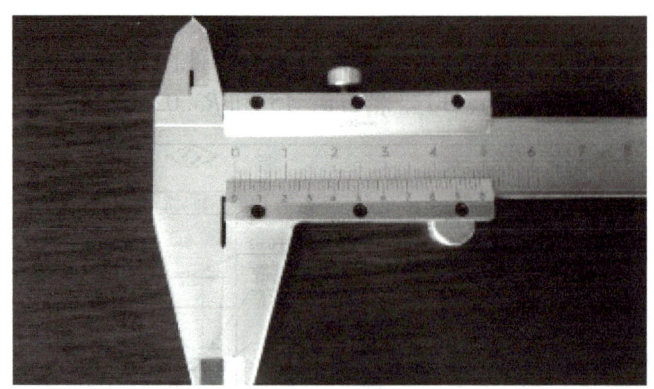

图 1-20　校对游标卡尺零位

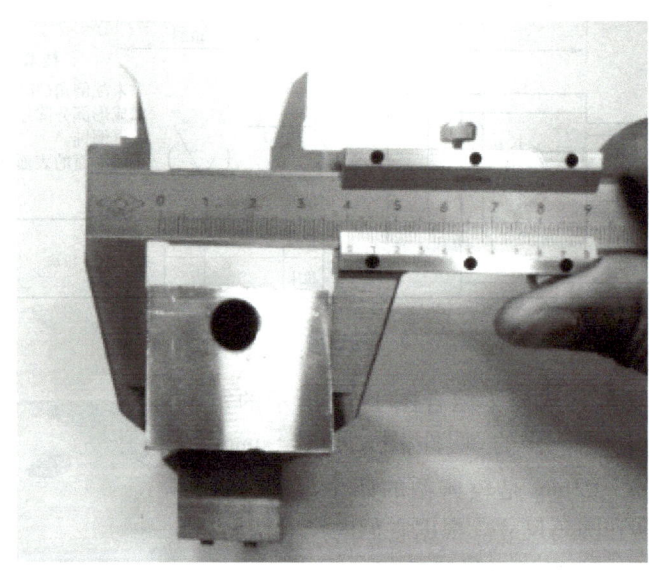

图 1-21　游标卡尺正确测量方法

5）同一尺寸在多处测量，并重复测量几次，记录读数值。
6）将测量数据填入表 1-2，并计算平均值。

表 1-2　测量记录表（尺寸 $40_{-0.2}^{-0.1}$ mm）

测量次序	1	2	3	4	5	平均值
测量值/mm	39.95	39.97	39.94	40.05	40.05	39.992

结论：五次测量所得平均值为 39.992mm。这一尺寸的测量结果在尺寸公差范围外，因此 $40_{-0.2}^{-0.1}$ mm 尺寸不合格。

（4）$30_{-0.041}^{-0.020}$ mm 测量过程与步骤　使用 25～50mm 千分尺对尺寸 $30_{-0.041}^{-0.020}$ mm 进行测量，其步骤如下。

1）清洁千分尺的尺架、测砧及工件。
2）校对零位。所谓"校对千分尺的零位"，就是把千分尺的两个测砧面擦干净，转动测微螺杆使它们贴合在一起（这是指 0～25mm 的千分尺，若测量范围大于 25mm 时，应该在两测砧面间放上校对样棒，如图1-22所示），检查微分筒圆周上的"0"标尺标线是否对准固定套筒的中心线，微分筒的端面是否正好使固定套筒上的"0"标尺标线露出来。如果两者位置都正确，就认为千分尺的零位校对完毕，否则须进行校正零位。可用制动器把测微螺杆锁住，再用千分尺的专用扳手，插入测力装置轮轴的小孔内，把测力装置松开（逆时针旋转），微分筒就能进行调整，即轴向移动一点，使固定套筒上的"0"

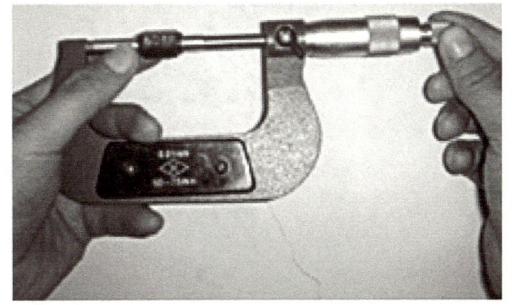

图1-22 校对零线

线正好露出来，同时使微分筒的"0"线对准固定套筒的中心线，然后把测力装置旋紧，使之对准零位。

3）将工件平放在工作台上，左手握尺架，右手转动微分筒，使测微螺杆测量面和被测表面接近，再改为转动测力装置，直到听见"咔、咔、咔"声时停止，然后读数，如图1-23所示。如果在测量时不方便直接读数，则应将锁紧装置锁紧后取出千分尺，然后读取数据，如图1-24所示。

4）选取平面内多处点进行测量，将测量结果填入表1-3，得出测量结果平均值。需要注意的是在读数时，视线要与标线垂直，如图1-25所示；测量时，要握住隔热装置，如图1-26所示，保持测力恒定，不要锁紧螺杆后测量。双手测量时，不要拧动活动套筒。

5）测量完毕后将千分尺擦净放回盒内，千分尺回位时不要摇动活动套筒，如图1-27所示。

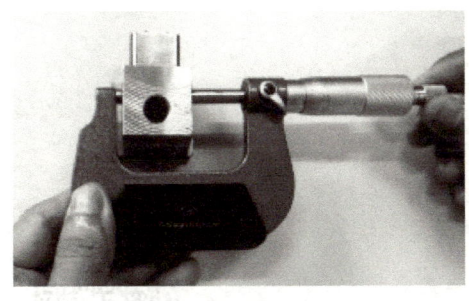

图1-23 千分尺双手测量法

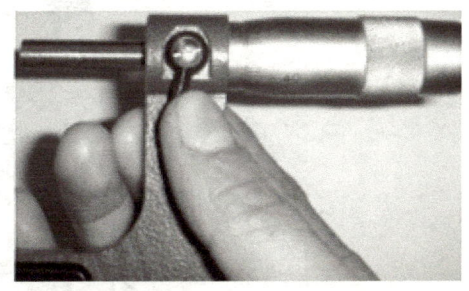

图1-24 锁紧千分尺

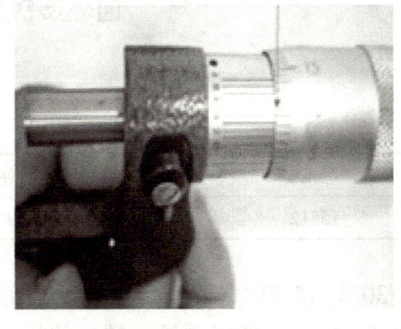

图1-25 视线垂直图

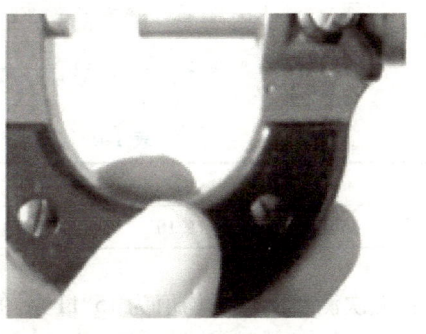

图1-26 握住隔热装置部分

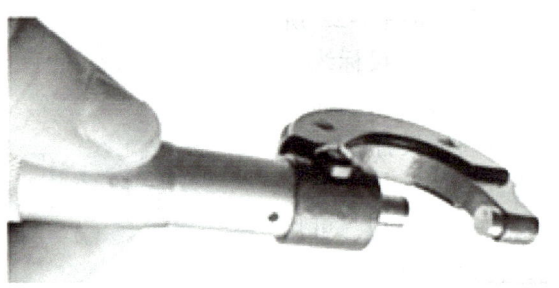

图 1-27　不摇动活动套筒

表 1-3　测量记录表（尺寸 $30_{-0.041}^{-0.020}$ mm）

测量次序	1	2	3	4	5	平均值
测量值/mm	29.97	29.96	29.98	29.96	29.97	29.968

结论：五次测量所得平均值为 29.968mm。这一尺寸在公差范围内，因此 $30_{-0.041}^{-0.020}$ mm 合格。

（5）角度 15°测量过程与步骤　使用游标万能角度尺对角度 15°进行测量，其步骤如下。

1）清洁、检查、校对游标万能角度尺，看角度尺主尺、游标尺"零"标尺标线是否对齐。

2）清洁工件，除尘，去毛刺。

3）如图 1-28 所示，将游标万能角度尺的基尺过圆心贴紧该工件的端面，然后移动直尺，直到直尺紧贴零件圆锥面上的一条素线上，目光正视卡尺，读出角度尺寸数值并记录。

4）连续在不同位置测量五次，将测量值填入表 1-4，并计算平均值。

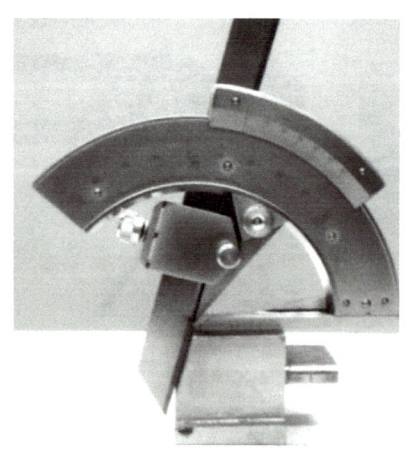

图 1-28　游标万能角度尺测角度示意图

表 1-4　测量记录表（角度 15°）

测量次序	1	2	3	4	5	平均值
测量度数	15°12′	15°10′	15°10′	15°12′	15°11′	15°11′

结论：五次测量所得平均值为 15°11′，在 14°30′与 15°30′之间，可以判断该角度合格。

（6）R3.02mm 测量过程与步骤　使用 R 规对 R3.02mm 进行测量，其步骤如下。

1）R规如图1-29所示。根据R3.02mm（R角）特点，选用R规内半圆进行测量（如待测物件R角呈凹状时，则选用R规外半圆测量）。

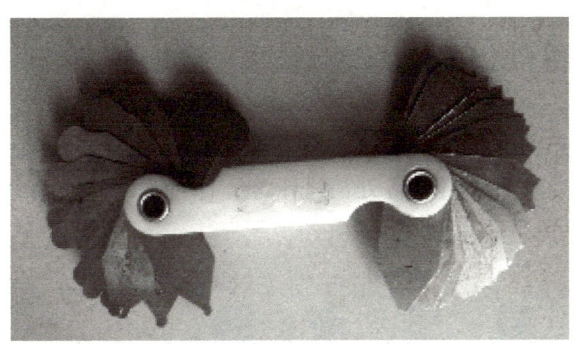

图1-29　R规

2）检查R规测量面是否生锈、磨损，并用白布、酒精溶剂擦去表面防锈油。

3）将滑块R角处（R3.02mm）用白布擦拭干净，手拿选定示值R规垂直与R3.02mm角接触，目视观察R规测量面与R3.02mm角是否完全吻合，如果吻合无间隙，则R角值读数为R规示值；反之，则说明R角值大于或小于R规示值，应另选相应示值R规按要求进行测量，当完全吻合则R角值读数为该R规示值，如图1-30所示。

图1-30　游标万能角度尺测量角度示意图

4）R角测量值 = R角值读数 + 该R规校正误差值。

5）连续在不同位置测量五次，将测量值填入表1-5，并判定结果是否合格。

表1-5　测量记录表（角度 R3.02mm）

测量次序	1	2	3	4	5	测量结果
目测	合格	合格	合格	合格	合格	合格

结论：此零件所测的R角（R3.02mm）合格。

5. 量具的维护和保养

对量具不仅要正确、合理地使用，还要掌握其维护和保养的方法，防止量具的精度过早丧失或量具损坏，为此使用中应做到以下几点。

1）量具（尤其是精密量具）应进行定期的检定和保养。使用者发现异常现象应及时送交计量室检修。

2）量具的零部件要齐备，不能在缺件的情况下进行测量，以免影响测量精度。

3）测量前应将量具的工作面和工件被测量面擦干净，以免脏物影响测量精度和加快量具的磨损。

4）量具在使用过程中，不要和工具、刀具等堆放在一起，以免擦伤、碰伤或挤压变形。

5）运动着的工件绝不能用量具进行测量，否则会加快量具磨损，而且容易发生事故，测量误差也很大。

6）量具不能放在热源（电炉、暖气片等）附近，以免发生变形。

7）量具用完后，要及时将量具各处清洗干净，涂油后存放在专用的量具盒中隔磁并防变形，要保持干燥，以免生锈。

1. 钳工常用设备有哪些？
2. 钳工常用的量具有哪几种？
3. 普通游标卡尺可以测量工件的哪些尺寸？
4. 画出17.86mm读数值游标卡尺示意图。
5. 试述游标卡尺正确的测量方法。测量时应注意哪些不规范的操作？
6. 画出12.34mm读数值千分尺示意图。
7. 使用台虎钳的注意事项有哪些？
8. 使用砂轮机的注意事项有哪些？
9. 安全文明生产要求有哪些？

任务三　划线常识

【知识目标】

1. 了解划线在钳工中的作用。
2. 了解划线基准的选择。
3. 掌握划线工具的种类和使用方法。

【技能目标】

1. 正确使用平面划线工具。
2. 掌握一般的划线方法，正确地在线条上打样冲眼。
3. 划线操作应达到线条清晰、粗细均匀，尺寸误差不超出±0.03mm。
4. 掌握划线基本操作要领。

一、任务布置

按图1-31所示完成平面划线。

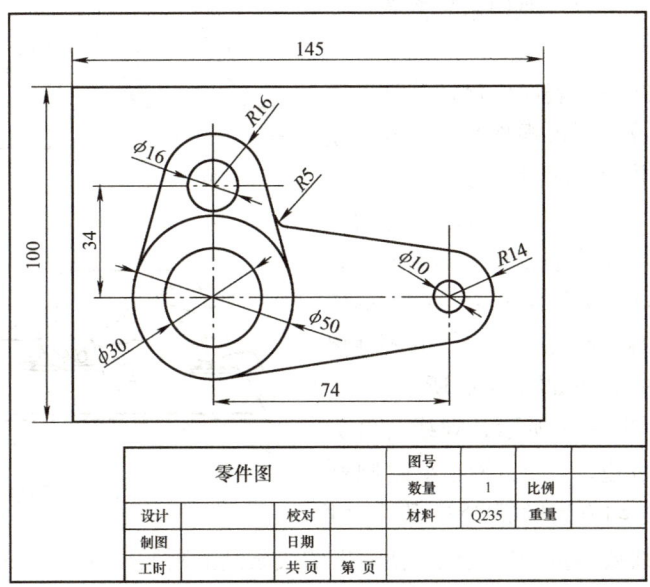

图1-31　平面划线

二、任务分析

1）根据图样分析该样板的划线属于平面划线。
2）选择两条相互垂直的中心线作为划线基准。
3）划外切线时，避免划针来回重复划线。

三、相关知识

1. 划线的定义

在毛坯或工件上，用划线工具划出待加工部位的轮廓线或作为基准的点和线，该过程称为划线。

2. 划线的作用

1）确定工件上各加工面的加工位置和加工余量。
2）全面检查毛坯的形状和尺寸是否符合图样和加工要求。
3）当在坯料上出现某些缺陷时，往往可通过划线时所谓的"借料"方法，来进行一定的补救。
4）在板料上按划线下料，可做到正确排样，合理使用材料。

3. 划线的单位

为了方便，图样上无特殊说明时以毫米为单位，但不标注单位符号。

4. 划线常用的工具及使用方法

（1）金属直尺　金属直尺是一种简单的尺寸量具，在尺面上刻有尺寸标线，最小标线距离为0.5mm，长度规格有150mm、300mm、500mm、1000mm等多种，主要用来量取尺寸（图1-32a）、测量工件（图1-32b），也可以作划线时的导向工具，如图1-32c所示。

（2）划线平台　划线平台如图1-33所示，又称划线平板，它由铸铁制成，表面经过精刨或刮削加工。划线平台一般用木架搁置，处于水平状态。

注意要点：划线平台表面应保持清洁，工件和工具要轻拿轻放，不可损伤其工作面，使用后要擦拭干净，并涂上润滑油防锈。

（3）划针　划针如图 1-34 所示。它用来在工件上划线条，由弹簧钢或高速钢制成，直径一般为 φ3～φ5mm，尖端磨成 15°～20° 的尖角。有的划针在尖端焊有硬质合金，耐磨性更好。使用划针划线的方法如图 1-35 所示。

注意要点：如图 1-35 所示，划线时针尖要紧靠导向工具的边缘，上部向外侧倾斜 15°～20°，向划线移动方向倾斜 45°～75°；针

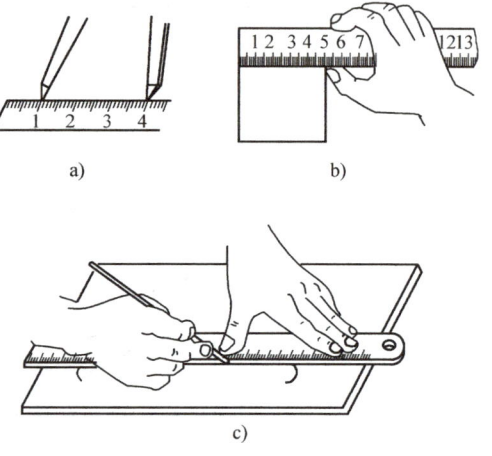

图 1-32　金属直尺的使用

尖要保持尖锐，划线要尽量一次划成，使划出的线条既清晰又准确；不用时，划针不能插在衣袋中，最好套上塑料管不使针尖外露。

图 1-33　划线平台　　　　　　　图 1-34　划针

（4）划线盘　划线盘如图 1-36 所示，用来在划线平台上对工件进行划线或找正工件在划线平台上的正确位置。划针的直头端用于划线，弯头端用于找正工件的安放位置。

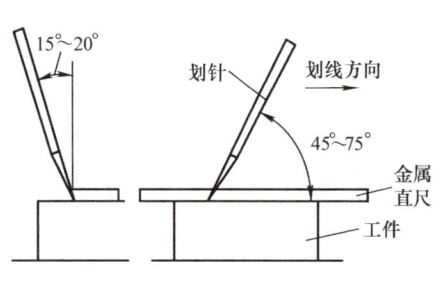

图 1-35　使用划针划线的方法

图 1-36　划线盘

注意要点：划线时应尽量使划针处于水平位置，不要倾斜太大角度，划针伸出部分要尽量短，并夹持牢固，以免振动和变动。划较长直线时，应采用分段连接法，以便对首尾进行校对检查。划线盘用后应使划针处于水平状态，以保证安全和减少所占的空间。

（5）游标高度卡尺　游标高度卡尺如图 1-37 所示，它附有划针脚，能直接表示高度尺寸，其分度值一般为 0.02mm，并可以作为精密划线工具。

（6）划规　划规如图 1-38 所示，用来划圆和圆弧、等分线段、等分角度以及量取尺

寸等。

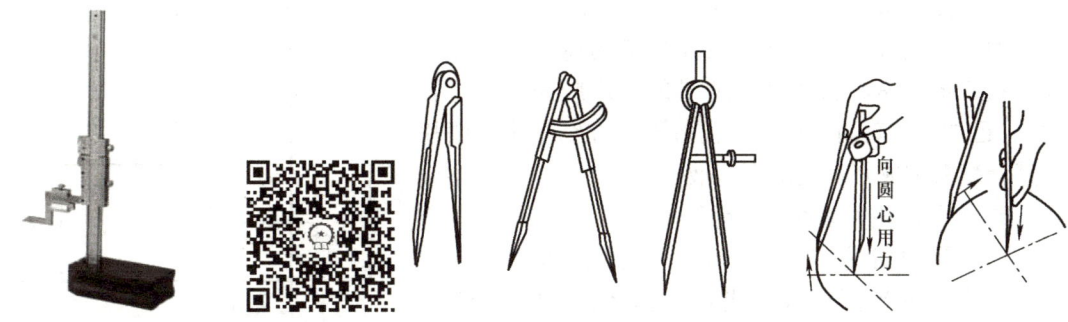

图 1-37　游标高度卡尺　　　　　　　　　图 1-38　划规

注意要点：划规两脚的长短要稍有不同，合拢时脚尖能靠紧，才可划出小圆弧。脚尖应保持尖锐，才能划出清晰线条；划圆时作为旋转中心的一脚应加以较大的压力，另一脚以较轻的压力在工件表面上划出圆或圆弧，以免中心滑动。

图 1-39　样冲

（7）样冲　样冲如图 1-39 所示，用于在工件所划加工线条上打样冲眼（冲点）、作加强界限标志和作划圆弧或钻孔时的定位中心。样冲一般用工具钢制成，尖端处淬硬，其顶尖角度在用于加强界限标记时约为 40°，用于钻孔定中心时约取 60°。

1）冲点方法。样冲的用法如图 1-40 所示，先将样冲外倾使尖端对准线的中心，再将样冲立直冲点。

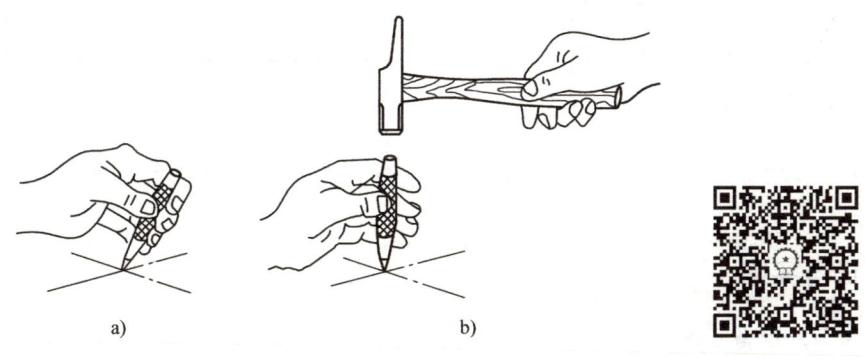

图 1-40　样冲的用法

2）冲点要求。位置要准确，不可偏离线条；曲线上冲点距离要小；在线条的交叉转折处必须冲点；冲点深浅要掌握适当，在薄壁上或光滑表面上冲点要浅，在粗糙表面上冲点要深。

（8）直角尺　直角尺如图 1-41 所示，在划线时常用作划平行线或垂直线的导向工具，也可用来找正工件平面在平台上的垂直位置。

（9）游标万能角度尺　常用于划角度线。

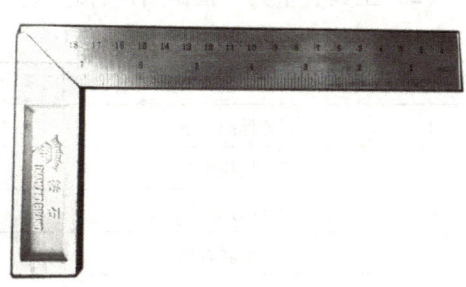

图 1-41　直角尺

5. 划线的涂料

为了使线条清楚，一般要在工件划线部位涂上一层薄而均匀的涂料。为此，表面粗糙的铸、锻件毛坯使用石灰水（常在其中加入适量的牛皮胶来增加附着力）；已加工的表面使用酒精色溶液（在酒精中加漆片和紫蓝颜料配成）和硫酸铜溶液。

6. 平面划线时基准线的确定

（1）平面划线时的基准形式　有三种情况：以两个互相垂直的平面（或直线）为基准，如图1-42所示；以两条互相垂直的中心线为基准，如图1-43所示；以一个平面和一条中心线为基准，如图1-44所示。平面划线一般选择两个划线基准。

（2）基准线的确定　划线基准应与设计基准一致，并且划线时必须从基准线开始，也就是说先确定好基准线的位置，再划其他型面的位置线及形状线。

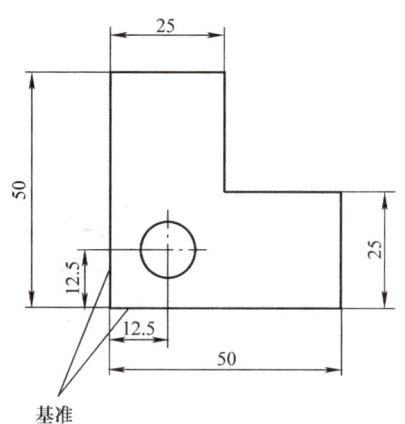

图1-42　以两个互相垂直的平面为基准

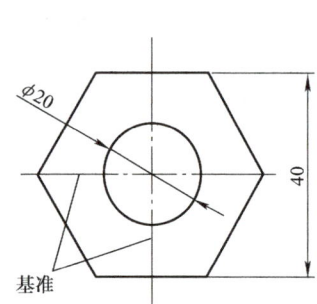

图1-43　以两条互相垂直的中心线为基准

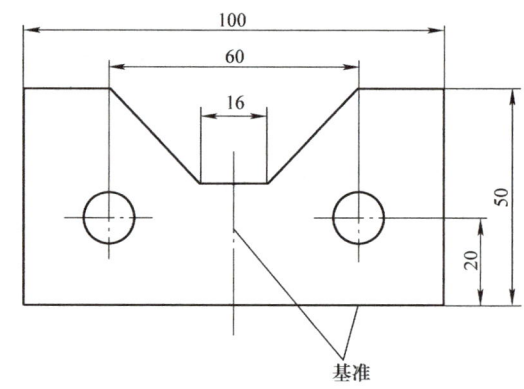

图1-44　以一个平面和一条中心线为基准

四、任务实施

1. 操作前的准备工作

（1）毛坯尺寸　150mm×100mm×10mm。

（2）工具、量具　根据图样合理选择工具、量具，见表1-6。

表1-6　划线工具、量具明细

序号	名称	规格	数量	备注
1	游标高度卡尺	0~300mm	1	
2	划线平台		1	
3	游标万能角度尺		1	
4	金属直尺		1	
5	划规		1	

（续）

序号	名称	规格	数量	备注
6	划针		1	
7	样冲		1	
8	锤子		1	

（3）毛坯的清理　清除铸、锻件上的浇冒口、飞边、毛刺、氧化皮等。

（4）毛坯的涂色　为使划出的线条更清晰，划线前，在未加工毛坯表面的划线部位涂上一层均匀的涂料。常用的涂料有粉笔、石灰水、蓝油或硫酸铜溶液等。粉笔用于数量少、工件小的毛坯，石灰水用于铸、锻件毛坯，蓝油或硫酸铜溶液用于已加工工件。有些工件表面上不允许有划痕，也不可以涂色；定位划线常在加工中心上完成。

2. 操作步骤（表1-7）

表1-7　划线操作步骤

步骤	图示	划线说明
首先以 A 面为基准划出距离 A 面 35mm 的水平线；以 B 面为基准划出距离 B 面 40mm 的垂直线；以距离 A 面 35mm 的水平线为基准划出距离为 34mm 的另一水平线，以距离 B 面 40mm 的垂直线为基准划出距离为 74mm 的另一垂直线	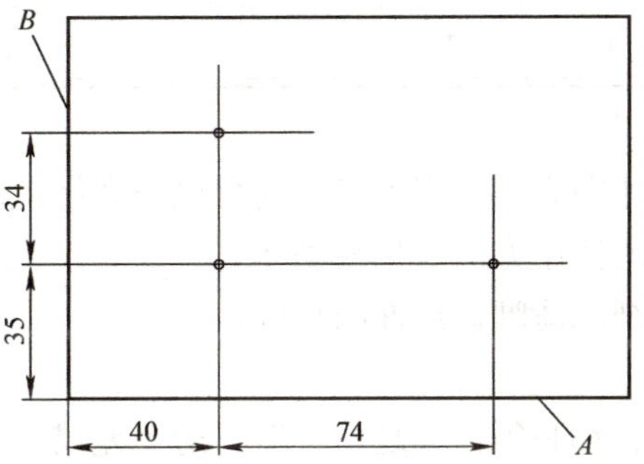	分析划线实例，合理布局划线实例在毛坯上的位置
以 O_1 为圆心，划出 $\phi16$mm、$R16$mm 的圆；以 O_2 为圆心划出 $\phi30$mm、$\phi50$mm 的圆；以 O_3 为圆心划出 $\phi10$mm、$R14$mm 的圆	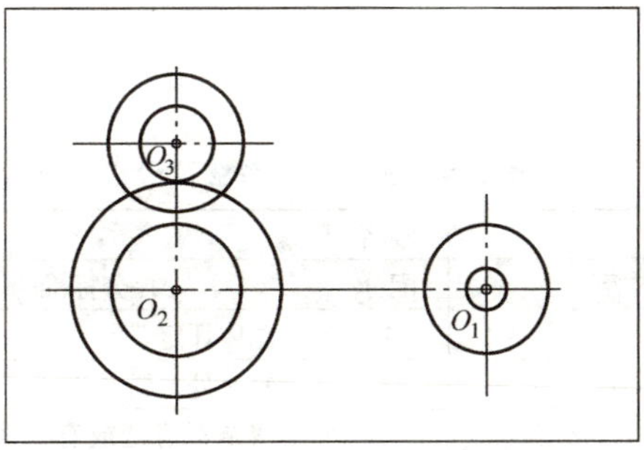	用划规在金属直尺上准确量取各半径值
划出 $\phi50$mm 与 $R14$mm、$\phi50$mm 与 $R16$mm 的外切线	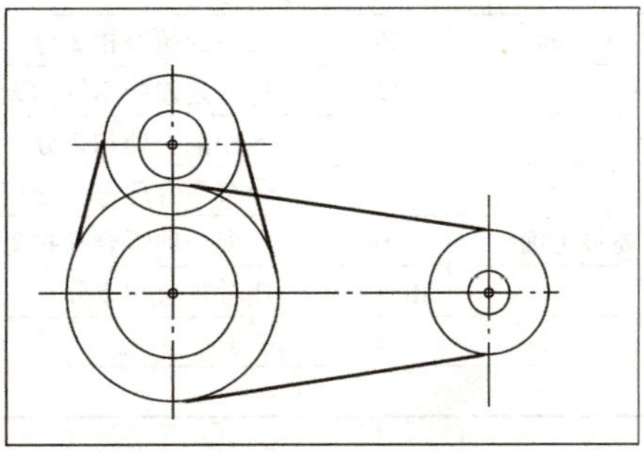	用金属直尺、划针连接外切线，不允许划针来回重复划线

(续)

步骤	图示	划线说明
划出如图所示两条距离为5mm的平行线,并在交点处冲上样冲眼		可利用两点确定一条直线方法找出平行线
以 O_4 为圆心划出 $R5mm$ 相切圆弧		至此全部线条划完;对图形、尺寸复检校对确认无误再交件

3. 有关注意事项

1) 为熟悉各种图形的作图方法,实习操作前可以先在纸上练习。
2) 正确掌握划线工具的使用方法及划线动作。
3) 划线尺寸准确,一细二清晰,样冲眼正确。
4) 正确摆放工具。
5) 任何工件在划线后,都必须仔细复检校对,避免差错。

五、检测评价

考核评价按表1-8执行。

表1-8 划线检测考核评分表

工件号		班级		姓名		座号	
任务	质量检测内容		配分	评分标准		实测结果	得分
划线	涂色薄而均匀		4	总体评定			
	图形及其排列位置正确		12	每一处差错扣3分			
	线条清晰无重线		10	线条不清楚或有重线每一处扣1分			
	尺寸及线条位置公差 ±0.3mm		26	每一处超差扣2分			
	各圆弧连接圆滑		12	每一处连接不好扣2分			
	冲点位置公差 0.3mm		16	凡冲偏一处扣2分			
	检验样冲眼分布合理		10	分布不合理每一处扣2分			
	使用工具正确,操作姿势正确		10	发现一项不合理扣2分			
	文明生产与安全生产		扣分项	违者每次扣2分			
总 分							
现场记录							

复习思考题

1. 划线的作用是什么？
2. 什么是平面划线？
3. 根据所学划线知识划出图 1-45 所示平面的线。

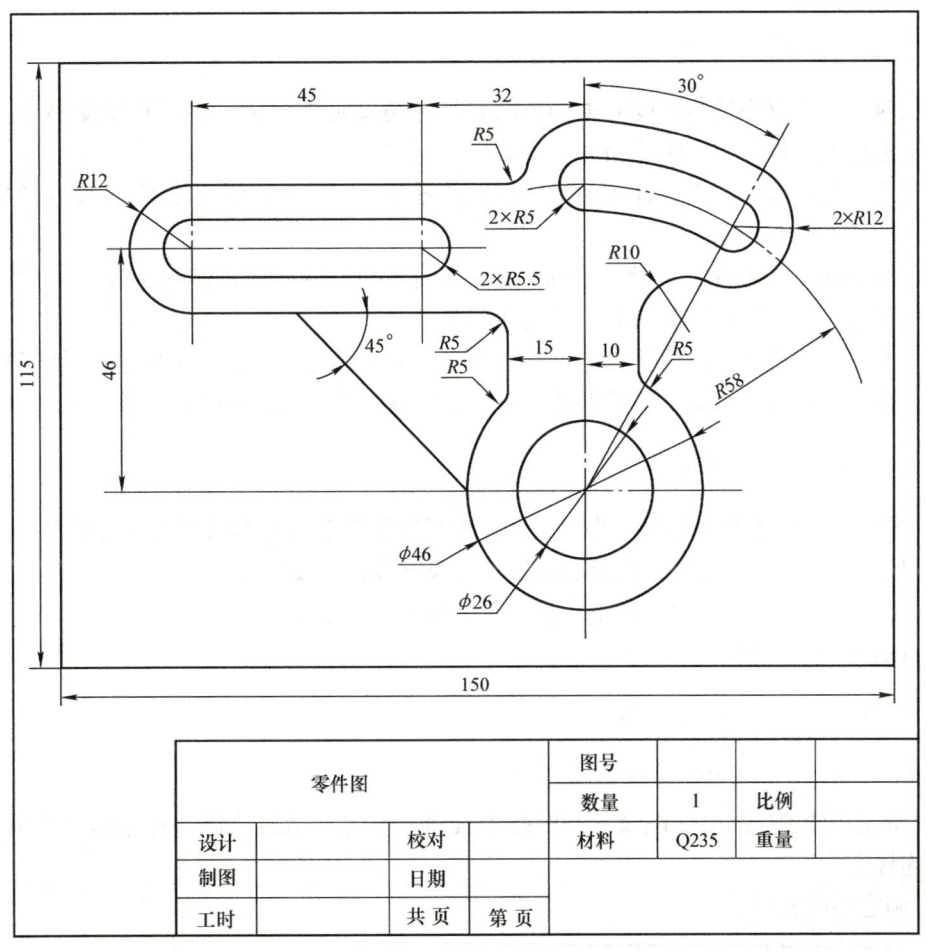

图 1-45　平面划线

任务四　装配基础

【知识目标】

1. 了解装配的基本要求及产品装配过程。
2. 了解常用机械零件的装配方法。

【技能目标】

能够装配常用机械零件。

装配是按照规定的技术要求,将若干个零件组装成部件或将若干个零件和部件组装成产品的过程。也就是把已经加工好,并经检验合格的零件,通过各种形式,依次连接或固定在一起,使之成为部件或产品的过程。

装配的分类有组件装配、部件装配、总装装配。

一、装配工作的基本要求

装配时,应检查零件与装配有关的形状和尺寸精度是否合格,检查有无变形、损坏等,并应注意零件上各种标记,防止错装。

固定连接的零部件,不允许有间隙。活动的零件,能在正常的间隙下,灵活均匀地按规定方向运动,不应有跳动。

各运动部件(或零件)的接触表面,必须保证有足够的润滑,若有油路,必须畅通。

各种管道和密封部位,装配后不得有渗漏现象。

试车前,应检查各个部件连接的可靠性和运动的灵活性,各操纵手柄是否灵活和手柄位置是否在合适的位置;试车时,从低速(压)到高速(压)逐步进行。

二、装配图的主要内容

1)图形:能表达零件之间的装配关系、相互位置关系和工作原理的一组视图。
2)尺寸:表达零件之间的配合和位置尺寸及安装的必要尺寸等。
3)技术条件:对于装配、调整、检验等的有关技术要求。
4)标题栏和明细栏。

三、产品装配的工艺过程

1. 制订装配工艺过程的步骤(准备工作)

1)研究和熟悉产品装配图及有关的技术资料,了解产品的结构、各零件的作用、相互关系及连接方法。
2)确定装配方法。
3)划分装配单元,确定装配顺序。
4)选择准备装配时所需的工具、量具和辅具等。
5)编制装配工艺卡片。

2. 装配过程

(1)部件装配 把零件装配成部件的过程叫作部件装配。
(2)总装装配 把零件和部件装配成最终产品的过程叫作总装装配。

四、调整、精度检验

1)调整工作就是调节零件或机构部件的相互位置、配合间隙、结合松紧等,目的是使机构或机器工作协调(性能)。

2）精度检验就是用检测工具，对产品的工作精度、几何精度进行检验，直至达到技术要求为止。

五、装配前，清理和清洗零件的意义

在装配过程中，必须保证没有杂质留在零件或部件中，否则，就会迅速磨损机器的摩擦表面，严重的会使机器在很短的时间内损坏。由此可见，零件在装配前的清理和清洗工作对提高产品质量、延长其使用寿命有着重要的意义。特别是对于轴承精密配合件、液压元件、密封件以及有特殊清洗要求的零件等很重要。

六、装配时零件的清理和清洗内容

1）装配前，清除零件上的残存物，如型砂、铁锈、切屑、油污及其他污物。

2）装配后，清除在装配时产生的金属切屑，如配钻孔、铰孔、攻螺纹等加工的残存切屑。

3）部件或机器试车后，洗去由摩擦、运行等产生的金属微粒及其他污物。

七、拆卸工作的要求

1）机器拆卸工作，应按其结构的不同，预先考虑操作顺序，以免先后倒置或贪图省事猛拆猛敲，造成零件的损伤或变形。

2）拆卸的顺序，应与装配的顺序相反。

3）拆卸时，使用的工具必须保证对合格零件不会发生损伤，严禁用锤子直接在零件的工作表面上敲击。

4）拆卸时，零件的旋松方向必须辨别清楚。

5）拆下的零部件必须有次序、有规则地放好，并按原来结构套在一起，配合件上做好记号，以免搞乱。丝杠、长轴类零件必须正确放置，防止变形。

八、螺栓、螺母的安装

1. 螺栓、螺母的作用

一般螺栓连接时采用紧固连接。螺栓紧固的目的是增强连接的刚性、紧密性和防松能力，提高受拉螺栓的疲劳强度，增大连接中受剪螺栓的摩擦力，从而提高传递载荷的能力。

紧固螺栓准备装配前，应检查螺栓孔是否干净，有无毛刺，检查被连接件与螺栓、螺母接触的平面是否与螺栓孔垂直；同时，还应检查螺栓与螺母配合的松紧程度。

螺栓连接多为多个螺栓成组使用，装配时应先将全部螺栓拧上螺母，然后根据螺栓的布置情况按一定顺序拧紧。为使成组螺栓达到均匀紧固的要求，不得一次将螺母完全拧紧，必须分成几次完成，并且每次按顺序拧紧到同一程度。螺母紧固后，螺栓末端应露出螺母外1.5~5个螺距。

2. 螺栓等级分类

螺栓的力学性能等级代号由点隔开的两部分数字组成，可分为4.6、4.8、5.6、5.8、6.8、8.8、9.8、10.9、12.9共9个性能等级。

点左边的一或二位数字表示公称抗拉强度为1/100，以MPa计。

点右边的数字表示公称屈服强度或规定非比例延伸 0.2% 的公称应力或规定非比例延伸 0.0048d 的公称应力与公称抗拉强度比值的 10 倍。

紧固件的公称抗拉强度为 800MPa，屈强比为 0.8，其性能等级标记为 "8.8"。

3. 拧紧成组螺栓、螺母的方法

1) "一"字形排开的螺栓、螺母拧紧方法：应从中间向两边均匀拧紧。

2) 矩形排列成组螺栓、螺母的拧紧方法：先分别拧紧中间对称位置的螺栓，然后向长方形两边扩展，并分两次以上拧紧。

3) 圆形排列的成组螺栓、螺母的拧紧方法：按逆时针方向拧紧，不要一次拧紧，须分 2~3 次拧紧。

九、轴承的安装

轴承安装不正确，会出现卡住、温度过高的现象，导致轴承早期损坏。因而轴承安装得好坏与否，将影响到轴承的精度、寿命和性能。

1. 轴承装配前的注意事项

(1) 轴承的准备　由于轴承经过防锈处理并加以包装，因此不到临安装前不要打开包装。

另外，轴承上涂布的防锈油具有良好的润滑性能，对于一般用途的轴承或充填润滑脂的轴承，可不必清洗直接使用。但对于仪表用轴承或用于高速旋转的轴承，应用清洁的清洗油将防锈油洗去，这时轴承容易生锈，不可长时间放置。

(2) 轴与外壳的检验　清洗轴承与外壳，首先确认无伤痕或机械加工留下的毛刺，外壳内绝对不得有研磨剂、型砂、切屑等；其次检验轴与外壳的尺寸、形状和加工质量是否与图样符合。安装轴承前，在检验合格的轴与外壳的各配合面涂布机械油。

2. 轴承的安装方法

轴承的安装方法应根据轴承结构、尺寸大小和轴承部件的配合性质而定，压力应直接加在紧配合的套圈端面上，不得通过滚动体传递压力。轴承安装一般采用如下方法：

(1) 压入配合　轴承内圈与轴是紧配合、外圈与轴承座孔是较松配合时，可用压力机将轴承先压装在轴上，然后将轴连同轴承一起装入轴承座孔内，压装时在轴承内圈端面上，垫一软金属材料做的装配套管（铜或软钢），装配套管的内径应比轴颈直径略大，外径应比轴承内圈挡边略小，以免压在保持架上。轴承外圈与轴承座孔是紧配合、内圈与轴为较松配合时，可将轴承先压入轴承座孔内，这时装配套管的外径应略小于座孔的直径。如果轴承套圈与轴及座孔都是紧配合时，安装时轴承内圈和外圈要同时压入轴和轴承座孔，装配套管的结构应能同时压紧轴承内圈和外圈的端面。

(2) 加热配合　加热配合是通过加热轴承或轴承座，利用热膨胀将紧配合转变为松配合的安装方法，是一种常用和省力的安装方法。此法适于过盈量较大的轴承的安装，热装前把轴承或可分离型轴承的套圈放入油箱中均匀加热至 80~100℃，然后从油中取出尽快装到轴上，为防止冷却后内圈端面和轴肩贴合不紧，轴承冷却后可以再进行轴向紧固。轴承外圈与轻金属制的轴承座紧配合时，采用加热轴承座的热装方法，可以避免配合面受到擦伤。

轴承安装时应注意：①分清轴承的紧环和松环（根据轴承内径大小判断，孔径相差 0.1~0.5mm）；②分清机构的静止件（即不发生运动的部件，主要是指装配体）；③无论什么情况，轴承的松环始终应靠在静止件的端面上。

3. 轴承安装后的检验

轴承安装后应进行旋转试验，首先用于旋转轴或轴承箱，若无异常，便以动力进行无负荷、低速运转，然后视运转情况逐步提高旋转速度及负荷，并检测噪声、振动及温升，发现异常，应停止运转并检查。运转试验正常后方可交付使用。

1. 装配前清洗和清理零件的目的是什么？
2. 装配质量对整个产品的质量有什么影响？
3. 螺纹拧紧时，怎样控制拧紧力矩的大小？
4. 滚动轴承润滑的目的是什么？

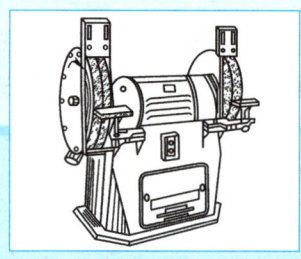

单元二

钳工基础操作

任务一　正方形的锯削加工

【知识目标】

1. 了解手锯的结构。
2. 掌握锯削的基础知识和工艺常识。
3. 熟悉锯条折断的原因和防止方法,了解锯缝产生歪斜的原因。

【技能目标】

1. 能对各种形体材料进行正确锯削,操作姿势正确,并能达到一定的锯削精度。
2. 能根据不同材料正确选用锯条,并能正确装夹锯条。

一、任务布置

在尺寸为 φ34mm×120mm 的 45 钢(图 2-1)的长度方向上练习锯削正方形(图 2-2),其评分标准按表 2-1 执行。

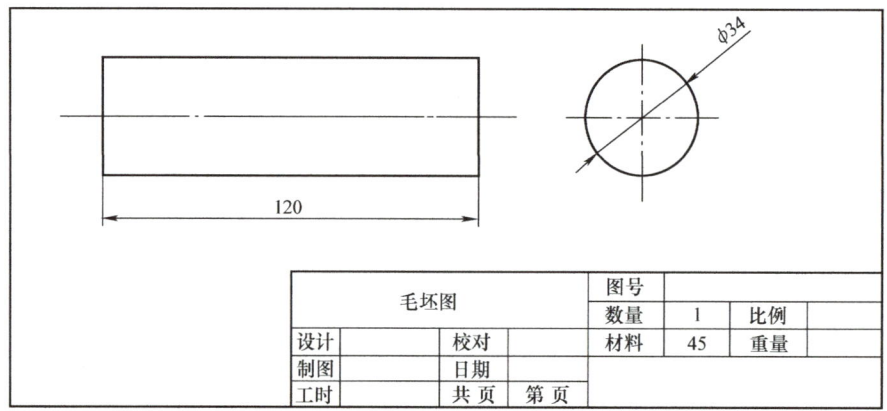

图 2-1　毛坯图

单元二　钳工基础操作

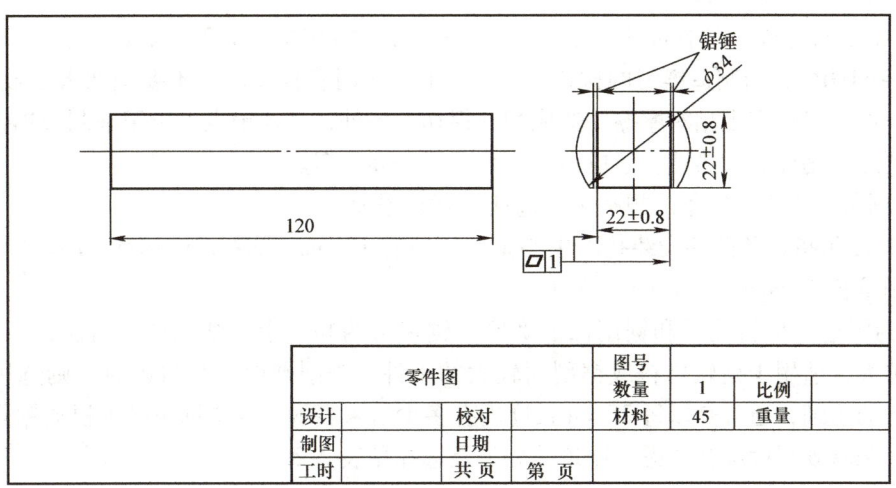

图 2-2　零件图

表 2-1　正方形锯削加工的评分标准

序号	技术要求	配分	评定标准
1	(22±0.8) mm（2处）	2×20	超差无分
2	平面度公差1mm（4处）	4×10	超差无分
3	安全文明生产	20	违规操作不得分

二、任务分析

由表 2-1 可知，正方形锯削要求保证正方形边长为（22±0.8）mm（2处），平面度公差为1mm（4处），同时注意两平面相互平行。

分析尺寸及其他技术要求，理解配分重点，明确重要的加工要素，如图 2-2 所示。

三、相关知识

1. 锯削基本知识

用手锯对材料或工件进行切断或切槽的操作称为锯削。

（1）手锯的结构　手锯由锯弓和锯条构成。锯弓是用来夹持和张紧锯条的弓架，它有整体式（图 2-3a）和分体式（图 2-3b）两种。整体式锯弓只能安装一种长度的锯条；分体式锯弓通过调整可以安装多种长度的锯条，且分体式（可调）锯弓的锯柄形状便于用力，所以目前被广泛使用。

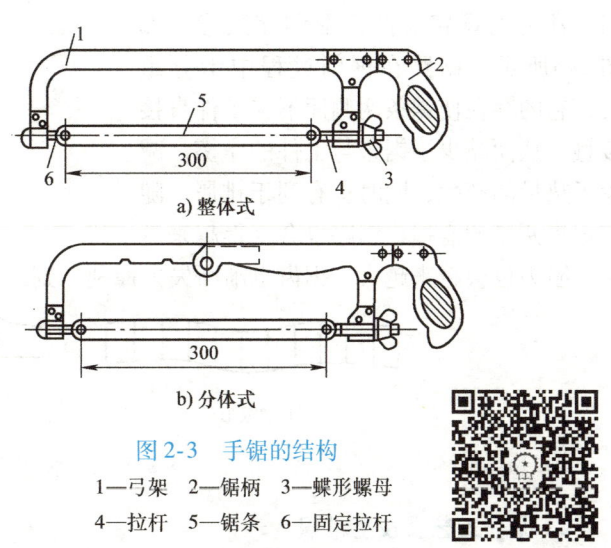

图 2-3　手锯的结构

1—弓架　2—锯柄　3—蝶形螺母
4—拉杆　5—锯条　6—固定拉杆

29

(2) 锯条的材料和规格

1) 锯条的材料。锯条的材料常用优质碳素工具钢 T10A 或 T12A 制成,经热处理后硬度可达 60~64HRC,与制造锉刀的材料一样。因此,平时在操作时,不要把两者混放在一起,更不要叠放,以免产生相对摩擦,造成相互损伤。另外,高速钢也可以用来制作锯条,具有更高的硬度、韧性和耐热性,但成本要比普通锯条高得多。

2) 锯条的规格。锯条的规格主要包括长度和锯齿。

① 长度是指锯条两端安装孔的中心距,一般有 100mm、200mm、300mm 等几种,钳工实习常用是长 300mm、宽 12mm、厚 0.8mm 的锯条。

② 为了适应材料性质和锯削面的宽窄,锯齿分为粗、中、细三种。粗齿锯条齿距大,容屑空隙大,适用于锯软材料或锯剖面较大的工件。锯削硬度较高材料时,则选用细齿锯条。锯齿的粗细,通常是以每 25mm 长度内有多少齿来表示。选择锯条必须根据锯削部位材料的厚薄和软硬程度综合考虑。锯条的分类及选择见表 2-2。

表 2-2 锯条的分类及选择

分类	齿距/mm	齿数(25mm 长度)	适用范围
粗齿	>1.8	<14	锯削部位较厚、材料较软
中齿	1.1~1.8	14~22	锯削部位适中、材料硬度适中
细齿	<1.1	>22	锯削部位较薄、材料较硬

3) 锯齿的几何切削角度。常用锯条的锯齿几何角度是:后角 α 为 40°~45°,楔角 β 为 45°~50°,前角 γ 为 0°,如图 2-4 所示。

4) 锯路。锯条的锯齿按一定的规律左右错开排列成一定形状,从而形成锯路,常见的锯路有波浪形和交叉形,如图 2-5 所示。锯路在锯削过程中十分重要,它的存在使锯条两侧面不与工件直接接触,从而减少了锯条与工件的摩擦,减少了热量的产生,同时也有利于排屑。随着锯齿两侧的磨损,锯路也会变得越来越

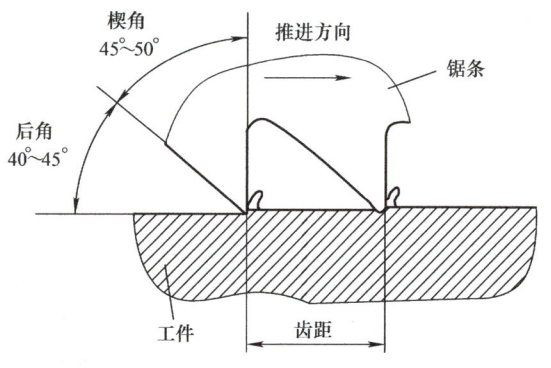

图 2-4 锯齿的几何切削角度

窄,阻力也会越来越大,锯齿也渐渐失去锋利,到一定程度时,锯条便丧失切削功能。

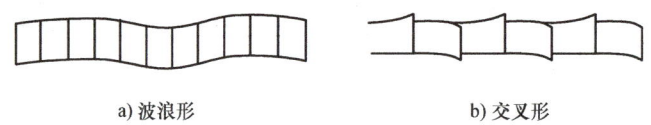

a) 波浪形　　　　　　　　b) 交叉形

图 2-5 锯路示意图

2. 锯削工艺及技能常识

(1) 手锯握法和锯削姿势、压力及速度

1) 手锯握法。右手满握锯柄,左手轻扶在锯弓前端,如图 2-6 所示。

2）锯削姿势。锯削时的站立位置和身体摆动姿势与锉削基本相似，摆动要自然。

3）锯削时的压力。锯削运动时，推力和压力由右手控制，左手主要配合右手扶正锯弓，压力不要过大。手锯推出时为切削行程，应施加压力，返回行程不切削，不加压力自然拉回。工件将断时压力要小。

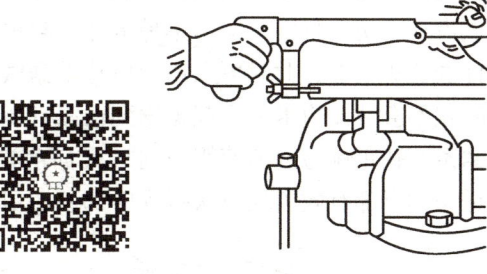

图 2-6　手锯握法

4）锯削时的运动和速度。锯削运动一般采用小幅度的上下摆动式运动，即手锯推进时，身体略向前倾，双手随着压向手锯的同时，左手上翘，右手下压，回程时右手上抬，左手自然跟回。对锯缝底面要求平直的锯削，必须采用直线运动。锯削的速度以 20～40 次/min 为宜，锯削硬材料慢些，锯削软材料快些，同时，锯削行程应保持均匀，返回行程的速度应相对快些。

（2）锯削操作方法

1）工件的夹持。工件一般应夹在台虎钳的左面，以便操作。工件伸出钳口不应过长（应使锯缝离开钳口侧面约 20mm），防止工件在锯削时产生振动。锯缝线要与钳口侧面保持平行（使锯缝线与铅垂线方向一致），便于控制锯缝不偏离划线线条。夹紧要牢靠，同时要避免将工件夹变形和夹坏已加工面。

2）锯条的安装。手锯是在前推时才起锯削作用，因此锯条安装应使齿尖的方向朝前（图 2-7a），如果装反了（图 2-7b），则锯齿前角为负值，就不能正常锯削了（有些特殊情况允许反装）。在调节锯条松紧时，螺母不宜旋得太紧或太松；太紧时锯条受力太大，在锯削中用力稍有不当，就会折断；太松则锯削时锯条容易扭曲，也易折断，而且锯出的锯缝容易歪斜。其松紧程度以用手扳动锯条，感觉硬实即可。锯条安装后，要保证锯条平面与锯弓中心平面平行，不得倾斜和扭曲，否则，锯削时锯缝极易歪斜。

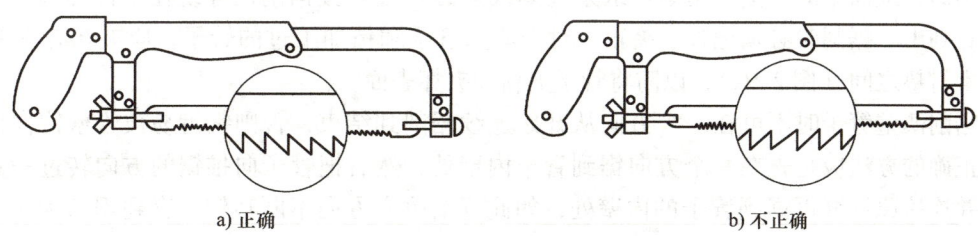

a) 正确　　　　b) 不正确

图 2-7　锯条的安装

3）起锯方法。起锯是锯削工作的开始，起锯质量的好坏，直接影响锯削质量。如果起锯不当则常出现如下两种情况：一是锯条跳出锯缝将工件拉毛或者引起锯齿崩裂；二是起锯后的锯缝与划线位置不一致，将使锯削尺寸出现较大的偏差。起锯分为远起锯（图 2-8a）和近起锯（图 2-8c）两种起锯方法。起锯时，左手拇指靠住锯条，使锯条能正确地锯在所需要的位置上，行程要短，压力要小，速度要慢。起锯角 θ 约为 15°。如果起锯角太大，则起锯不易平稳，尤其是近起锯时锯齿会被工件棱边卡住引起崩裂（图 2-8b）。但起锯角也不宜太小，否则，由于锯齿与工件同时接触的齿数较多，不易切入材料，多次起锯往往容易发生偏离，使工件表面锯出许多锯痕，影响表面质量。一般情况下采用远起锯，因为远起锯是锯齿逐步切入材料，锯齿不易卡住，起锯也较方便。如果采用近起锯，掌握不好锯齿会被工件的棱边卡住，此时可采用向后拉手锯做倒向起锯，使起锯时接触的齿数增加，再推进起锯时就不会被棱边卡住。起锯锯到槽深有 2～3mm 时，锯条已不会滑出槽外，左手拇指可离开锯条，扶正锯弓逐渐使锯痕向后（向前）成为水平，然后往下正常锯削。正常锯削时应使锯条的全部有效齿在每次行程中都参加切削。

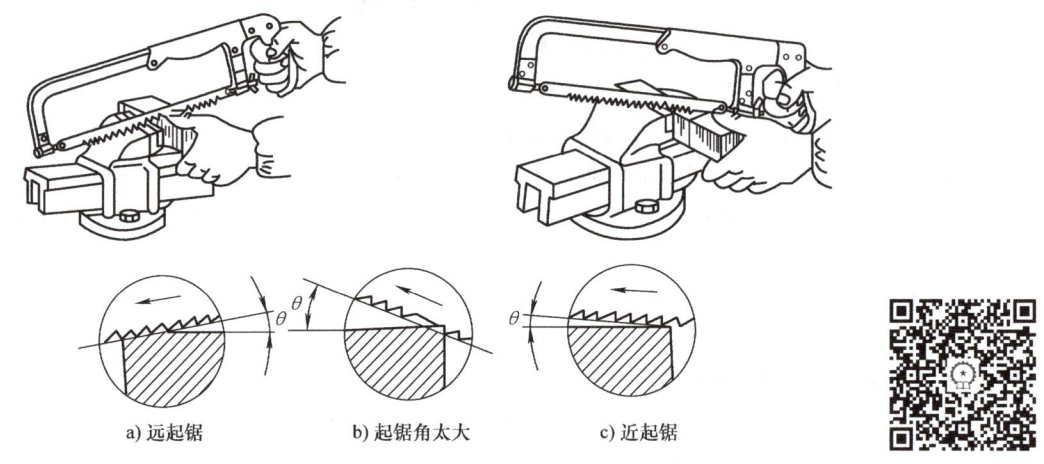

图 2-8 起锯方法

（3）几种材料的锯削方法

1）棒料的锯削。如果锯削的断面要求平整，则应从开始连续锯到结束。若锯出的断面要求不高，可采用不同方向多次起锯，这样，由于锯削面变小而容易锯入，可提高工作效率。

2）管子的锯削。锯削管子前，可划出垂直于轴线的锯削线，由于锯削时对划线的精度要求不高，最简单的方法可用矩形纸条（划线边必须直）按锯削尺寸绕住工件外圆，然后用滑石划出。锯削时必须把管子夹正。对于薄壁管子和精加工过的管子，应夹在有 V 形槽的两木衬垫之间（图2-9a），以防将管子夹扁和夹坏表面。

锯削薄壁管子时不可在一个方向从开始连续锯削到结束，否则锯齿易被管壁钩住而崩裂。正确的方法应是先在一个方向锯到管子内壁处，然后把管子向推锯的方向转过一定角度，并连接原锯缝再锯到管子的内壁处，如此逐渐改变方向不断转锯，直到锯断为止，如图 2-9b 所示。

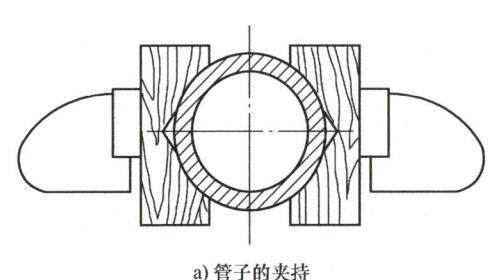

图 2-9 管子的夹持和锯削

3)薄板料的锯削。锯削时尽可能从宽面处起锯。当只能在板料的狭面起锯时,可用两块木板夹持,连木块一起锯下,避免锯齿钩住,同时也增加了板料的刚度,使锯削时不发生颤动(图2-10a)。也可以把薄板料直接夹在台虎钳上,用手锯做横向斜推锯,使锯齿与薄板接触的齿数增加,避免锯齿崩裂,如图2-10b所示。

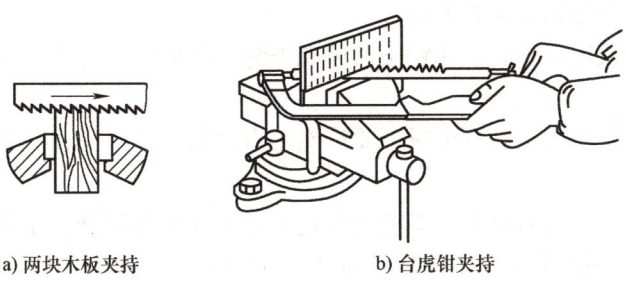

a) 两块木板夹持　　　　b) 台虎钳夹持

图2-10　薄板料锯削

4)深缝锯削。当锯缝的深度超过锯弓的高度时(图2-11a),应将锯条转过90°重新装夹,使锯弓转到工件的旁边(图2-11b),当锯弓横下来其高度仍不够时,也可把锯条装夹成使锯齿朝向锯内进行锯削(图2-11c)。

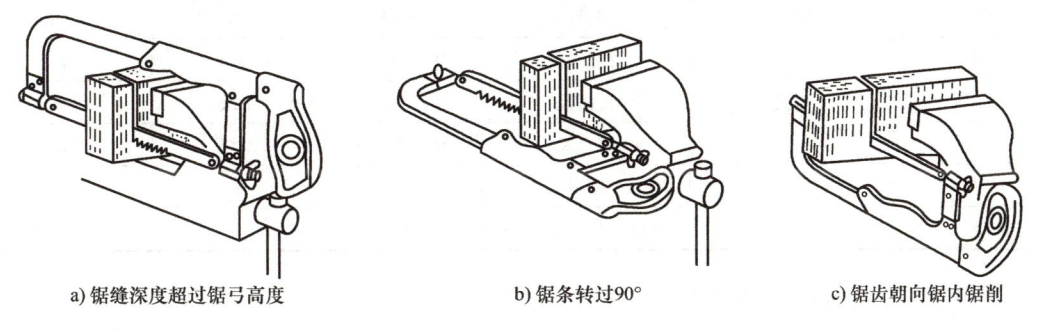

a) 锯缝深度超过锯弓高度　　　b) 锯条转过90°　　　c) 锯齿朝向锯内锯削

图2-11　深缝锯削

(4)锯条折断的原因

1)工件未夹紧,锯削时工件有松动。

2)锯条装得过松或过紧。

3)锯削压力过大或锯削方向突然偏离锯缝方向。

4)强行纠正歪斜的锯缝,或调换新锯条后仍在原锯缝过猛地锯下。

5)锯削时锯条中间局部磨损,当拉长锯削时而被卡住引起折断。

6)中途停止使用时,手锯未从工件中取出而碰断。

(5)锯齿崩裂的原因

1)锯条选择不当,如锯薄板料、管子时用粗齿。

2)起锯时起锯角太大。

3)锯削运动突然摆动过大以及锯齿有过猛的撞击。当锯条局部几个齿崩裂后,应及时在砂轮机上进行修整,即将相邻的2~3齿磨低成凹圆弧,并把已断的齿根磨光。如果不及时处理,崩裂齿的后面各齿会相继崩裂。

(6) 锯缝产生歪斜的原因

1) 工件安装时，锯缝线未能与铅垂线方向一致。

2) 锯条安装得太松或相对锯弓平面扭曲。

3) 使用锯齿两面磨损不均匀的锯条。

4) 锯削压力过大使锯条左右偏摆。

5) 锯弓未扶正或用力歪斜，使锯条背偏离锯缝中心平面，而斜靠在锯削断面的一侧。

(7) 安全知识

1) 锯条要装得松紧适当，锯削时不要突然用力过猛，防止工作中锯条折断从锯弓上崩出伤人。

2) 工件将锯断时，压力要小，避免压力过大使工件突然断开，手向前冲造成事故。一般工件将锯断时，要用左手扶住工件断开部分，避免掉下砸伤脚。

四、任务实施

1. 选择工具及量具

根据图样要求，合理选择工具、量具。具体明细见表2-3。

表2-3 正方形锯削加工的工具、量具明细

序号	分类	名称	规格	精度	数量
1	量具	游标卡尺	0～150mm	0.02mm	1
2		直角尺	125mm	1级	1
3		钢直尺	0～150mm	1级	1
4	工具	锯弓	—	—	1
5		毛刷、划针、锯条	—	—	根据需要

2. 制订工艺，并按工艺操作

1) 熟悉、分析图样，检查毛坯尺寸。

2) 按图样尺寸对毛坯划出锯削线。

3) 分别锯削四个平面。达到尺寸（22±0.8）mm及锯削断面平面度公差1mm的要求，并保证锯痕整齐。

4) 按图样全部检测，并进行适当的修毛刺工作；打标记（学号），交工件。

3. 加工时的注意事项

1) 锯削练习时，必须注意工件的安装及锯条的安装是否正确，并要注意起锯方法和起锯角度要正确，以免一开始锯削就造成废品和锯条损坏。

2) 初学锯削，对锯削速度不易掌握，往往推出速度过快，这样容易使锯条很快磨钝。同时，也常会出现摆动姿势不自然、摆动幅度过大等错误姿势，应注意及时纠正。

3) 要适时注意锯缝的平直情况，及时纠正（歪斜过多再纠正时，就无法保证锯削的质量）。

4) 在锯削钢件时，可加些润滑油，以减少锯条与锯削断面的摩擦并能冷却锯条，可以延长锯条的使用寿命。

5) 锯削完毕，应将锯弓上张紧螺母适当放松，但不要拆下锯条，防止锯弓上的零件失散，并将其妥善放好。

五、检测评价

将已完成的正方形零件中尺寸（22±0.8）mm（2处）及平面度公差1mm（4处）逐个测量，并将测量数据填入表2-4中，按评分标准评出成绩。

表2-4 正方形锯削加工的检测考核评分表

工件号		班级		姓名		座号	
任务	检测内容		配分		评分标准	实测结果	得分
正方形的锯削加工	（22±0.8）mm（2处）		2×20		超差无分		
	平面度公差1mm（4处）		4×10		超差无分		
	文明生产与安全生产		20		违规操作不得分		
总　　分							
现场记录							

1. 锯片的装夹方法有哪几种？
2. 简述锯削运动方法和要求。
3. 锯条粗、中、细齿的选择原则是什么？
4. 起锯方法有哪两种？合理的起锯角是多大？
5. 试述锯不同工件的锯削方法。
6. 锯削操作时的安全注意事项有哪些？

任务二　正方形的锉削加工

【知识目标】

1. 了解锉刀的材料、构造、种类、规格及选用原则。
2. 掌握锉刀的保养方法和锉削的安全注意事项。

【技能目标】

1. 掌握平面锉削时的站立姿势和动作。
2. 掌握锉削时两手用力的方法。
3. 能把握正确的锉削速度。

一、任务布置

在尺寸为22mm×22mm×115mm的毛坯（图2-12）的长度方向上练习锉削正方形（图2-13），其评分标准按表2-5执行。

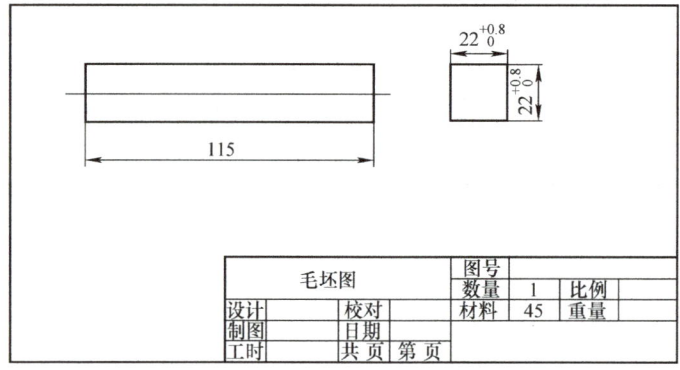

图 2-12 毛坯图

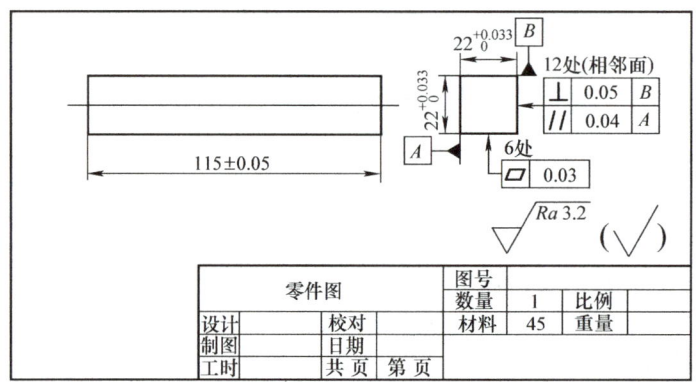

图 2-13 零件图

表 2-5 正方形锉削加工的评分标准

序号	技术要求	配分	评定标准
1	（22±0.8）mm（2处）	30	超差无分
2	（115±0.05）mm	15	超差无分
3	平面度公差0.03mm（6处）	6×2	超差无分
4	平行度公差0.04mm（3处）	3×5	超差无分
5	垂直度公差0.05mm（12处）	12×1	超差无分
6	$Ra3.2\mu m$（6处）	6×1	超差无分
7	安全文明生产	10	违者扣分

二、任务分析

依据评分标准（表 2-5），分析尺寸及其他技术要求，理解配分重点，明确重要的加工要素。根据表 2-5 可知，本次锉削要求保证 22±0.8mm（2 处）、平面度公差 0.03mm（6处）、垂直度公差 0.05mm（12 处）、平行度公差 0.04mm（3 处）及相关表面粗糙度。

三、相关知识

1. 锉刀的构造、种类及规格

锉刀是锉削的主要工具，常用碳素工具钢 T12、T13 制成，并经热处理淬硬至 62~67HRC。锉刀较脆，易断，使用过程中应注意保护。

（1）锉刀的结构　锉刀由锉身（包含锉刀面及锉刀边）和锉刀柄两部分组成，结构如图 2-14 所示。锉刀面是锉削的主要工作面，一般锉刀面的前端做成凸

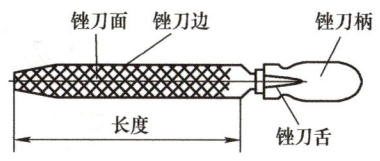

图 2-14　锉刀的结构

弧形，作用是便于锉削工件平面的局部。锉刀边是指锉刀的两侧面，有的其中一边有齿，另外一边无齿（称为光边），这样在锉削内直角工件时，可保护另一相邻的面。锉刀舌用来装锉刀柄。

锉刀的齿纹分单齿纹和双齿纹两种。一般锉刀边做成单齿纹，锉刀面做成双齿纹，底齿角 45°，面齿角为 65°，如图 2-15 所示。

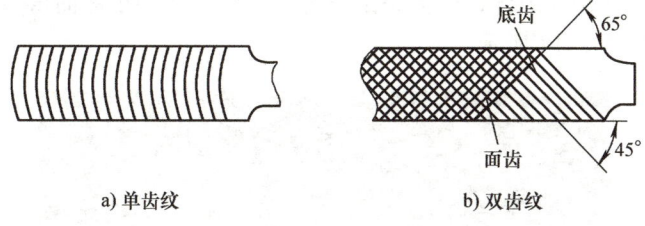

图 2-15　锉刀齿纹

（2）锉刀的种类及适用范围　锉刀按用途的不同分为钳工锉刀、整形锉刀和异性特种锉刀。

钳工锉刀按断面形状分为扁锉、半圆锉、方锉、三角锉、圆锉等几种，如图 2-16 所示；钳工锉及其适宜的加工表面如图 2-17 所示。

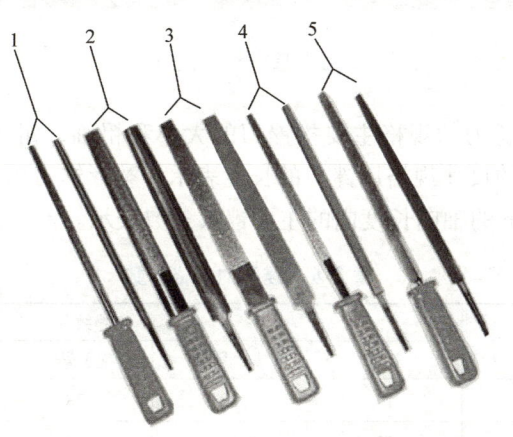

图 2-16　常见锉刀种类

1—圆锉　2—半圆锉　3—扁锉　4—方锉　5—三角锉

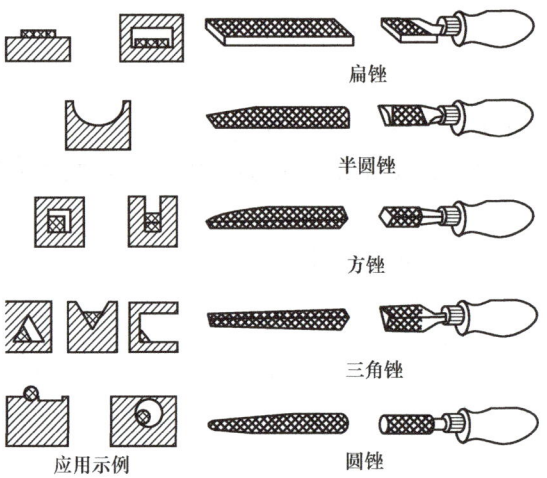

图 2-17　钳工锉及其适宜的加工表面

整形锉刀又叫什锦锉和组锉，因分组配备各种断面形状的小锉而得名，主要用于修整工件上的细小部分，如图 2-18 所示。

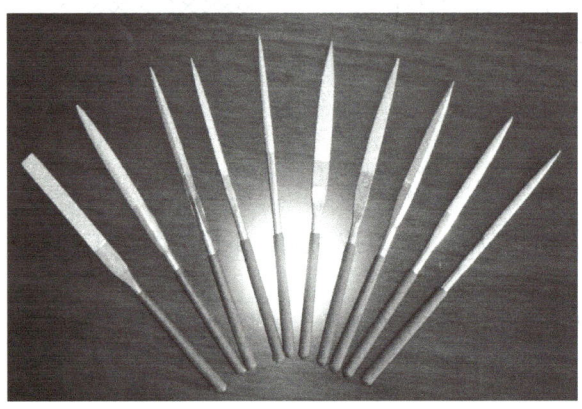

图 2-18　整形锉刀

（3）锉刀的规格　锉刀的规格主要指锉刀的大小和粗细，钳工锉刀的尺寸规格用锉身的长度表示；特种锉刀的尺寸规格用锉刀的长度表示；整形锉刀用每套支数表示。锉刀的粗细规格，以锉刀每 10mm 的轴向长度内的主要锉纹条数表示。锉刀的规格参数见表 2-6。

表 2-6　锉刀的规格参数

规格/mm	锉纹号				
	1 号	2 号	3 号	4 号	5 号
100	14	20	28	40	56
125	12	18	25	36	50
150	11	16	22	32	45
200	10	14	20	28	40

（续）

规格/mm	锉纹号				
	1号	2号	3号	4号	5号
250	9	12	18	25	36
300	8	11	16	22	32
350	7	10	14	20	—
400	6	9	12	—	—
450	5.5	8	11	—	—

2. 锉削的操作技能知识

（1）锉刀柄的装拆方法　锉刀柄的装拆如图2-19所示。

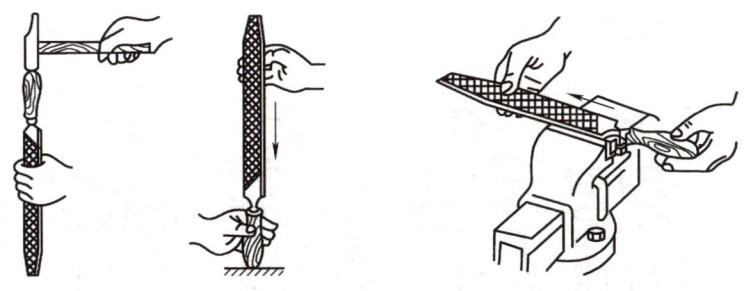

a) 装锉刀柄的方法　　　　　　b) 拆锉刀柄的方法

图2-19　锉刀柄的装拆

（2）平面锉削的姿势　锉削姿势正确与否对锉削质量、锉削力的运用和发挥以及操作者的疲劳程度都起着决定性的影响。锉削姿势的正确掌握，必须从握锉、站立步位和姿势动作以及操作用力这几方面进行，协调一致地反复练习才能达到。

1）锉刀握法。大于250mm的扁锉刀的握法如图2-20a、b、c所示。右手紧握锉刀柄，柄端抵在拇指根部的手掌上，大拇指放在锉刀柄上部，其余手指由下而上地握着锉刀柄。

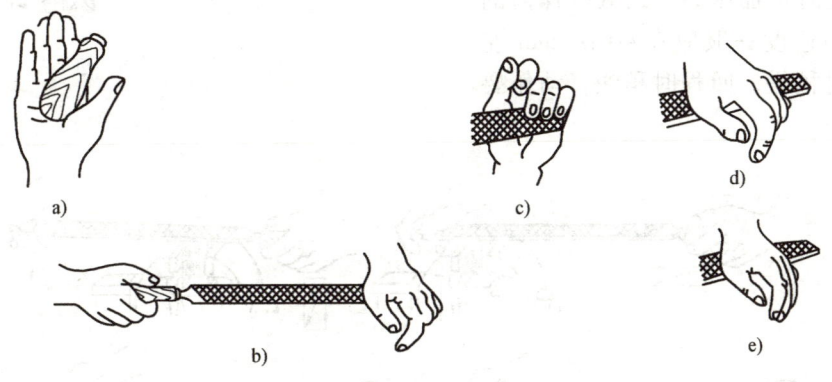

图2-20　扁锉刀的握法

左手的基本握法是将拇指根部的肌肉压在锉刀头上，拇指自然伸直，其余四指弯向手心，用中指、无名指捏住锉刀前端。还有两种左手的握法如图2-20d、e所示。锉削时右手推动锉刀并决定推动方向，左手协同右手使锉刀保持平衡。

2）姿势动作。锉削时的站立步位和姿势（图2-21）、锉削动作（图2-22）及锉刀的推进（图2-23）：两手握住锉刀放在工件上面，左臂弯曲，小臂与工件锉削面的左右方向保持基本平行，右小臂要与工件锉削面的前后方向保持基本平行，但要自然。锉削时，身体先于锉刀并与之一起向前，右脚伸直并稍向前倾，重心在左脚，左膝部呈弯曲状态。当锉刀锉至3/4行程时，身体停止前进，两臂则继续将锉刀推向前锉到头，同时，左脚自然伸直并随着锉削时的反作用力，将身体重心后移，使身体恢复原位，并顺势将锉刀收回。当锉刀收回将近结束，身体又开始先于锉刀前倾，做第二次锉削的向前运动。

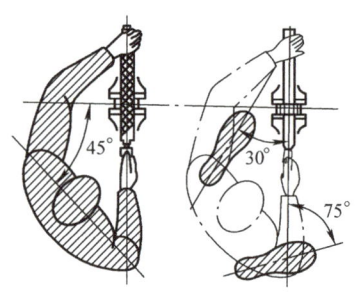

图 2-21　锉削时的站立步位和姿势

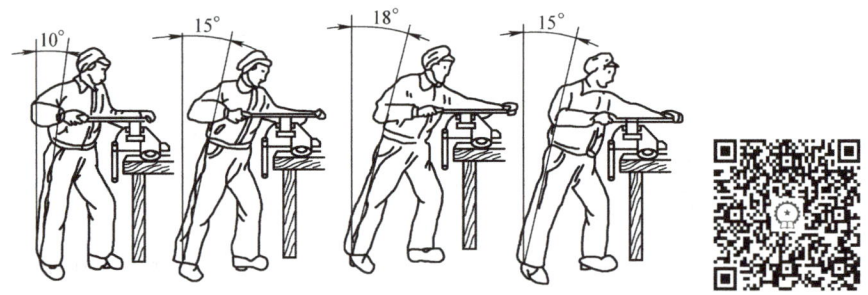

图 2-22　锉削动作

（3）锉削时手的力度和锉削速度 要锉出平直的平面，必须使锉刀保持直线的锉削运动。为此，锉削时右手的压力要随锉刀推动而逐渐增加，左手的压力要随锉刀推动而逐渐减小，如图2-24所示。回程时不加压力，以减少锉齿的磨损。锉削速度一般应在40次/min左右，推出时稍慢，回程时稍快，动作要自然协调。

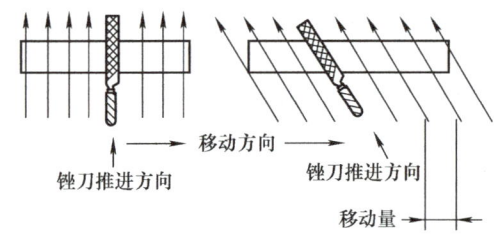

图 2-23　锉刀的推进

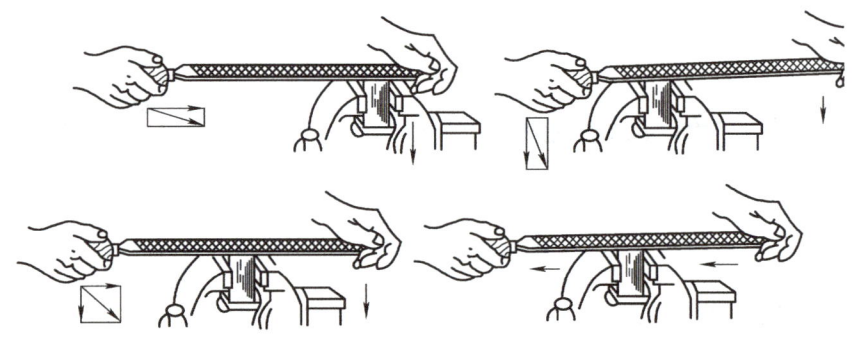

图 2-24　锉平面时的两手用力

(4)平面锉法

1)顺向锉(图2-25a)。锉刀运动方向与工件夹持方向始终一致。在锉宽平面时,为使整个加工表面能均匀地锉削,每次退回锉刀时应在横向做适当的移动。顺向锉的锉纹整齐一致,比较美观,这是最基本的一种锉削方法。

2)交叉锉(图2-25b)。锉刀运动方向与工件夹持方向成50°~60°角,且锉纹交叉。由于锉刀与工件的接触面大,锉刀容易掌握平稳,同时,从锉痕上可以判断出锉削面的高低情况,便于不断地修正锉削部位。交叉锉法一般适用于粗锉,精锉时必须采用顺向锉,使锉痕变直,纹理一致。

a)顺向锉

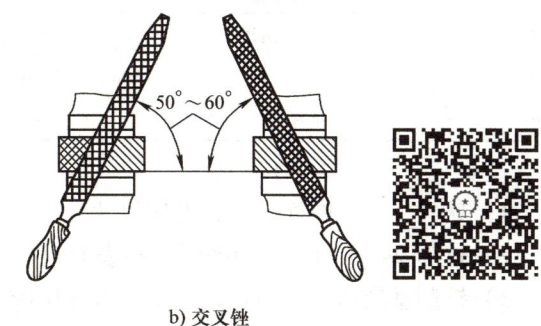
b)交叉锉

图2-25 平面的锉法

(5)锉刀的保养

1)新锉刀要先使用一面,用钝后再使用另一面。

2)在粗锉时,应充分使用锉刀的有效全长,既可提高锉削效率,又可避免锉齿局部损坏。

3)锉刀上不可沾油与沾水。

4)如锉屑嵌入齿缝内必须及时用钢丝刷沿着锉齿的纹路进行清除。

5)不可锉毛坯件的硬皮及经过淬硬的工件。

6)铸件表面如有硬皮,应先用砂轮磨去或用旧锉刀和锉刀的有齿侧边锉去,再进行正常锉削加工。

7)锉刀使用完毕时必须清刷干净,以免生锈。

8)无论在使用过程中或放入工具箱时,锉刀都不可与其他工具或工件堆放在一起,也不可与其他锉刀互相重叠堆放,以免损坏锉齿。

3. 锉削文明安全生产知识

1)锉刀是右手工具,应放在台虎钳的右面;放在钳台上时锉刀柄不可露在钳桌外面,以免掉落在地上砸伤脚或损坏锉刀。

2)没有装柄的锉刀、锉刀柄已裂开或没有锉刀柄箍的锉刀不可使用。

3)锉削时锉刀柄不能撞击到工件,以免锉刀柄脱落造成事故。

4)不能用嘴吹锉屑,也不能用手擦、摸锉削表面。

5)锉刀不可作撬棒或锤子用。

四、任务实施

1. 选择工具及量具

根据图样要求，合理选择工具、量具。具体明细见表2-7。

表2-7 正方形锉削加工的工具、量具明细

序号	分类	名称	规格	精度	数量
1	量具	游标卡尺	0～150mm	0.02mm	1
2		刀口形直尺	125mm	1级	1
3		游标高度尺	0～300mm	0.02mm	根据需要
4		直角尺	80mm×50mm	1级	根据需要
5	工具	扁锉	150mm、250mm、300mm	粗、中、细齿	各1
6		锉刀刷、毛刷	—	—	根据需要

2. 制订工艺，并按工艺操作

1）熟悉、分析图样，检查毛坯尺寸。

2）锉削基准面 A，达到平面度和表面粗糙度的要求。

3）锉削基准面 A 的对面，达到（20±0.033）mm 的尺寸和平面度、平行度、表面粗糙度等要求。

4）粗、精锉基准面 B，达到平面度、垂直度、表面粗糙度等要求。

5）锉削基准面 B 的对面，达到（20±0.033）mm 的尺寸和平面度、平行度、表面粗糙度等要求。

6）粗、精锉基准面 C 达到平面度、垂直度和表面粗糙度的要求。

7）锉削基准面 C 的对面，达到（115±0.05）mm 的尺寸和平面度、平行度、垂直度等表面粗糙度等要求。

8）修理毛刺。

9）按图样全部检测，并进行适当的锉修，打标记（学号），交工件。

3. 操作中的注意事项

1）锉削是钳工的一项重要基本操作，正确的姿势是掌握锉削技能的基础，因此必须练好。

2）初次练习时，会出现各种不正确的姿势，特别是身体和双手动作不协调，要随时注意纠正，若让不正确的姿势成为习惯，纠正就困难了。

3）在练习姿势动作时，也要注意体会两手用力如何变化才能使锉刀在工件上保持直线的运动。

4）在加工时要防止片面性。不能为取平面精度而影响了尺寸要求和角度的精度要求；不能为了锉正角度而忽略了平面度和平行度要求；不能为了减小表面粗糙度值而忽略了其他。总之在加工时要顾及全部的精度要求。

5）使用游标万能角度尺时，测量角度范围要选取正确，紧固螺钉必须拧紧；测量时要轻拿轻放，避免所测数值发生变动；经常校对游标万能角度尺角度的准确性。测量时要把工件锐边的毛刺倒钝，以保证测量的准确性。

6）注意使用游标万能角度尺测量角度时的正确测量方法。

五、检测评价

将已完成的正方形零件中相关尺寸、平面度公差（6 处）、平行度公差（3 处）、垂直度公差（12 处）及表面粗糙度值（6 处）逐个测量，并将测量数据填入表 2-8 中，按评分标准评出成绩。

表 2-8 正方形锉削加工的检测考核评分表

工件号		班级		姓名		座号	
任务	检测内容	配分	评分标准	实测结果	得分
正方形的锉削加工	(22±0.8) mm（2 处）	30	超差无分		
	(115±0.05) mm	15	超差无分		
	平面度公差 0.03mm（6 处）	6×2	超差无分		
	平行度公差 0.04mm（3 处）	3×5	超差无分		
	垂直度公差 0.05mm（12 处）	12×1	超差无分		
	Ra3.2μm（6 处）	6×1	超差无分		
	文明生产与安全生产	10	违者扣分		
总分					
现场记录					

复习思考题

1. 怎样正确使用和保养锉刀？
2. 锉刀的握法有哪些要求？
3. 顺向锉和交叉锉这两种锉法各有什么优缺点？怎样正确采用？
4. 怎样检验平面锉削的质量？
5. 锉削的安全生产知识有哪些？

任务三　滑块的锯削与锉削

【知识目标】

1. 了解锯片和锯弓。
2. 掌握锉刀的种类规格，锯弓的种类以及锯片的规格。

【技能目标】

1. 正确安装锯弓和锯片。
2. 掌握各种锉刀锉削工件表面的要领，保证锉削平面达到一定精度。
3. 掌握锯削工件的要领，保证锯削的直线度要求。

一、任务布置

在尺寸为 95mm×75mm×30mm 的 45 钢（图 2-26）上进行锯和锉削加工，保证尺寸为 89mm×70mm×30mm 的斜滑块（图 2-27），其评分标准按表 2-9 执行。

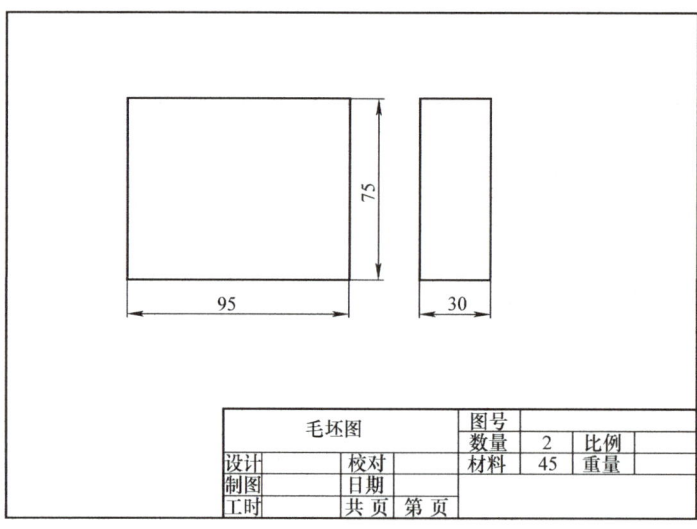

图 2-26 毛坯图

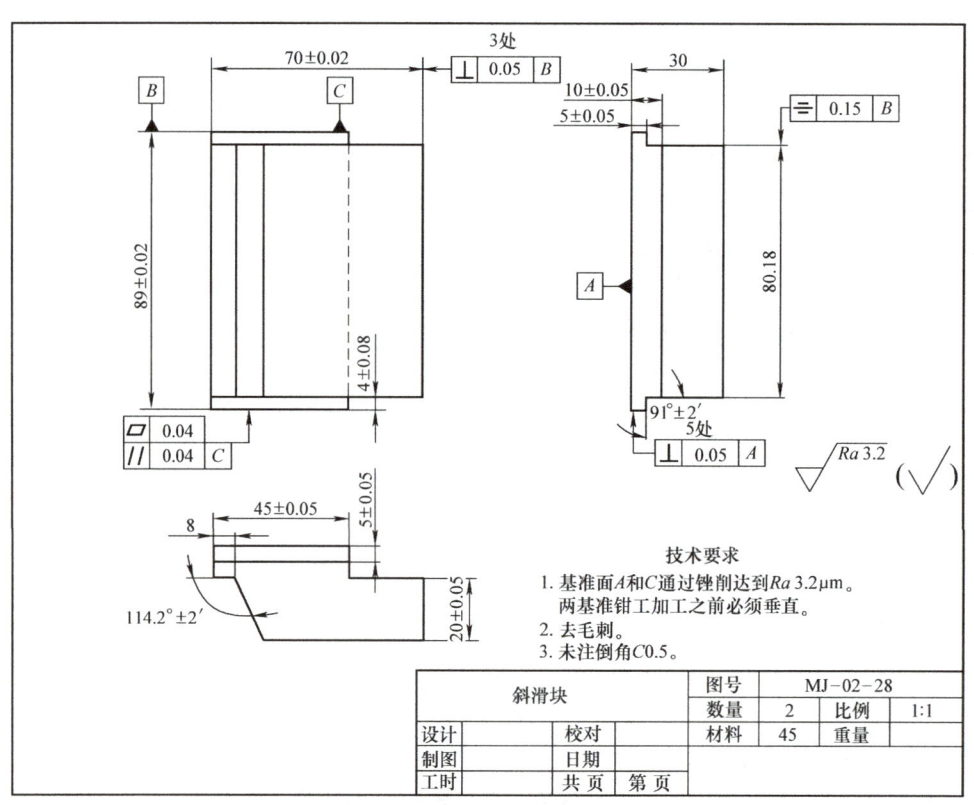

图 2-27 零件图

单元二　钳工基础操作

表 2-9　斜滑块锯锉削加工的评分标准

序号	技术要求	配分	评定标准
1	（70±0.02）mm	6	超差不得分
2	（89±0.02）mm	6	超差不得分
3	平面度公差（13 处）	10	超差不得分
4	垂直度公差 0.05mm（8 处）	16	每一处超差扣 2 分
5	平行度公差（3 处）	6	超差不得分
6	（45±0.05）mm	4	超差不得分
7	（20±0.05）mm	4	超差不得分
8	（4±0.08）mm	4	超差不得分
9	91°±2′（2 处）	8	超差不得分
10	（10±0.05）mm（2 处）	8	超差不得分
11	114.2°±2′（2 处）	6	超差不得分
12	锯削每处不超差	5	超差不得分
13	锯削平整度	3	超差不得分
14	锯削姿势	2	姿势不正确不得分
15	起锯角度	2	角度不正确不得分
16	安全文明生产	10	违规操作不得分

二、任务分析

明确本项目任务训练的目的，分析并读懂零件图。该零件是模具成型零件，主要成型塑件的内外表面，在模具当中是比较重要的部分。该零件的名称是斜滑块，它通过动、定模分离，驱使斜导柱带动斜滑块做侧面的一小段运动，最终和塑件分离，使塑件脱离。本图样要求保证几处带公差的尺寸精度以及平面度要求（13 处）、垂直度要求（8 处）、平行度要求（3 处）。

分析尺寸及其他技术要求，理解配分重点，明确重要的加工要素，如图 2-27 所示。

三、任务实施

1. 选择工具及量具

根据图样要求，合理选择工具、量具。具体明细见表 2-10。

表 2-10　斜滑块锯锉削加工工具、量具明细

序号	分类	名称	规格	精度	数量
1	量具	游标卡尺	0～150mm	0.02mm	1
2		刀口形直尺	125mm	1 级	1
3		游标高度卡尺	0～300	0.02mm	根据需要
4		直角尺	80×50	1 级	根据需要
5		千分尺	0～25mm、25～50mm、50～75mm、75～100mm	1 级	各 1
6		游标万能角度尺	0°～360°	1 级	1
7	工具	扁锉	150mm、250mm、300mm	粗、中、细	各 1
8		锉刀刷、毛刷	—	—	根据需要

2. 制订工艺，并按工艺操作

制订加工工艺，并按工艺操作，具体操作步骤见表 2-11。

表 2-11　操作步骤

操作步骤	工艺图示	相关说明
利用游标卡尺确定毛坯尺寸 95mm×75mm×35mm，保证锉削、锯削有一定的余量	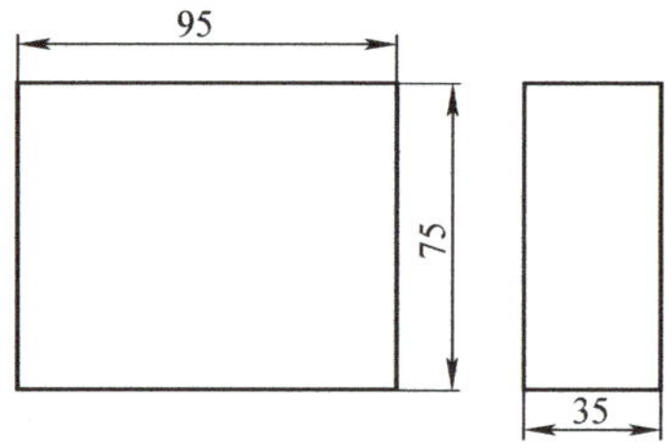 （95×75，35）	毛坯外形垂直度不能相差很大，保证有合理的锯削和锉削余量
利用锉刀锉削①面，用刀口形直尺和直角尺保证①面的垂直度公差和平面度公差	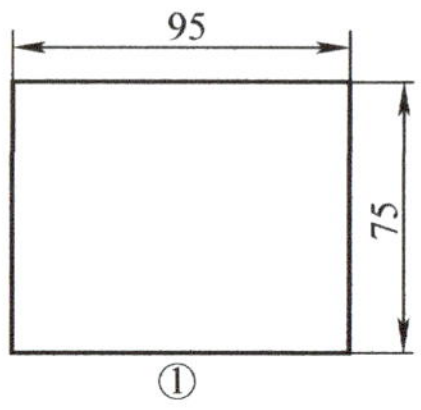 （95×75，①）	在①面和对边面中选择一个比较平的面作第一个基准面锉削
利用锉刀锉削②面，利用直角尺保证②面和①面的垂直度公差以及和大面的垂直度公差，用刀口形直尺保证②面的平面度公差和直线度公差	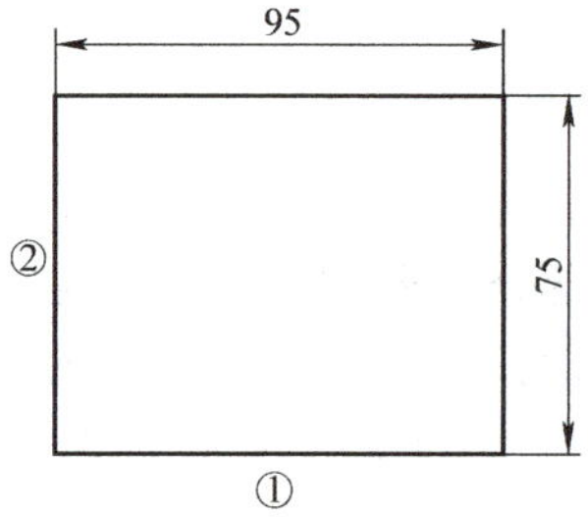 （95×75，②①）	—
通过划线可以明确加工界限，利用手工锯来锯削 89mm×70mm 划线以外的材料，锯削时要保证锯路沿着划线位置右偏移 0.5mm 均匀锯下，留 0.5mm 余量以便锉削	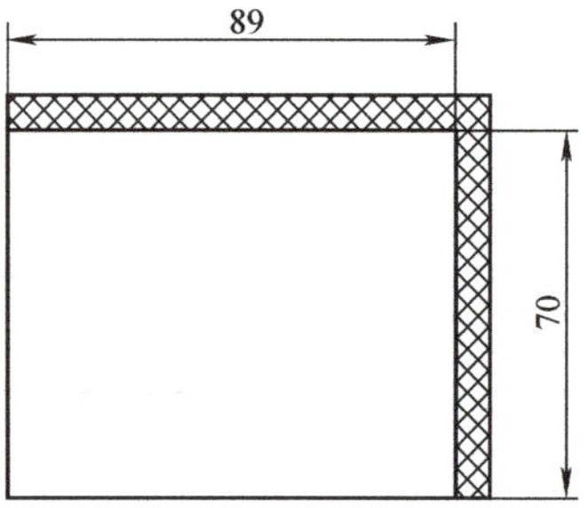 （89×70）	在划线之前要把毛刺去除，锯削之前用游标卡尺检验划线尺寸是否合理
锉削③、④两个尺寸面，达到图样所需要的尺寸精度和几何公差	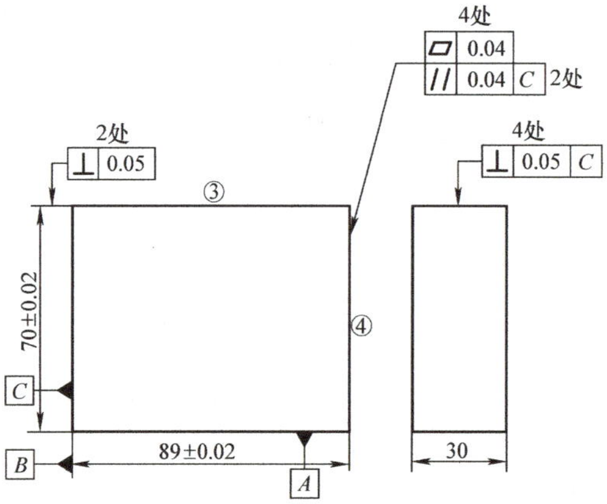 （③④，70±0.02，89±0.02，30，基准 A、B、C，⊥0.05 2处，□0.04 4处，∥0.04 C 2处，⊥0.05 C 4处）	—

（续）

操作步骤	工艺图示	相关说明
划出加工界限，利用手锯来锯削右图所排样的部分，锉削保证4mm、5mm以及91°的尺寸精度	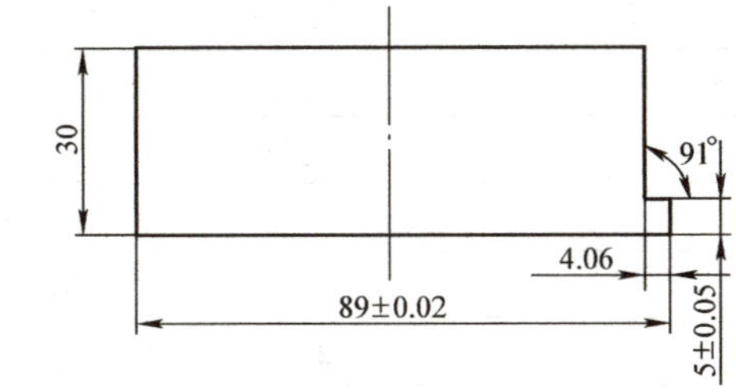	利用游标万能角度尺测量角度
划出左侧加工界限，利用手锯来锯削所排样的部分，锉削保证4mm、5mm以及91°的尺寸精度，并且保证对称度公差0.15mm	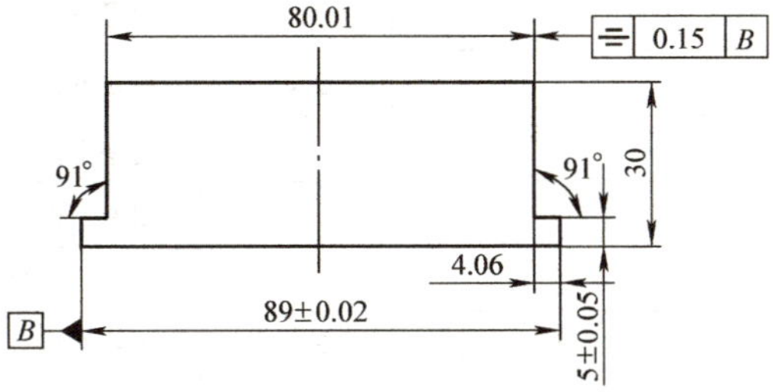	对称度可以用百分表或者检验棒配合千分尺来测量
划出右侧加工界限，利用手锯来锯削所排样的部分，锉削保证⑤、⑥面的尺寸精度以及垂直度	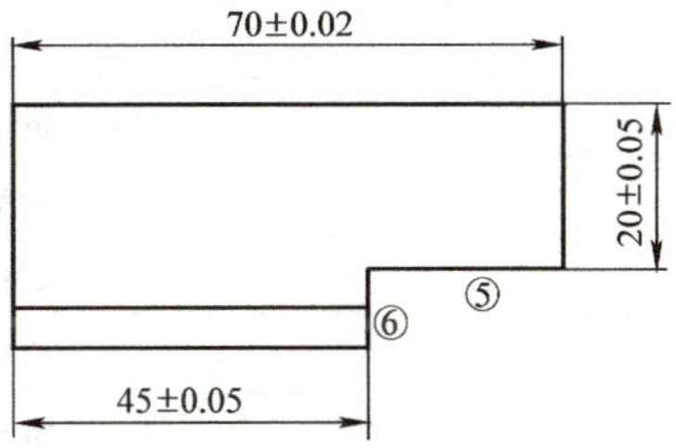	—
划出左侧的加工界限，利用手锯来锯削所排样部分，锉削保证⑦、⑧面以及斜角角度	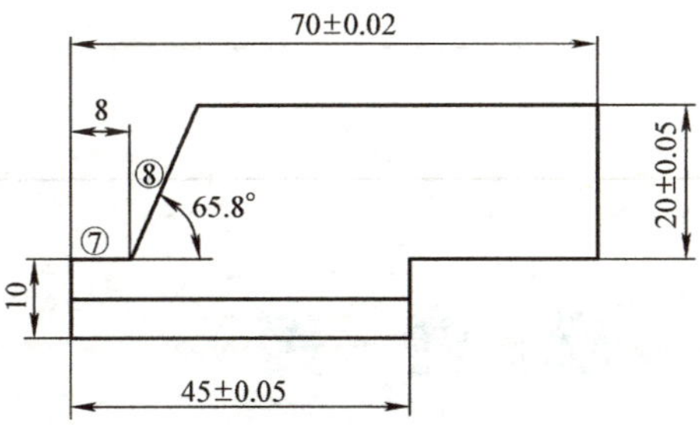	—

3. 加工时的注意事项

1）锯削时，必须注意工件的安装及锯条的安装是否正确，并要注意起锯方法和起锯角度的正确，以免一开始锯削就造成废品和锯条损坏。

2）工件锯削、锉削加工时，要对划线部分进行复核以避免出错。

3）锉削的时候做到粗、精锉刀分开锉削。

4）正确摆放工具。

四、检测评价

将已完成的斜滑块零件的几处带公差的尺寸精度以及平面度公差（5处）、垂直度公差

(8处)、平行度公差（3处）逐个测量，并将测量数据填入表2-12中，按评分标准评出成绩。

表2-12 斜滑块锯锉削加工的检测考核评分表

工件号		班级		姓名		座号	
任务	检测内容		配分	评分标准		实测结果	得分
滑块的锯削与锉削	（70±0.02）mm		6	超差不得分			
	（89±0.02）mm		6	超差不得分			
	平面度公差（5处）		2×5	超差不得分			
	垂直度公差0.05mm（8处）		1×8	每一处超差扣2分，本项目分扣完为止			
	平行度公差（3处）		2×3	超差不得分			
	（45±0.05）mm		6	超差不得分			
	（20±0.05）mm		6	超差不得分			
	（4±0.08）mm		4	超差不得分			
	91°±2′（2处）		2×4	超差不得分			
	（10±0.05）mm（2处）		2×6	超差不得分			
	114.2°±2′（2处）		2×4	超差不得分			
	锯削每处不超差		4	超差不得分			
	锯削平整度		3	超差不得分			
	锯削姿势		2	姿势不正确不得分			
	起锯角度		1	角度不正确不得分			
	文明生产与安全生产		10	违者每次扣2分			
总分							
现场记录							

复习思考题

1. 锯削操作的注意事项有哪些？
2. 写出锉削滑块斜面的工艺？
3. 如何保证斜滑块的对称度？

任务四

【知识目标】

1. 掌握锉削小平面的方法。

单元二　钳工基础操作

2. 掌握钻孔的知识要点。
3. 掌握基准的选用原则。

【技能目标】

1. 掌握用圆锉锉削圆弧面的操作方法。
2. 掌握通过锉削加工保证工件尺寸精度的方法。

一、任务布置

在尺寸为 20mm×20mm×115mm 的 45 钢（图 2-28）的长度方向上练习加工鸭嘴锤头（图 2-29），其评分标准按表 2-13 执行所示。

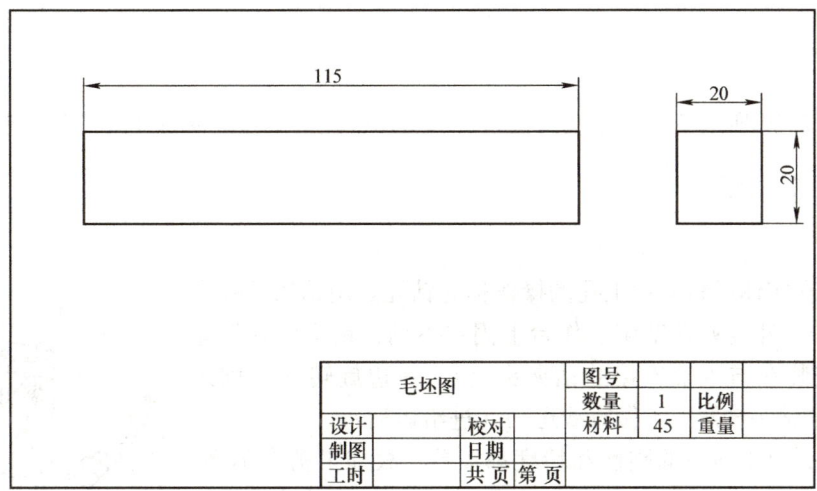

图 2-28　毛坯图

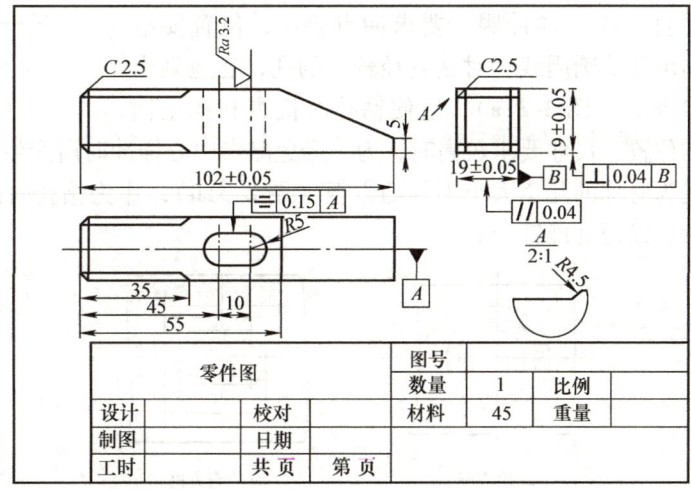

图 2-29　鸭嘴锤头零件图

表 2-13　鸭嘴锤头的制作的评分标准

序号	项目与技术要求	配分	评定标准
1	(19±0.05) mm	7	超差无分
2	(102±0.05) mm（3处）	3×10	超差无分
3	对称度0.15mm（1处）	8	超差无分
4	平行度公差0.04mm（3处）	3×7	超差无分
5	垂直度公差0.04mm（7处）	7×2	超差无分
6	120°±4′（6处）	6×2	超差无分
7	$Ra3.2\mu m$（8处）	8×1	超差无分
8	安全文明生产	扣分项	违者扣分

二、任务分析

分析图2-29所示锤头尺寸及其技术要求，理解配分重点，明确重要的加工要素。

三、相关知识

1. 钻孔

用钻头在实体材料上加工孔的操作称为钻孔。用钻床钻孔时（图2-30），工件装夹在钻床工作台上固定不动，钻头装在钻床主轴上（或装在与主轴连接的钻夹头上），一边旋转（切削运动），一边沿钻头轴线向下做直线运动（进给运动）。

钻孔时，由于钻头的刚性和精度都较差，故加工精度不高，一般为IT9～IT10，表面粗糙度值≥$Ra12.5\mu m$。划线钻孔的方法如下。

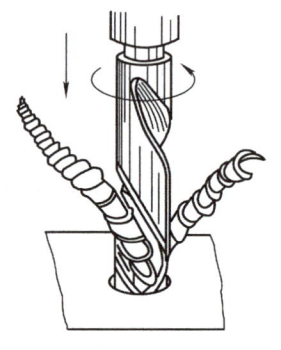

图2-30　钻孔

（1）钻孔时的工件划线　按钻孔的位置、尺寸要求，划出孔的十字中心线，并打上中心样冲眼，要求冲点要小，位置要准确；按孔的大小划出孔的圆周线；对钻直径较大的孔，还应划出几个大小不等的检查圆（图2-31a），以便钻孔时检查和找正钻孔位置。当钻孔的位置、尺寸要求较高时，为了避免敲击中心样冲时所产生的偏差，也可直接划出以孔中心线为对称的几个大小不等的方框（图2-31b），作为钻孔时的检查线，然后将中心样冲眼敲大，以便准确钻定心。

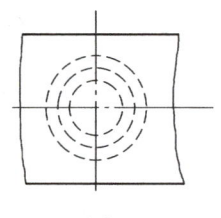 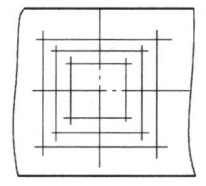

a) 检查圆　　　b) 检查方框

图2-31　孔位的检查形式

（2）工件的装夹　工件钻孔时，要根据工件的不同形状以及钻削力的大小（或钻孔的直径大小）等情况，采用不同的装夹（定位和夹紧）方法，以保证钻孔的质量和安全。常用的基本装夹方法如下：

1）平整的工件可用台虎钳装夹，如图2-32a所示。装夹时，应使工件表面与钻头垂直。钻直径大于8mm的孔时，必须将台虎钳用螺栓、压板固定。用台虎钳夹持工件钻通孔时，工件底部应垫上垫铁，空出落钻的部位，以免钻坏台虎钳。

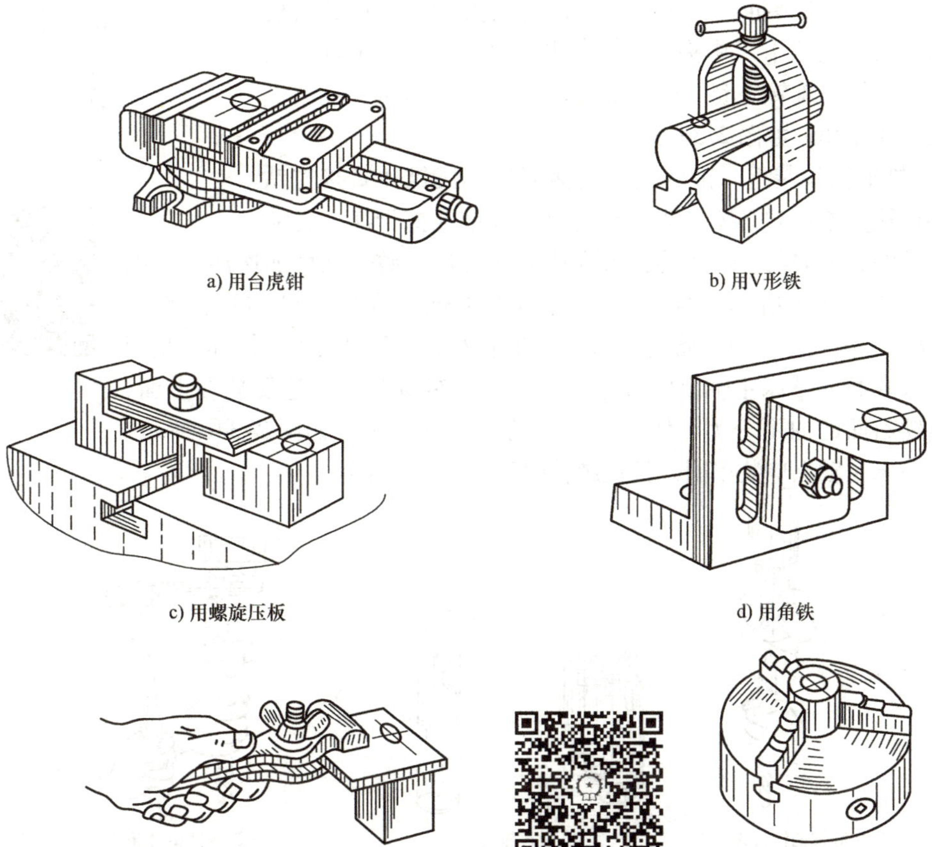

a) 用台虎钳　　　b) 用V形铁

c) 用螺旋压板　　　d) 用角铁

e) 用手虎钳　　　f) 用自定心卡盘

图2-32　工件装夹方法

2）圆柱形的工件可用V形铁对工件进行装夹，如图2-32b所示。装夹时应使钻头轴线垂直通过V形铁的对称平面，保证钻出孔的中心线通过工件轴线。

3）对较大的工件且钻孔直径在10mm以上时，可用螺旋压板夹持的方法进行钻孔，如图2-32c所示。在搭压板时应注意以下事项：

① 压板厚度与压紧螺栓直径的比例适当，不要造成压板弯曲变形而影响压紧力。

② 螺栓压板应尽量靠近工件，垫铁应比工件压紧表面高度稍高，以保证对工件有较大的压紧力和避免工件在夹紧过程中移动。

③ 当压紧表面为已加工表面时，要用衬垫对其进行保护防止压出印痕。

④ 底面不平或加工基准在侧面的工件，可用角铁进行装夹，如图2-32d所示。由于钻

孔时的轴向钻削力作用在角铁安装平面之外，故角铁必须用压板固定在钻床工作台上。

⑤ 在小型工件或薄板件上钻小孔，可将工件放置在定位块上，用手虎钳进行夹持，如图2-32e所示。

⑥ 圆柱工件端面钻孔，可利用自定心卡盘进行装夹，如图2-32f所示。

（3）钻头的装拆

1）直柄钻头装拆。直柄钻头用钻夹头夹持。先将钻头柄塞入钻夹头的三只卡爪中央，其夹持长度不能小于15mm，然后用钻夹头钥匙旋转外套，使环形螺母带动三只卡爪移动，做夹紧或放松动作，如图2-33所示。

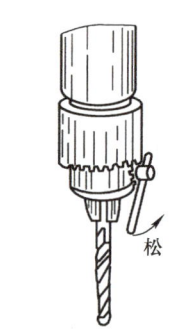

图2-33　用钻夹头夹持

2）锥柄钻头装拆。锥柄钻头用柄部的莫氏锥体直接与钻床主轴连接。连接时必须将钻头锥柄及主轴锥孔擦干净，且使矩形舌部的长方向与主轴上的腰形孔中心线方向一致，利用加速冲力一次装接，如图2-34a所示。当钻头锥柄小于主轴锥孔时，可加过渡锥套（图2-34b）来连接。对套筒内的钻头和在钻床主轴上的钻头的拆卸，是用斜铁敲入套筒或钻床主轴上的腰形孔内，斜铁带圆弧的一边要放在上面，利用斜铁斜面的向下分力，使钻头与套筒或主轴分离，如图2-34c所示。钻头在钻床主轴上应装牢固，且在旋转时径向跳动应最小。

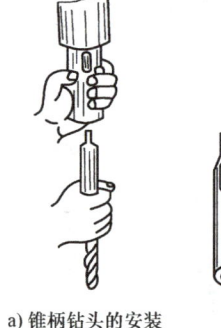
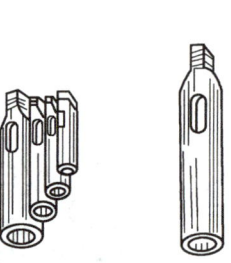

a）锥柄钻头的安装　　b）过渡锥套　　c）锥柄钻头的拆卸

图2-34　锥柄钻头的装拆及过渡锥套

（4）钻床转速的选择　选择时要首先确定钻头的允许切削速度v。用高速钢钻头钻铸铁件时，$v=14\sim22$m/min；钻钢件时$v=16\sim24$m/min；钻青铜或黄铜时，$v=30\sim60$m/min。当工件材料的硬度和强度较高时取较小值（铸铁以200HBW为中值，钢以$R_m=700$MPa为中值）；钻头直径小时也取较小值（以$\phi16$mm为中值）；钻孔深度$L>3d$时，还应将取值乘以$0.7\sim0.8$的修正系数。可用$n=1000v/\pi d$（r/min）求出钻床转速n，式中v为切削速度，d为钻头直径。

（5）起钻　钻孔时，先使钻头对准钻孔中心起钻出一浅坑，观察钻孔位置是否正确，并要不断找正，使浅坑与划线圆同轴。找正方法：如果偏位较少，可在起钻的同时用力将工件向偏位的反方向推移，达到逐步找正的目的；如果偏位较多，可在找正方向打上几个样冲眼或用油槽錾錾出几条槽，以减少此处的钻削阻力，达到找正的目的。但无论采用何种方法，都必须在锥坑外圆小于钻头直径之前完成，这是保证达到钻孔位置精度的重要一环。如果起钻锥坑外圆已经达到孔径，而孔位仍偏移再找正就困难了。

（6）手进给操作　当起钻达到钻孔的位置要求后，即可压紧工件完成钻孔。手进给时，进给用力不应使钻头产生弯曲现象，以免钻孔轴线歪斜，如图 2-35 所示；钻小直径孔或深孔时，进给力要小，并要经常退钻排屑，以免切屑阻塞而扭断钻头，一般在钻孔深度达直径的 3 倍时，一定要退钻排屑；钻孔将穿透时，进给力必须减小，以防进给量突然过大，增大切削抗力，造成钻头折断，或使工件随着钻头转动造成事故。

（7）钻孔时的切削液　为了使钻头散热冷却，减少钻削时钻头与工件、切屑之间的摩擦，以及消除黏附在钻头和工件表面上的积屑瘤，从而降低切削抗力，延长钻头寿命和改善加工孔表面的质量，钻孔时要加注足够的切削液。钻钢件时，可用 3% ~ 5%（体积分数，后同）的乳化液；钻铸铁时，一般可用煤油或用 5% ~ 8% 的乳化液连续加注。

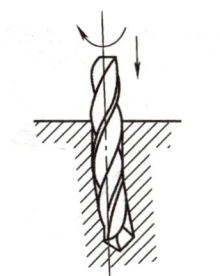

图 2-35　钻孔时轴线的歪斜

2. 钻孔时的安全知识

1）操作钻床时不可戴手套，袖口必须扎紧，女生必须戴工作帽。

2）工件必须夹紧，特别在小工件上钻较大直径孔时，装夹必须牢固，孔将钻穿时，要尽量减小进给量。

3）开动钻床前，应检查是否有钻夹头钥匙或斜铁插在钻轴上。

4）钻孔时不可用手和棉纱头或用嘴吹来清除切屑，必须用毛刷清除，钻出长条切屑时，要用钩子钩断后除去。

5）操作者的头部不准与旋转着的主轴靠得太近，停车时应让主轴自然停止，不可用手制动，也不能用反转制动。

6）严禁在开车状态下装拆工件。若要检验工件和变换主轴转速，必须在停车状况下进行。

7）清洁钻床或加注润滑油时，必须切断电源。

3. 曲面锉削

（1）锉削外圆弧面的方法　锉削外圆弧面所用的锉刀都为扁锉。锉削时锉刀要同时完成两个运动，即前进运动和锉刀绕工件圆弧中心的转动（图 2-36）。锉削外圆弧面有以下两种方法。

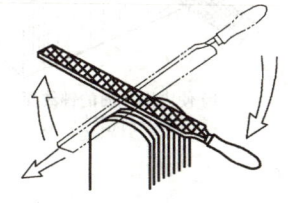
a) 顺着圆弧面锉削

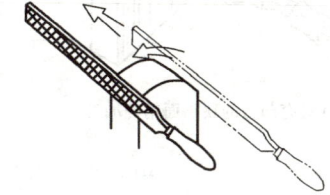
b) 对着圆弧面锉削

图 2-36　锉削外圆弧面方法

1）顺着圆弧面锉削，如图 2-36a 所示。锉削时，锉刀向前，右手下压，左手随着上提。

2）对着圆弧面锉削，如图 2-36b 所示。锉削时，锉刀做直线运动，并不断随圆弧面摆动。

（2）锉削内圆弧面的方法　锉削内圆弧面的锉刀可选用圆锉、半圆锉或方锉。锉削时锉刀要同时完成三个运动，即前进运动、随圆弧面向左或向右的移动和绕锉刀中心线移动，如图 2-37 所示。

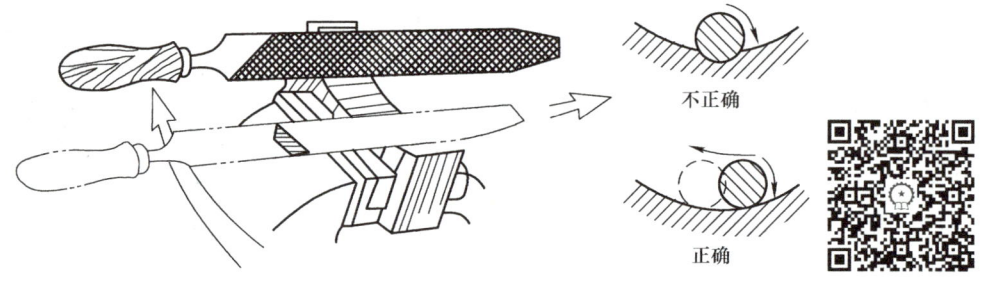

图 2-37　锉削内圆弧面的方法

（3）平面与曲面的连接方法　在一般情况下，应先加工平面，然后加工曲面，便于曲面与平面圆滑连接。如果先加工曲面后加工平面，则在加工平面时，由于锉刀侧面无依靠（平面与内圆弧面连接时）而产生移动，使已加工曲面损伤，同时连接处也不易锉得圆滑，或圆弧不能与平面相切（平面与外圆弧面连接时）。

（4）曲面线轮廓度检查方法　在进行曲面锉削练习时，曲线轮廓度精度可用曲面样板通过塞尺或透光法进行检查，如图 2-38 所示。

（5）推锉操作方法及其应用　曲面推锉的操作方法如图 2-39 所示。由于推锉时锉刀的平衡易于掌握，且切削量小，因此便于获得较平整的加工表面和较小的表面粗糙度值。推锉时的切削量很小，故一般常用作对狭长小平面的平面度修整或对有凸台的狭平面（图 2-39a）以及使内圆弧面的锉纹面顺圆弧方向（图 2-39b）精锉加工。

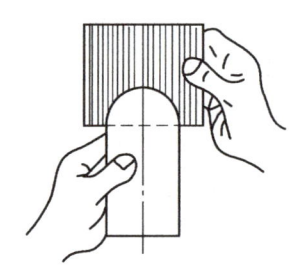

图 2-38　曲面线轮廓度检查方法

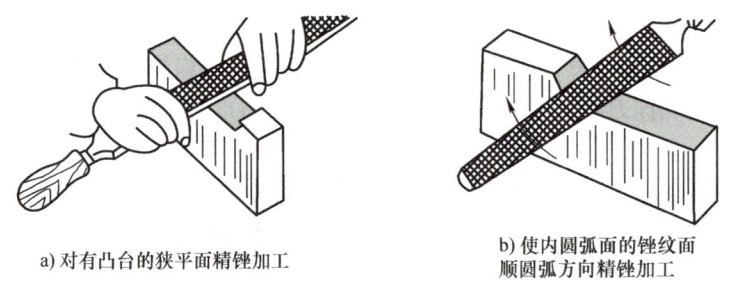

a) 对有凸台的狭平面精锉加工　　b) 使内圆弧面的锉纹面顺圆弧方向精锉加工

图 2-39　曲面推锉的操作方法

四、任务实施

1. 选择工具及量具

根据图样要求，合理选择工具、量具。具体明细见表 2-14。

表 2-14 鸭嘴锤头的制作的工具、量具明细

序号	分类	名称	规格	精度	数量
1	量具	游标卡尺	0~150mm	0.02mm	1
2		刀口形直尺	125mm	1级	1
3		游标高度卡尺	0~300mm	0.02mm	根据需要
4		千分尺	0~25mm	0.02mm	1
5		直角尺	80×50	1级	1
6		游标万能角度尺	0°~360°	1级	1
7	工具	扁锉	150mm、250mm、300mm	粗、中、细齿	各1
8		锉刀刷、毛刷	—	—	根据需要

2. 制订工艺，并按工艺操作

1）检查毛坯尺寸。

2）按图样要求准备 19mm×19mm 长方体。

3）以长面为基准锉一端面，达到基本垂直，表面粗糙度值 $\leqslant Ra3.2\mu m$。

4）以一长面及端面为基准，用錾口锤头样板划出形体加工线（两面同时划出），并按图样尺寸划出 4×C2.5mm 倒角加工线。

5）锉 4×C2.5mm 倒角达到要求。先用圆锉粗锉出 R4.5mm 的圆弧，然后分别用粗、细扁锉锉倒角，再用圆锉细加工 R2.5mm 的圆弧，最后用推锉法修整，并用砂布打光。

6）按图划出腰孔加工线及钻孔检查线，并用 $\phi 9.7mm$ 的钻头钻孔。

7）用圆锉锉通两孔，然后按图样要求锉好腰孔。

8）划线画出斜面的位置，锯削斜面，用扁锉粗锉斜面至划线线条。后用细扁锉细锉斜面，最后用细扁锉及推锉修整，达到各型面连接圆滑、光洁、纹理齐正。

9）八角端部棱边倒角 C2.5mm。

10）用砂布将各加工面全部打光，交件待验，待工件检验后，再将腰孔各面倒出 1mm 弧形喇叭口，20mm 端面锉成略呈凸弧形面，然后将工件两端热处理淬硬。

3. 加工时的注意事项

1）锉削小平面时要正确掌握锉刀的平衡能力，达到一定的平面度要求。因此这是一项重要的基本操作，要求必须练好。

2）基准要选择大而平直的平面，做到与设计基准保持一致。

3）钻孔时要打样冲眼，否则钻削时精度达不到要求。钻削时要用比实际尺寸小的钻头钻削，留出一部分加工余量用圆锉来修整。

4）用圆锉修整曲面或圆孔时，握持锉刀时要稳定，保持轻柔的推拉动作，尽量始终保持统一的方向锉削，不要用力过猛，避免锉刀滑动使工件损坏。

5）使用游标卡尺和千分尺时，测量手法要正确，要让测量工具的测量面贴合工件，以保证测量的准确性。

五、检测评价

将已完成的鸭嘴锤头零件按图样尺寸逐个测量，并将测量数据填入表 2-15 中，按评分

标准评出成绩。

表 2-15 鸭嘴锤头制作的检测考核评分表

工件号		班级		姓名		座号	
任务	检测内容		配分		评分标准	实测结果	得分
鸭嘴锤头的制作	（19±0.05）mm		7		超差无分		
	（102±0.05mm）（3处）		3×10		超差无分		
	对称度公差0.15mm（1处）		8		超差无分		
	平行度公差0.04mm（3处）		3×7		超差无分		
	垂直度公差0.04mm（7处）		7×2		超差无分		
	120°±4′（6处）		6×2		超差无分		
	Ra3.2μm（8处）		8×1		超差无分		
	文明生产与安全生产		扣分项		违者每次扣2分		
总分							
现场记录							

复习思考题

1. 认识标准麻花钻的横刃斜角。
2. 常见的曲面锉削方法有哪些？
3. 简述台式钻床操作的安全注意事项。
4. 如何选择钻床转速？
5. 钻孔常用的基本装夹方法有哪些？

任务五　七巧板的制作

【知识目标】

1. 理解不同材料的锉削方法。
2. 理解薄板钻孔的要点。
3. 理解钻头刃口的选择。

【技能目标】

1. 掌握不同材料的锉削技能。
2. 掌握薄板钻孔的技能。
3. 掌握钻头的刃磨。

一、任务布置

按图2-40所示尺寸和技术要求完成生产实训任务。

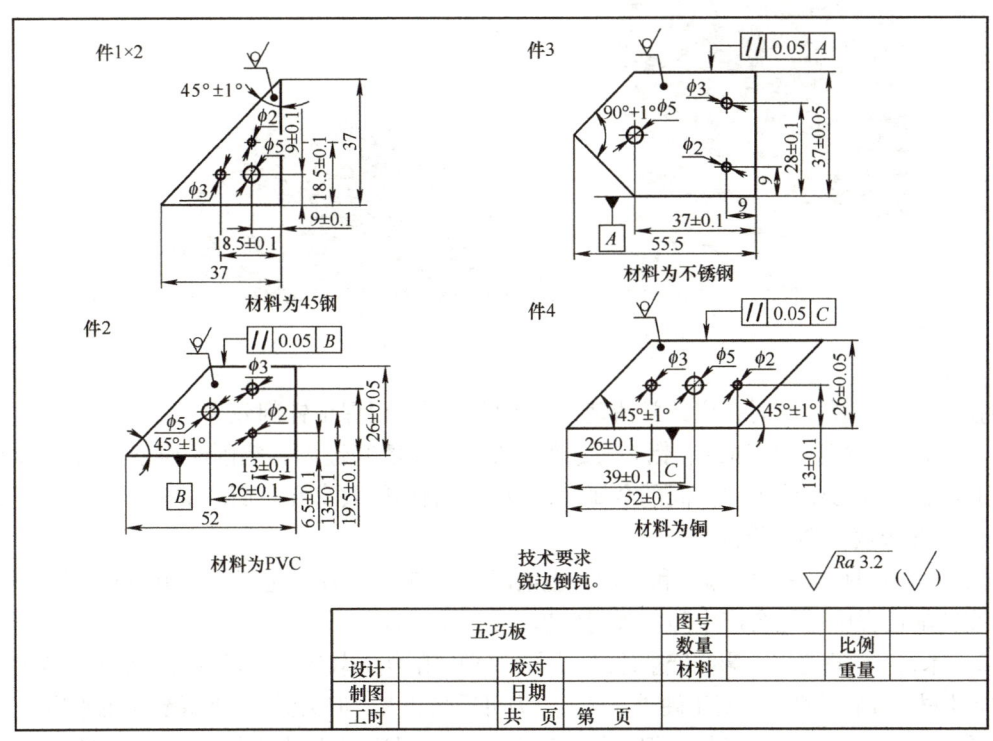

图 2-40 五巧板零件图

五巧板拼装如图 2-41 所示；五巧板拼装后的实物图如图 2-42 所示。

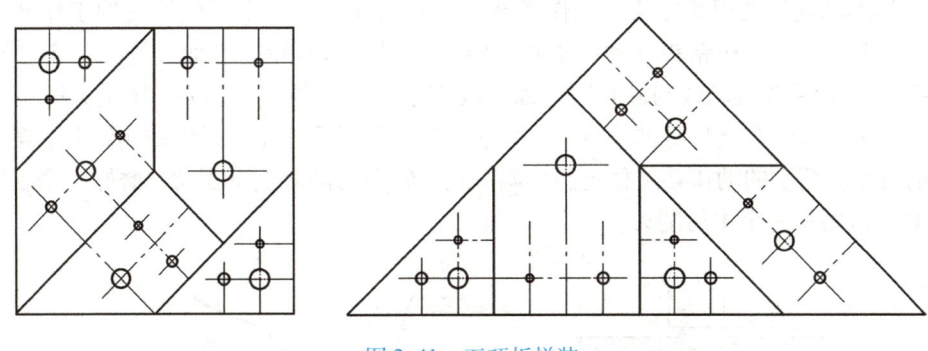

图 2-41 五巧板拼装

二、任务分析

依据评分标准（表 2-18），分析尺寸及其他技术要求，理解配分重点，明确重要的加工要素。由表 2-16 可知，本次五巧板的制作要保证多处尺寸要求、平行度要求、垂直度要求等。

三、相关知识

1. 不同材料的锉削

（1）金属材料的锉削

1）钢铁类材料：硬度较高，锉削时需施加较大的压力，但要注意避免过度用力导致锉

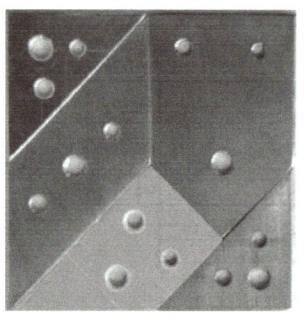
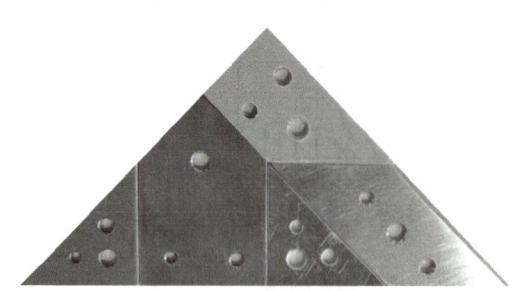

图 2-42　五巧板拼装实物图

刀磨损过快或断裂；同时，应经常清理锉刀上的铁屑，以保证锉削效果。

2）有色金属材料（如铜、铝）：质地较软，容易填塞锉齿，锉削时应使用较细齿的锉刀，并经常用锉刀刷清理锉齿间的金属屑，以免影响锉削效率和表面质量。

（2）非金属材料的锉削

1）塑料：具有一定的弹性和韧性，锉削时要控制好压力和速度，避免材料变形，而且塑料在锉削过程中可能会产生静电吸附碎屑，需及时清理。

2）木材：纹理方向会影响锉削效果，顺着纹理锉削相对较容易，逆着纹理则阻力较大。对于软质木材，要轻压慢锉；对于硬质木材，压力可适当加大，但仍要注意保持锉削的平稳。

总之，无论锉削何种材料，都要保证正确的锉刀握法和使用姿势，以提高工作效率和保证加工质量。

2. 钻头的刃磨

（1）标准麻花钻的刃磨方法　操作者站在砂轮的左侧，右手握住钻头的工作部分，食指尽可能靠近切削部分作钻头摆动的支点。将主切削刃与砂轮中心面放置在一个水平面内（图 2-43），且使钻头的轴线与砂轮圆柱面素线在水平面内的夹角为 ϕ，这是刃磨主切削刃的方法。右手操纵钻头绕自身轴线转动，磨削到整个后刀面；左手握住钻柄做上下摆动，磨出不同的后角。两手的动作必须稳定、协调一致，转动的同时上下摆动，磨好一个主切削刃后翻转 180°再磨另一个主切削刃。

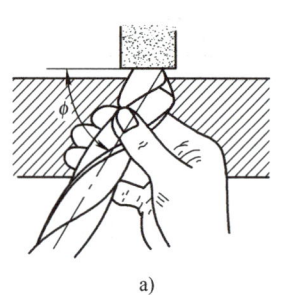
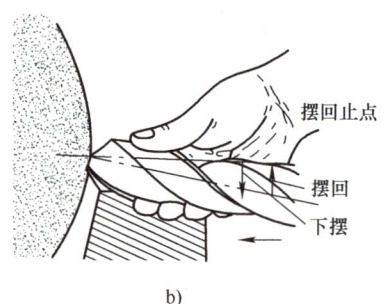

a)　　　　　　　　b)

图 2-43　刃磨主切削刃的方法

（2）注意事项　左手摆动钻柄时不得高出水平面，以免磨出负后角。粗磨时，一般后面的下部先接触砂轮，左手上摆进行刃磨。精磨时，一般主切削刃先接触砂轮，左手下摆进行刃磨，且磨削量要小，刃磨时间要短。整个刃磨过程中，钻头要经常浸水冷却以免刀刃变形。

（3）检测内容

1）锋角 $2\phi = 118°±2°$，对称于钻头轴线。

2）两主切削刃的长度相等，高低一致。

（4）目测检查

1）主切削刃的磨损部分已被全部磨出。

2）把钻头竖起立于眼前，两眼平视主切削刃，必须反复多次旋转180°进行观察、比较，随时修磨，达到检测内容的要求。

（5）简易量具检查 如图2-44所示，用三角尺紧贴主切削刃测量长度、顶角的大小及检测顶角的对称性。钻头外缘处的后角，可直接进行目测。近中心处的后角，可通过检查横刃斜角 $\psi = 50°~55°$ 来判断。

3. 薄板钻头的刃磨方法

在刃磨标准麻花钻头的基础上，掌握刃磨月牙槽和修磨横刃的方法。

（1）刃磨月牙槽的操作方法 右手握住钻头的切削部分，左手握住钻头的柄部，将主切削刃放置在砂轮的水平

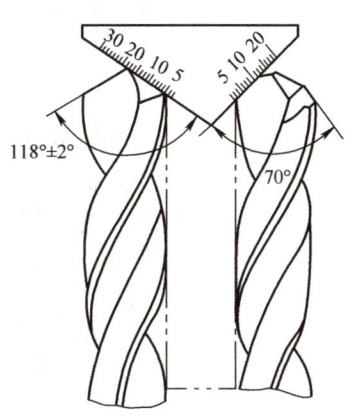

图2-44 钻头主切削刃和顶角的检测

中心平面内，如图2-45a所示。钻头轴线与砂轮侧面的夹角为55°~60°（图2-45b），且钻头轴线在砂轮水平中心平面下方12°~15°（近似等于圆弧刃后角 α_R）。按此位置将钻头靠上砂轮圆角。刃磨时钻头要做图2-45c中箭头所示的平移和转动，同时缓慢平稳地向前送进，形成圆弧刃。刃磨完成后，翻转180°磨另一个月牙槽。

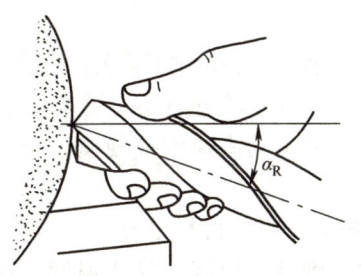 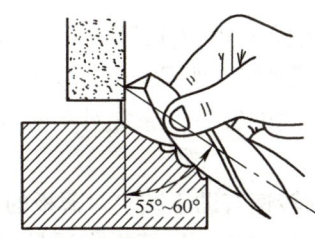 

a）主切削刃在砂轮水平中心平面内　　b）钻头轴线与砂轮侧面呈55°~60°夹角　　c）平移和转动钻头

图2-45 刃磨月牙槽的操作方法

（2）刃磨后的检测 月牙槽的圆弧半径 R 一致且对称；两个外切削刃尖高度一致，但比钻心切削刃尖低0.5~1.5mm；锋角 $2\phi = 118°±2°$。

（3）刃磨横刃的操作方法 两手握法与刃磨月牙槽的相同，使钻心轴线在砂轮侧面的左侧15°和在砂轮水平中心面的下方55°（图2-46a、b）的位置上。将钻头外刃背部靠上砂轮圆角，转动钻头使磨削点由外刃沿棱线逐渐移向钻头轴线（图2-46c），磨至切削刃的前面而把横刃磨短且磨出了内刃（图2-46d）。然后翻转180°，刃磨横刃的另一端。

（4）刃磨后的检测 横刃的长度约为0.55mm且以钻头轴线对称，横刃前角为 -10°。刃磨横刃的方法还可用在标准麻花钻上，目的是磨短横刃，减少钻削的轴向力，提高定

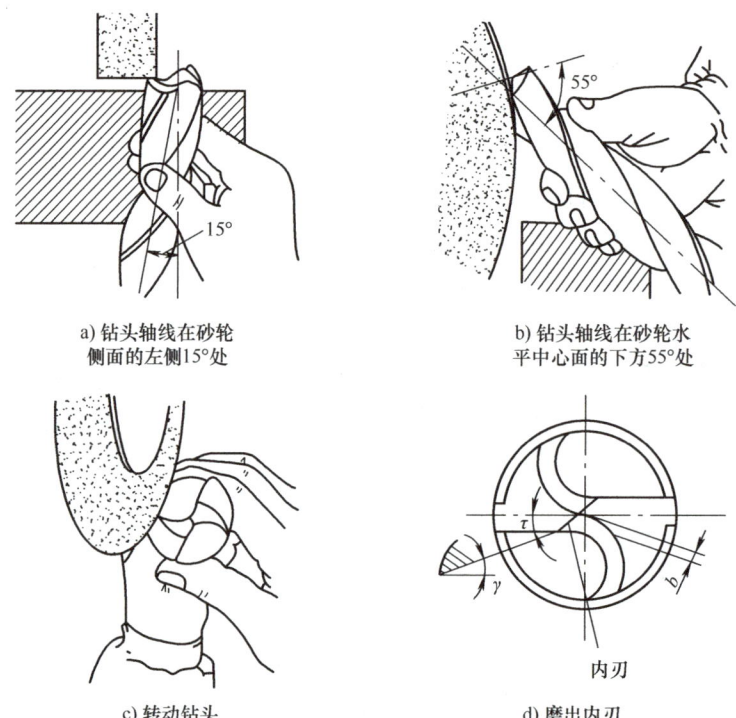

图 2-46 刃磨横刃的操作方法

心作用。但刃磨时需注意砂轮的直径要小一些、圆角半径小一些,否则会把钻头上不应磨的地方也磨掉。刃磨后新形成的内刃的斜角 $\tau = 20° \sim 30°$,内刃的前角 $\gamma = 0° \sim -15°$。

4. 薄板钻孔的注意事项

薄板材料的钻孔与常规的板材加工有所区别,以下是薄板材料在钻削时需要注意的事项。

(1) 夹具固定　确保薄板被牢固地固定在工作台上,以防止钻孔过程中薄板移动或变形。

(2) 钻头选择　选用合适的钻头,通常对于薄板,尖锐的高速钢或硬质合金钻头较为适用。

(3) 钻孔速度　较高的转速有助于减少对薄板的压力,避免材料变形。

(4) 冷却润滑　在钻孔过程中,持续提供适量的切削液,以降低钻头温度,延长其使用寿命,并提高钻孔质量。

(5) 进给力控制　进给力要适中,过大容易导致薄板变形,过小则会降低钻孔效率。

(6) 定位准确　在钻孔前,要精确地确定钻孔位置,避免出现偏差。

(7) 分层钻孔　对于较厚的薄板,可采用分层钻孔的方法,逐步加深,减少一次性钻孔的阻力。

(8) 钻头刃磨　保持钻头刃口的锋利,定期刃磨钻头,以提高钻孔效率。

5. 小孔钻削的注意事项

(1) 钻头选择　选用高质量、锋利且适合小孔加工的钻头,如中心钻、微钻等。钻头的材质和几何形状对钻孔质量和效率有重要影响。

(2) 装夹牢固　确保工件装夹稳固,避免在钻削过程中发生移动或振动,这可能导致钻孔位置偏差或钻头折断。

(3) 主轴精度　机床主轴的旋转精度要高,以保证钻头的旋转轴线与工件表面垂直,减少孔的倾斜和偏心。

(4) 转速和进给　根据材料和孔径选择合适的转速和进给速度。通常,小孔钻削时转速较高,进给速度较慢,但也要避免转速过高导致钻头过热磨损。

(5) 冷却润滑　充分的冷却和润滑可以降低钻头温度,延长钻头寿命,并提高钻孔质量。可以使用切削液或压缩空气进行冷却。

(6) 起钻定位　在钻孔开始时,要轻轻定位,确保钻头中心与孔的中心重合,防止钻孔偏移。

(7) 排屑顺畅　小孔钻削时,由于空间有限,排屑可能困难。要及时清除切屑,避免切屑堵塞导致钻头折断或孔壁划伤。

(8) 钻头刃磨　定期检查和刃磨钻头,保持钻头的锋利度和正确的几何形状。

(9) 孔深控制　注意控制钻孔深度,避免过钻或未钻到指定深度。

这些注意事项有助于提高小孔钻削的质量和效率,减少加工过程中出现的问题。

四、任务实施

1. 操作前的准备工作

1) 备料:铝、45钢、PVC、铜。毛坯规格及技术要求如图2-47所示。

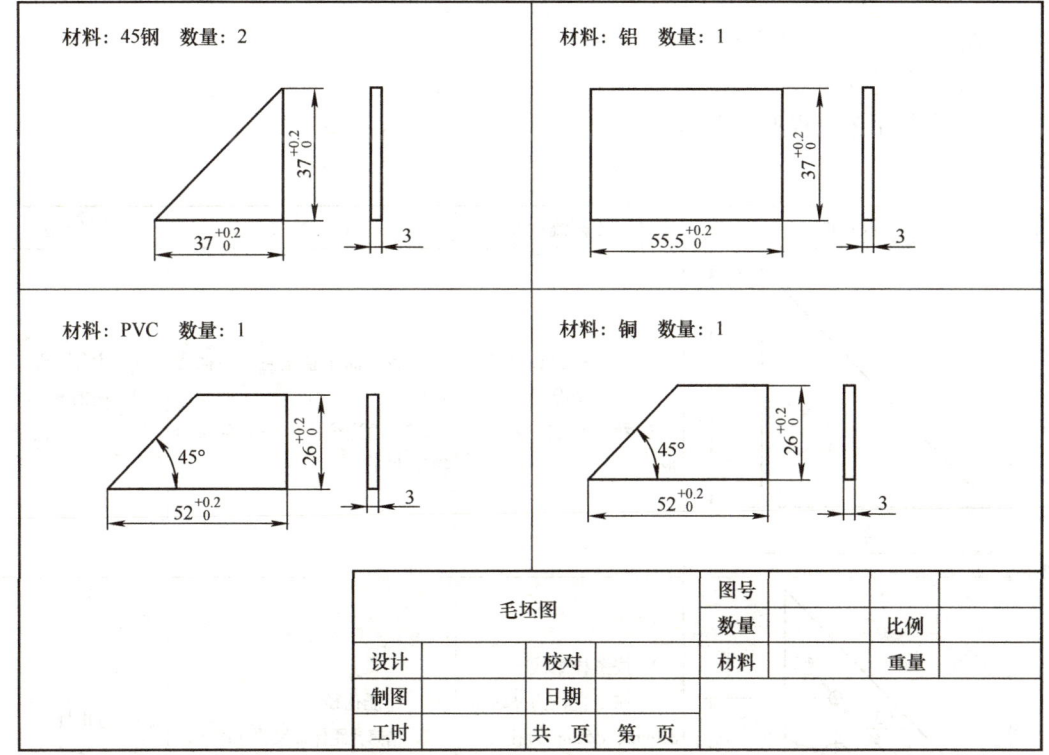

图2-47　毛坯图

2) 选择工具和量具,具体明细见表2-16。

表 2-16 五巧板制作的工具、量具明细

序号	分类	名称	规格	精度	数量	备注
1	量具	游标卡尺	0~150mm	0.02mm	1	—
2		刀口形角尺	100mm×63mm	1级	1	—
3		刀口形直尺	125mm	1级	1	—
4		V形块	150mm×150mm×75mm（供参考）	2级	1	划线、检测
5		划线平板	300mm×300mm	2级	1	划线、检测
6		游标万能角度尺	0°~320°	2′	1	
7		游标高度卡尺	0~300mm	0.02mm	1	
8	工具	直柄麻花钻	φ2mm	—	各1	—
			φ3mm	—	1	
			φ5mm	—	1	
9		扁锉	250mm（1号纹）	粗齿	1	—
			200mm（2号纹）	中齿	1	—
			150mm（2号纹）	细齿	1	—
10		锯弓、锯条、锤子、划规、通止规、划针、样冲、钢直尺、软钳口、锉刀刷、毛刷、机油等	—	—	各1	锯条不限

2. 制订工艺，并按工艺操作

1）检查各毛坯尺寸。

2）各零件工艺流程见表 2-17。

表 2-17 工艺流程

零件	作业图	工艺流程	目标要求	测量方法
件1	（37×37 直角三角形图）	1. 对备料做必要修整 2. 选定基准 3. 粗、精加工零件外形	1. 各平面平整垂直，表面无缺陷 2. 直角边预留0.1~0.5mm修锉尺寸	1. 目测检测 2. 用游标卡尺、刀口形角尺测量
	（φ2、φ3、φ5孔图，18.5、9尺寸）	1. 按图样划线 2. 加工直径为φ2mm、φ3mm、φ5mm的孔 3. 修正外形，保证孔距	1. 保证孔径 2. 精修孔距保证尺寸(18.5±0.1)mm、(9±0.1)mm	1. 通止规 2. 千分尺

（续）

零件	作业图	工艺流程	目标要求	测量方法
件1		粗、精加工零件外形	1. 精修45°角 2. 可测量尺寸26.2mm，间接保证斜边尺寸	1. 游标万能角度尺 2. 游标卡尺
		1. 对备料做必要修整 2. 选定基准 3. 粗、精加工零件外形	1. 各平面平整垂直，表面无缺陷 2. 达到尺寸要求，保证（26±0.05）mm	1. 目测检测 2. 用游标卡尺、刀口形角尺测量
件2		1. 按图样划线 2. 加工直径为φ2mm、φ3mm、φ5mm的孔 3. 修正外形，保证孔距	1. 保证孔径 2. 精修孔距保证尺寸（6.5±0.1）mm、（13±0.1）mm、（19.5±0.1）mm	1. 通止规 2. 千分尺
		粗、精加工零件外形	精修45°角	1. 游标万能角度尺 2. 游标卡尺
		1. 对备料做必要修整 2. 选定基准 3. 粗、精加工零件外形	1. 各平面平整垂直，表面无缺陷 2. 达到尺寸要求，保证（37±0.05）mm	1. 目测检测 2. 用游标卡尺、刀口形角尺测量
件3		1. 按图样划线 2. 加工直径为φ2mm、φ3mm、φ5mm的孔 3. 修正外形，保证孔距	1. 保证孔径 2. 精修孔距保证尺寸（9±0.1）mm、（18.5±0.1）mm、（28±0.1）mm、（37±0.1）mm	1. 通止规 2. 千分尺
		粗、精加工零件外形	精修90°、135°角	1. 游标万能角度尺 2. 游标卡尺

（续）

零件	作业图	工艺流程	目标要求	测量方法
件4	（78×26矩形图）	1. 对备料做必要修整 2. 选定基准 3. 粗、精加工零件外形	1. 各平面平整垂直，表面无缺陷 2. 达到尺寸要求，保证（26 + 0.05）mm	1. 目测检测 2. 用游标卡尺、刀口形角尺测量
	（带φ5、φ2、φ3孔的图，尺寸26、39、52、13、135°）	1. 按图样划线 2. 加工直径为φ2mm、φ3mm、φ5mm的孔 3. 修正外形，保证孔距	1. 保证孔径 2. 精修孔距保证尺寸（26±0.1）mm、（13±0.1）mm、（39±0.1）mm、（52±0.1）mm	1. 通止规 2. 千分尺
	（135°、36.8的平行四边形图）	粗、精加工零件外形	保证角度135°、尺寸36.8mm	1. 游标万能角度尺 2. 游标卡尺

3. 加工时的注意事项

1）锉削不同材料的工件时注意手法和力度。
2）先钻孔，再加工零件外形以保证钻孔装夹。
3）角度尺寸可用游标万能角度尺或角度样板测量。
4）加工不锈钢材质时，注意用不锈钢钻头。
5）铜材质较软，注意锯削角度及装夹方式以防变形。
6）使用游标卡尺和千分尺时，测量手法要正确，要让测量工具的测量面贴合工件，以保证测量的准确性。

五、检测评价

检测出成品的相关数据，按表2-18的配分标准评定出成绩。

表2-18 五巧板制作的检测考核评分表

工件号		班级		姓名		座号	
任务	检测内容			配分	评分标准	实测结果	得分
五巧板的制作	尺寸要求（26±0.05）mm（2处）			6	超出不得分		
	尺寸要求（37±0.05）mm			3	超出不得分		
	平行度公差0.05mm			6	超出不得分		
	垂直度公差0.03mm			6	超出不得分		
	角度要求90°±1°			3	超出不得分		
	角度要求45°±1°（5处）			15	超出不得分		
	角度要求60°±1°			3	超出不得分		
	孔中心距（13±0.1）mm			6	超出不得分		
	孔中心距（18.5±0.1）mm			6	超出不得分		

单元二 钳工基础操作

(续)

工件号		班级		姓名		座号	
任务	检测内容		配分	评分标准		实测结果	得分
五巧板的制作	孔中心距（28±0.1）mm		3	超出不得分			
	孔中心距（26±0.1）mm		3	超出不得分			
	二件合配90°直角中心平面允差0.5mm		10	超出不得分			
	倒角均匀、各棱线清晰		10	超出不得分			
	表面粗糙度值≤Ra3.2μm，纹理齐整		10	超出不得分			
	安全文明生产		10	每次扣2分			
总分							
现场记录							

1. 加工不同材料的锉刀可以一样吗？为什么？
2. 钻削小孔过程中，进给量如何把握？
3. 薄板钻孔注意事项有哪些？

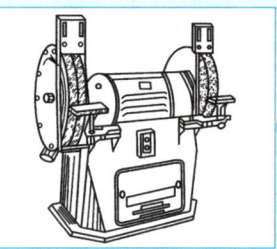

单元三 镶配件的制作

任务一 凹凸件的锉配

【知识目标】

1. 掌握具有对称度要求的工件的划线方法。
2. 掌握镶配件的锉配方法。
3. 了解影响锉配精度的因素。

【技能目标】

1. 熟练掌握锉削、锯削、钻削的操作技能,并达到一定的加工精度要求,为锉配打下必要的基础。
2. 初步掌握具有对称度要求的工件加工和测量方法。
3. 会正确使用和保养千分尺。

一、任务布置

按图 3-1 所示尺寸和技术要求完成生产实训任务。

二、任务分析

根据图样分析,本任务要求加工图 3-1 所示的凹凸件。技术要求配合间隙≤0.05mm,检验时需翻转 180°再检验一次。配合后,两侧边阶台差≤0.08mm;锐边倒角。材料为 Q235。

三、相关知识

1. 锉配的方法

1)锉配时由于外表面比内表面容易加工和测量,易于达到较高精度,故一般应先加工凸件,然后锉配凹件。

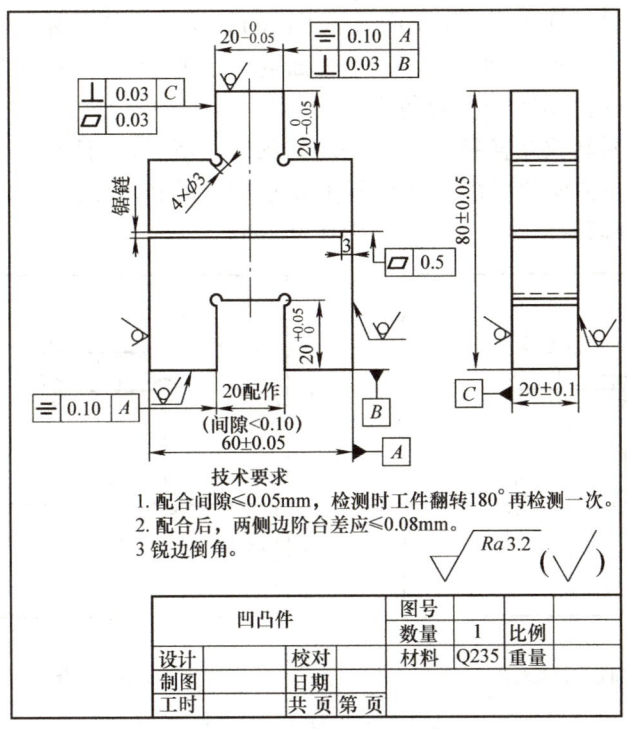

图 3-1 零件图

2) 加工内表面时,为了便于控制,一般均应选择有关外表面作为测量基准。因此,外形基准面加工必须达到较高的精度要求,才能保证达到规定的锉配精度。

3) 在作配合修锉时,可通过透光法和涂色显示法来确定其修锉部位和余量,逐步达到正确的配合要求。

2. 对称度概念

1) 对称度误差。对称度误差是指被测表面的对称平面与基准表面的对称平面间的最大偏移距离 Δ,如图 3-2 所示。

2) 对称度公差带。对称度公差带是指相对于基准中心平面对称配置的两个平行平面之间的区域,两平行平面距离 t 即为公差值,如图 3-3 所示。

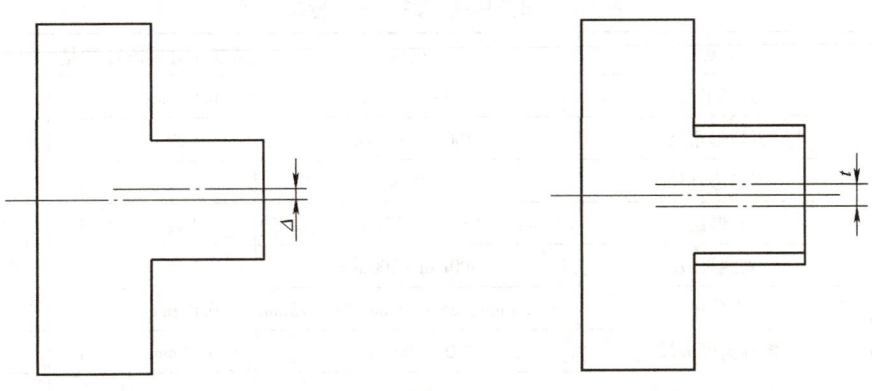

图 3-2 对称度误差　　　　　　　　图 3-3 对称度公差带

3)对称形体工件的划线。对于平面对称工件的划线,应在形成对称中心平面的两个基准平面精加工后进行。划线基准与该两基准平面重合,划线尺寸则按两个对称基准平面间的实际尺寸及对称要素的要求尺寸计算得出。

4)对称度误差对转位互换精度的影响。如图3-4所示,当凹、凸件都有对称度误差0.05mm,且在一个同方向位置配合达到间隙要求后,得到两侧面平齐,而转位180°作配合,就会产生两基准面偏位误差,其总值为0.10mm。

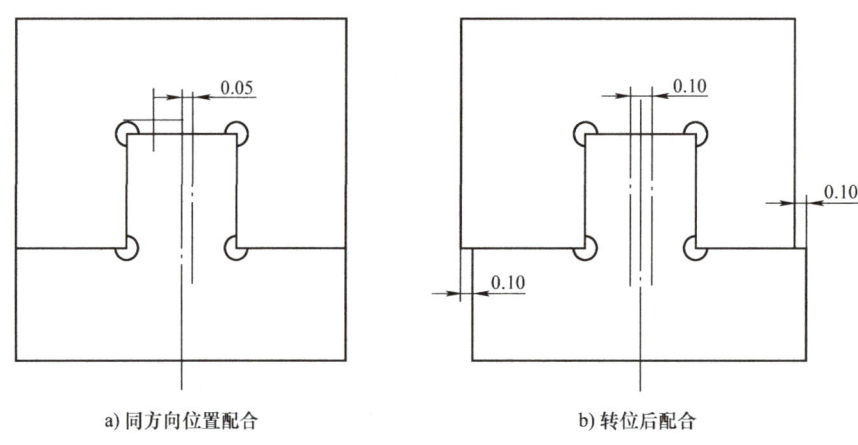

a)同方向位置配合　　　　b)转位后配合

图3-4　对称度误差对转位互换精度的影响

四、任务实施

1. 操作前的准备工作

1)材料为Q235,毛坯规格等见表3-1。

表3-1　材料清单

实习件名称	材料	毛坯规格	件数	工时/h
凹凸件	Q235	$(80_{+0.1}^{+0.2})$mm×(60)mm×(20±0.1)mm	1	10

2)工具和量具清单见表3-2。

表3-2　凹凸件锉配的工具、量具明细

序号	名称	规格	精度(分度值)	数量	备注
1	游标卡尺	0~150mm	0.02mm	1	—
2	刀口形角尺	100mm×63mm	1级	1	—
3	刀口形直尺	125mm	—	1	—
4	V形铁	150mm×150mm×75mm(供参考)	2级	1	划线、检测
5	划线平板	300mm×300mm	2级	1	划线、检测
6	千分尺	0~25mm、25~50mm、50~75mm	0.01mm	1	
7	游标高度卡尺	0~300mm	0.02mm	1	
8	直柄麻花钻	φ3mm	—	1	

单元三 镶配件的制作

（续）

序号	名称	规格	精度（分度值）	数量	备注
9	整形锉	组	—	1	—
10	方锉	250mm（2号纹）	—	1	—
11	三角锉	200mm(2号纹)、150mm(3号纹)	—	各1	—
12	扁锉	250mm（1号纹）	—	1	
		200mm（2号纹）	—	1	
		150mm（2号纹）	—	1	
		150mm（3号纹）	—	1	
		150mm（4号纹）	—	1	
13	钳工常用工具：锯弓、锯条、锤子、划规、划针、样冲、金属直尺、软钳口、锉刀刷、毛刷、润滑油、铅笔等	—	—	各1	锯条不限

2. 工件工艺流程

工件工艺流程见表3-3。

表3-3　工件工艺流程

作业图	工艺流程	目标要求	检测量具及方法
80±0.05, 60±0.05	1. 对备料做出必要的修整 2. 选定基准角 3. 粗、精锉外形	1. 各平面平整垂直，表面无缺陷 2. 达到尺寸(60±0.05)mm、(80±0.05)mm及垂直度要求	1. 目测检测 2. 用游标卡尺、刀口形角尺测量
（带工艺孔的划线图）	1. 按图样划线 2. 确定加工轮廓 3. 加工直径为φ3mm的工艺孔	1. 线条清晰 2. 加工轮廓正确	1. 目测检测 2. 用游标卡尺测量

69

（续）

作业图	工艺流程	目标要求	检测量具及方法
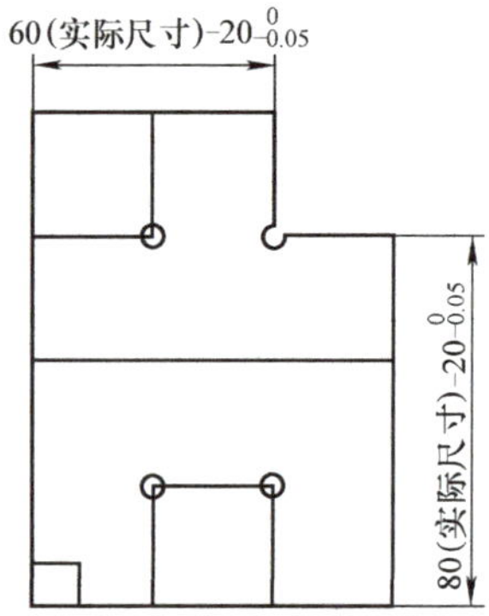 60(实际尺寸)−20$_{-0.05}^{0}$ / 80(实际尺寸)−20$_{-0.05}^{0}$	1. 加工凸形面，锯去选定基准面对面的直角余料 2. 粗、精锉两垂直面达到精度要求（参见小贴士①）	达到20$_{-0.05}^{0}$mm尺寸要求	用刀口形角尺、千分尺测量
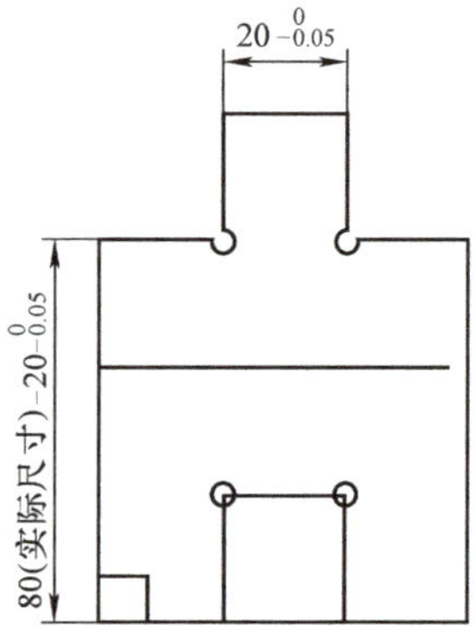 20$_{-0.05}^{0}$ / 80(实际尺寸)−20$_{-0.05}^{0}$	1. 按划线锯去另一直角 2. 用贴士①方法控制并加工尺寸20$_{-0.05}^{0}$mm	完成凸形加工，并达到各尺寸精度要求	用刀口形角尺、千分尺测量
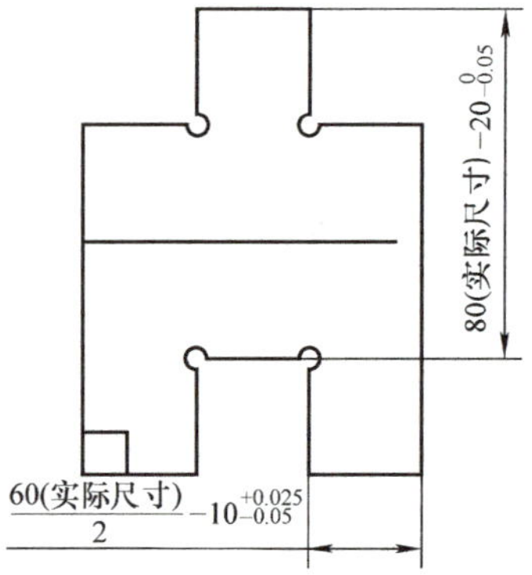 80(实际尺寸)−20$_{-0.05}^{0}$ / $\frac{60(实际尺寸)}{2}$−10$_{-0.05}^{+0.025}$	1. 加工凹形面 2. 用钻头钻出排孔，并锯除凹形面的多余部分，然后粗锉至接近线条 3. 精锉凹形顶端面达到精度要求（参见小贴士②） 4. 精锉两侧垂直面达到精度要求（参见小贴士③）	保证与凸形件端面的配合达到精度要求	用刀口形角尺、千分尺测量
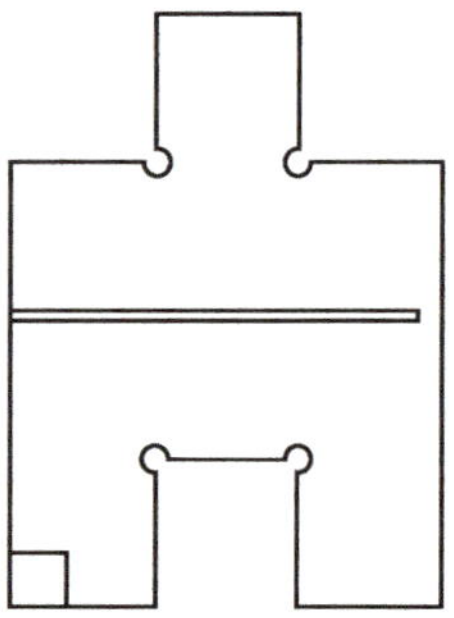	1. 全部锐边倒角，并检查全部尺寸精度 2. 锯削，要求达到尺寸（40±0.3）mm，锯面平面度0.5mm，留有3mm不锯，最后修去锯口毛刺	保证全部尺寸达到精度要求	用刀口形角尺、千分尺测量

加工小贴士

① 按划线锯去一直角，粗、精锉两垂直面。根据80mm的实际尺寸，通过控制60mm的尺寸误差值（本处应控制在80mm实际尺寸减去$20_{-0.05}^{0}$mm的范围内），从而保证达到$20_{-0.05}^{0}$mm的尺寸要求；同样根据60mm处的实际尺寸，通过控制40mm的尺寸误差值（本处应控制在$\frac{1}{2} \times 60$mm的实际尺寸加$10_{-0.05}^{0}$mm的范围内），从而保证在取得尺寸$20_{-0.05}^{0}$mm的同时，又能保证其对称度在0.1mm内。

② 精锉凹形顶端面，根据80mm的实际尺寸，通过控制60mm的尺寸误差值（本处与凸形面的两垂直面一样控制尺寸），从而保证达到与凸形件端面的配合精度要求。

③ 精锉两侧垂直面，两面同样根据外形60mm和凸形面20mm的实际尺寸，通过控制20mm的尺寸误差值（如凸形面尺寸为19.95mm，一侧面可用$1/2 \times 60$mm尺寸减去$10_{-0.050}^{+0.025}$mm，而另一侧面必须控制$\frac{1}{2} \times 60$mm尺寸减去$10_{-0.050}^{+0.025}$mm），从而保证达到与凸形面20mm的配合精度要求，同时也能保证其对称度在0.1mm内。

加工注意事项如下：

1）为了能对20mm凸、凹形的对称度进行测量控制，60mm的实际尺寸必须测量准确，并应取其各点实测值的平均值。

2）加工20mm的凸形面时，只能先去掉一直角料，待加工至所要求的尺寸公差后，才能去掉另一直角料。由于受测量工具的限制，只能采用间接测量法得到所需要的尺寸公差。

3）采用间接测量法来控制工件的尺寸精度，必须控制好有关的工艺尺寸。例如，为保证20mm凸形面的对称度要求，用间接测量控制有关工艺尺寸，用图解说明如下：图3-5a所示为凸形面的最大与最小控制尺寸；图3-5b所示为在最大控制尺寸下，取得的尺寸19.5mm，这时对称度误差最大左偏值为0.05mm；图3-5c所示为在最小控制尺寸下，取得的尺寸20mm，这时对称度误差最大右偏值为0.05mm。

4）当实习件不允许直接配锉，而要达到互配件的要求间隙时，就必须认真控制凸、凹件的尺寸误差。

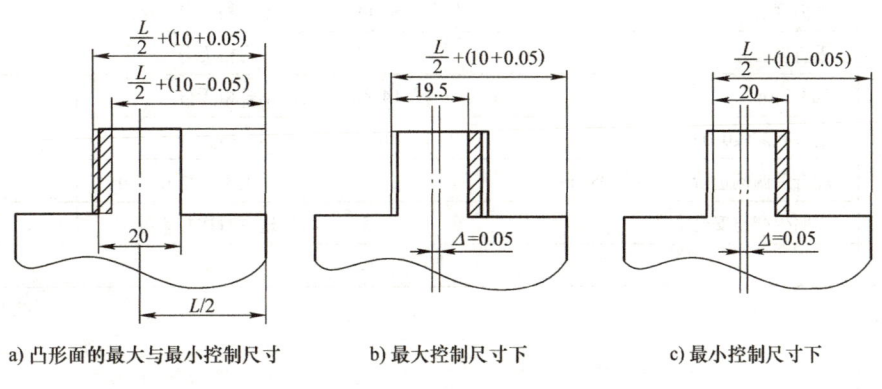

a) 凸形面的最大与最小控制尺寸　　b) 最大控制尺寸下　　c) 最小控制尺寸下

图3-5　间接控制时的尺寸精度

5）为达到配合后转位互换精度，在凸、凹形面加工时，必须将垂直度误差（包括与大

平面 B 的垂直度）控制在最小的范围内。如图 3-6 所示，由于凸、凹形面没有控制好垂直度误差，互换配合后就出现很大间隙。

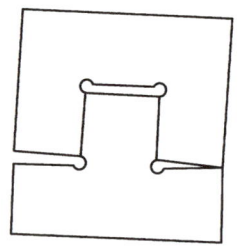   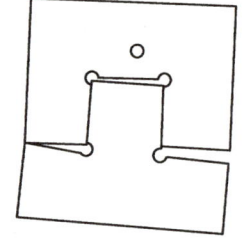

a) 凸形面垂直度误差产生的间隙　　b) 凹形面垂直度误差产生的间隙

图 3-6　垂直度误差对配合间隙的影响

6）在加工垂直面时，要防止锉刀侧面碰坏另一垂直侧面，因此必须将锉刀一侧在砂轮上进行修磨，并使其与锉刀面夹角略小于 90°（锉内垂直面时），刃磨后最好用磨石磨光。

五、检测评价

凹凸件锉配的检测考核评分按表 3-4 执行。

表 3-4　凹凸件锉配的检测考核评分表

工件号		班级		姓名		座号	
任务	检测内容		配分	评分标准		实测结果	得分
凹凸件的锉配	(60 ± 0.05) mm		4	超差无分			
	(80 ± 0.05) mm		4	超差无分			
	$20_{\ 0}^{+0.05}$ mm		4	超差无分			
	$20_{-0.05}^{\ \ 0}$ mm（2 处）		2×4	超差无分			
	(20 ± 0.1) mm		2	超差无分			
	对称度公差		10	超差无分			
	平面度公差		14	不合格无分			
	垂直度公差		15	不合格无分			
	$Ra3.2\mu m$		14×0.5	不合格无分			
	配合间隙≤0.05mm		10×2	不合格无分			
	配合后两侧边阶台差≤0.08mm		7	一处不合格扣 2 分			
	文明生产与安全生产		5	违者每次扣 2 分			
总分							
现场记录							

任务二　燕尾的镶配

【知识目标】

1. 掌握具有对称度要求的配合件的划线方法和工艺安排。
2. 掌握角度样板工件的检查及误差修正方法。

【技能目标】

1. 巩固划线、锯削、锉削、钻孔及测量等基本技能,进一步提高加工精度。
2. 掌握攻螺纹的方法。

一、任务布置

按图 3-7 所示尺寸和技术要求完成生产实训任务。

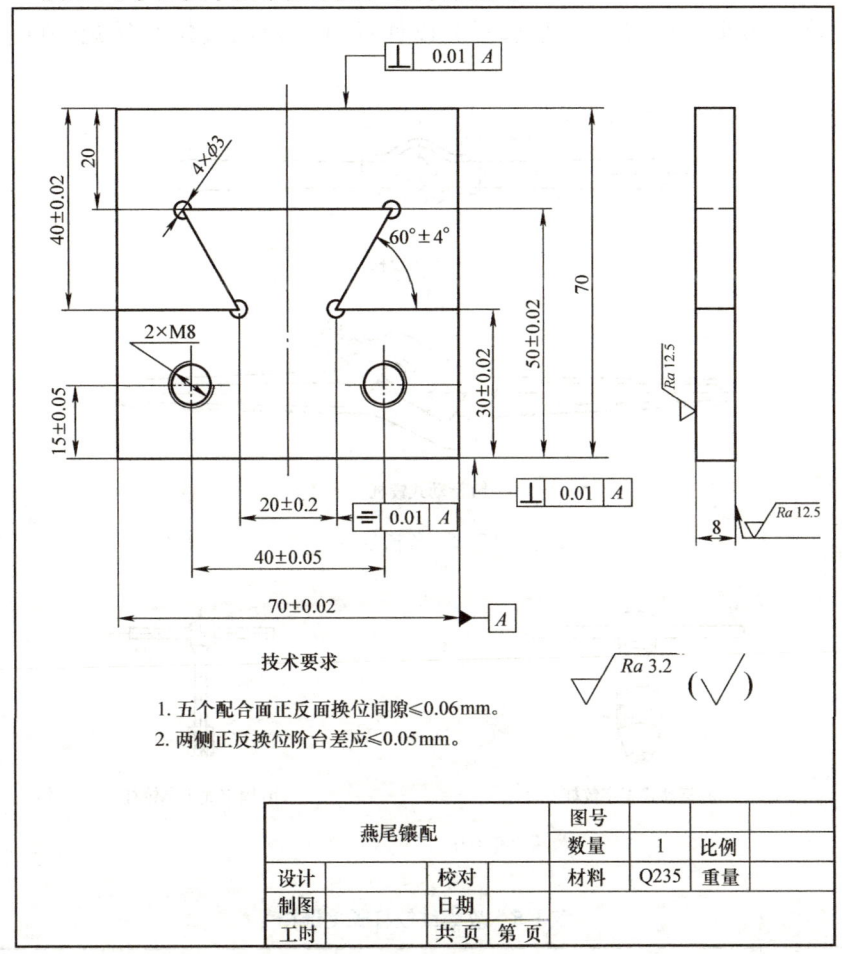

图 3-7　燕尾镶配

二、任务分析

按图分析需掌握燕尾锉配方法和攻螺纹方法。

三、相关知识

1. 攻螺纹

用丝锥加工工件内螺纹的操作称为攻螺纹。

（1）丝锥与铰杠　丝锥是加工内螺纹的工具。按加工螺纹种类的不同，丝锥的分类如下：①普通三角丝锥，其中 M6～M24 的丝锥为两只一套，小于 M6 和大于 M24 的丝锥为三只一套；②55°非密封管螺纹丝锥，为两只一套；③55°密封管螺纹丝锥，大小尺寸均为单只。按加工方法的不同，丝锥分为机用丝锥和手用丝锥。

铰杠是用来夹持丝锥的工具，有普通铰杠（图 3-8）和丁字铰杠（图 3-9）两种。丁字铰杆主要用于攻工件凸台旁的螺纹或机体内部的螺孔。各类铰杠又有固定式和活动式两种。固定式铰杠常用于攻 M5 以下的螺孔，活动式铰杠可以调节夹持孔尺寸。

铰杠长度应根据丝锥尺寸大小选择，以便控制一定的攻螺纹转矩，可参考表 3-5 选用。

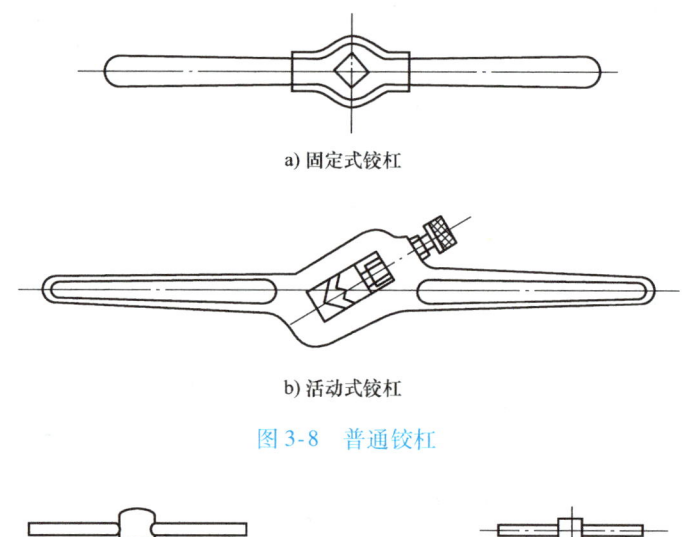

图 3-8　普通铰杠

图 3-9　丁字铰杠

表 3-5　攻螺纹铰杠长度选择

丝锥直径/mm	≤6	8～10	12～14	≥16
铰杠长度/mm	150～200	>200～250	250～300	400～450

(2) 底孔直径　使用丝锥攻螺纹时，每个切削刃一方面在切削金属，另一方面也在挤压金属，因而会产生金属凸起并向牙尖流动的现象。这一现象对于韧性材料尤为显著。若攻螺纹前底孔直径与螺纹小径相同时，被丝锥挤出的金属会卡住丝锥甚至将其折断，因此底孔直径应比螺纹小径略大，这样，挤出的金属流向牙尖正好形成完整螺纹，又不易卡住丝锥。但是，若底孔钻得太大，又会使螺纹的牙型高度不够，降低强度。所以底孔直径的大小要根据工件的材料性质、螺纹直径的大小来确定，其方法可查阅相关表或用下列经验公式得出。

1) 普通螺纹底孔直径得到的经验计算公式：

$$脆性材料\quad D_底 = D - 1.05p$$
$$韧性材料\quad D_底 = D - p$$

式中　$D_底$——孔底直径（mm）；

D——螺纹大径（mm）；

p——螺距（mm）。

例如，分别在中碳钢或铸铁上攻 M10×1.5mm 螺纹，求各自的底孔直径。由于中碳钢属于韧性材料，故底孔直径 $D_底 = D - p = (10 - 1.5)\text{mm} = 8.5\text{mm}$；铸铁为脆性材料，故底孔直径 $D_底 = D - 1.05p = (10 - 1.05 \times 1.5)\text{mm} = 8.4\text{mm}$。

2) 英制螺纹底孔直径得到的经验计算公式：

$$脆性材料\quad D_底 = 25(D - 1/n)$$
$$韧性材料\quad D_底 = 25(D - 1/n) + (0.2 \sim 0.3)$$

式中　$D_底$——孔底直径（mm）；

D——螺纹大径（mm）；

n——每英寸牙数。

(3) 不通孔螺纹的钻孔深度　钻不通孔的螺纹底孔时，由于丝锥的切削部分不能攻出完整的螺纹，所以钻孔深度至少要等于需要的螺纹深度加上丝锥切削部分的长度，这段增加的长度约等于螺纹大径的 0.7 倍，即

$$L = l + 0.7D$$

式中　L——钻孔深度（mm）；

l——需要的螺纹深度（mm）；

D——螺纹大径（mm）。

(4) 攻螺纹的方法

1) 划线，钻底孔。

2) 在螺纹底孔的孔口倒角，通孔螺纹两端都倒角，倒角处直径可略大于螺孔大径，这样可使丝锥开始切削时容易切入，并防止孔口出现挤压出的凸边。

3) 用头锥起攻。起攻时，可单手用掌按住铰杆中部，沿丝锥轴线用力加压，另一手配合做顺向旋进，如图 3-10a 所示；或双手握住铰杆两端均匀施加压力，并将丝锥顺向旋进，如图 3-10b 所示。应保证丝锥轴线与孔轴线重合，不得歪斜。在丝锥攻入 1~2 圈后，应及时从前后、左右两个方向用直角尺检查垂直度，如图 3-11 所示，并部不断找正至达到要求。

4) 当丝锥的切削部分全部进入工件时，就不需施加压力，而靠丝锥做自然旋进切削。此时，两手旋转用力要均匀，并要经常倒转 1/4~1/2 圈，使切屑碎断后容易排除，避免因切屑阻塞而使丝锥卡住。

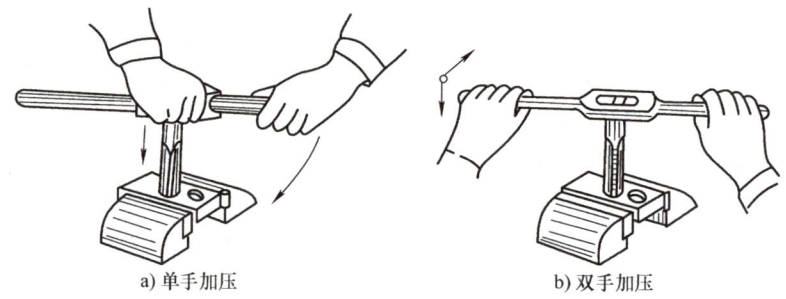

a) 单手加压　　　　　　b) 双手加压

图 3-10　起攻方法

5) 攻螺纹时，必须以头锥、二锥、三锥顺序攻削至标准尺寸。在较硬的材料上攻螺纹时，可轮换各丝锥交替攻下，以减小切削部分负荷，防止丝锥折断。

6) 攻不通孔时，做好深度标记，并要经常退出丝锥，清除留在孔内的切屑，否则会因切屑堵塞使丝锥折断或达不到深度要求。当工件不便倒向进行清屑时，可用弯曲的小管吹出切屑，或用磁性针棒吸出。

7) 攻韧性材料的螺孔时要加注切削液，以减小切削阻力，减小加工螺孔的表面粗糙度值和延长丝锥寿命。攻钢件时用全损耗系统用油，螺纹质量要求高时可用工业植物油。攻铸铁件可加注煤油作切削液。

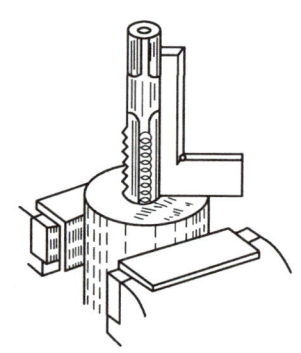

图 3-11　检查攻螺纹垂直度

(5) 攻螺纹和套螺纹时可能出现的问题及其产生原因（表 3-6）

表 3-6　攻螺纹和套螺纹时可能出现的问题及其产生原因

可能出现的问题	产 生 原 因
螺纹乱牙	1) 攻螺纹时底孔直径太小，起攻困难，左右摆动，孔口乱牙 2) 换用二锥、三锥时强行找正，或没旋合好就攻下 3) 圆杆直径过大，起套困难，左右摆动，杆端乱牙
螺纹滑牙	1) 攻不通孔的较小螺纹时，丝锥已到底仍继续转 2) 攻强度低或小孔径螺纹，丝锥已切出螺纹仍继续加压，或攻完时连同铰杠做自由的快速转出 3) 未加适当切削液，或没有反转断屑和清屑，切屑堵塞将螺纹啃坏
螺纹歪斜	1) 攻、套螺纹时位置不正，起攻、套时未做垂直度检查 2) 孔口、杆端倒角不良，两手用力不均，切入时歪斜
螺纹形状不完整	1) 攻螺纹底孔直径太大，或套螺纹圆杆直径太小 2) 圆杆不直 3) 板牙经常摆动
丝锥折断	1) 底孔太小 2) 攻入时丝锥歪斜或歪斜后强行找正 3) 没有经常反转断屑和清屑，或不通孔攻到底，还继续攻下 4) 使用铰杠不当 5) 丝锥牙齿爆裂或磨损过多而强行攻下 6) 工件材料过硬或夹有硬点 7) 两手用力不均或用力过猛

2. 带角度面的尺寸测量

带角度面的尺寸一般都采用间接的测量方法，如图 3-12 所示，其测量尺寸 M 与样板的尺寸 B、测量棒直径 d 的关系如下：

$$M = B + \frac{d}{2}\cot\frac{\alpha}{2} + \frac{d}{2}$$

式中　M——测量读数值（mm）；

B——样板斜面与槽底的交点至测量面的距离（mm）；

d——测量棒的直径值（mm）；

α——斜面的角度值。

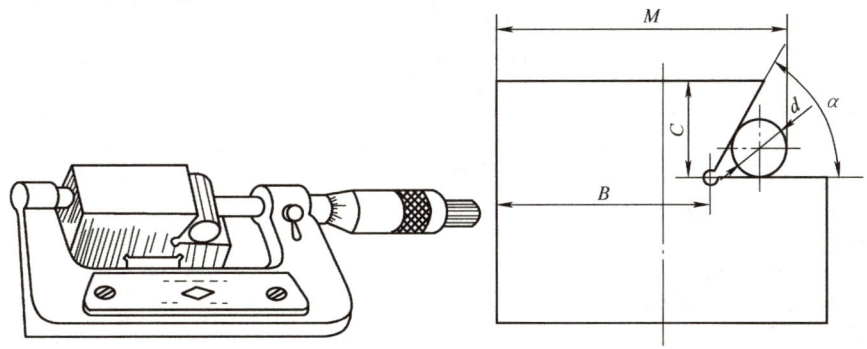

图 3-12　带角度面的尺寸测量

四、任务实施

1. 操作前的准备工作

1) 材料为 Q235，毛坯规格等见表 3-7。

表 3-7　材料清单

实习件名称	材料	毛坯规格	件数	工时/h
燕尾镶配凸件	Q235	$(70^{+0.2}_{+0.1})$ mm × $(50^{+0.2}_{+0.1})$ mm × $(8±0.1)$ mm	1	
燕尾镶配凹件		$(70^{+0.2}_{+0.1})$ mm × $(40^{+0.2}_{+0.1})$ mm × $(8±0.1)$ mm	1	

2) 工具和量具清单见表 3-8。

表 3-8　燕尾镶配的工具、量具明细

序号	名称	规格	精度	数量	备注
1	游标卡尺	0～150mm	0.02mm	1	—
2	刀口形角尺	100mm×63mm	1级	1	—
3	刀口形直尺	125mm	—	1	
4	V形铁	150mm×150mm×75mm（供参考）	2级	1	划线、检测
5	划线平板	300mm×300mm	2级	1	划线、检测
6	千分尺	0～25mm、25～50mm、50～75mm	0.01mm		
7	游标高度卡尺	0～300mm	0.02mm	1	

(续)

序号	名称	规格	精度	数量	备注
8	塞尺	0.02~1mm	—	1	—
9	直柄麻花钻	φ3mm	—	1	—
10	整形锉	组	—	1	—
11	方锉	250mm（2号纹）	—	1	—
12	三角锉	200mm（2号纹）、150mm（3号纹）	—	各1	—
13	扁锉	250mm（1号纹）	—	1	—
		200mm（2号纹）	—	1	—
		150mm（2号纹）	—	1	—
		150mm（3号纹）	—	1	—
		150mm（4号纹）	—	1	—
14	丝锥	φ8mm	—	1	—
15	铰杠		—	1	—
16	检验棒	φ12mm	—	1	—
17	钳工常用工具：锯弓、锯条、锤子、划规、划针、样冲、金属直尺、软钳口、锉刀刷、毛刷、全损耗系统用油、铅笔等	—		各1	锯条不限

2. 燕尾凸件的工艺流程

燕尾凸件的工艺流程见表3-9。

表3-9 燕尾凸件的工艺流程

作业图	工艺流程	目标要求	检测量具及方法
50±0.02 70±0.02	1. 对备料做出必要的修整 2. 选定基准角 3. 粗、精锉外形	1. 各平面平整垂直，表面无缺陷 2. 达到尺寸（70±0.02）mm、（50±0.02）mm及垂直度要求	1. 目测检测 2. 用游标卡尺、刀口形角尺、千分尺测量
50±0.02 70±0.02	1. 按图样划线 2. 确定加工轮廓 3. 钻工艺孔 4. 加工直径为φ3mm的工艺孔	1. 线条清晰 2. 加工轮廓正确	1. 目测检测 2. 用游标卡尺、游标万能角度尺测量

(续)

作业图	工艺流程	目标要求	检测量具及方法
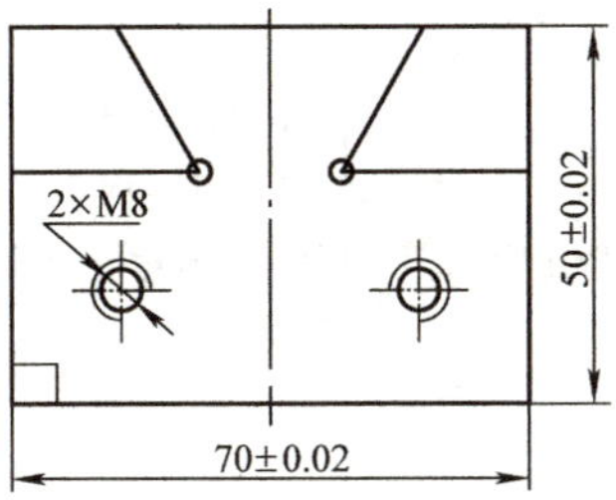 (图：2×M8，70±0.02，50±0.02)	1. 加工工件上 M8 的底孔，选择 φ7.8mm 钻头钻底孔 2. 选择 M8 丝锥手工攻螺纹	达到图样要求	—
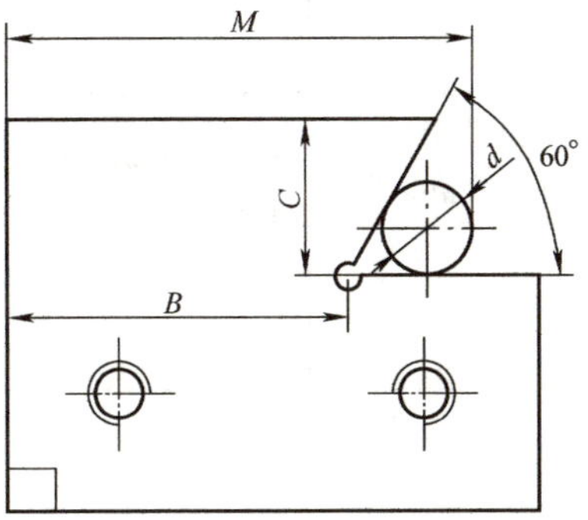 (图：M、B、C、d、60°)	1. 锯去选定基准面对面的斜角余料 2. 根据公式 $M = B + \dfrac{d}{2}\cot\dfrac{\alpha}{2} + \dfrac{d}{2}$ 计算出 M 值 3. 粗、细锉两平面达到精度要求	1. 达到尺寸（30±0.02）mm 精度要求 2. 达到角度 60° 3. 达到 M 尺寸精度要求	采用刀口形角尺、千分尺、游标万能角度尺测量
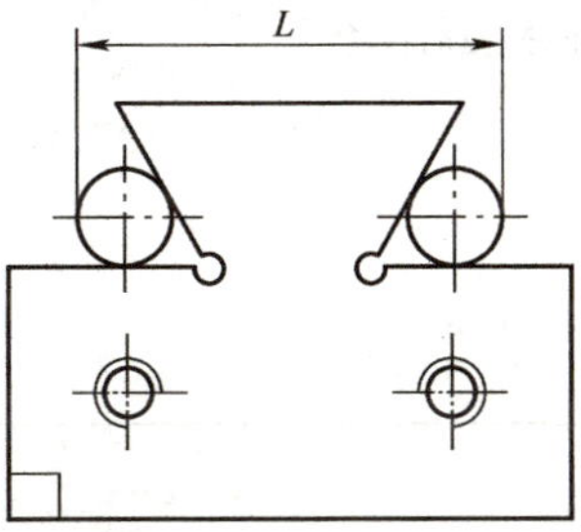 (图：L)	1. 按划线锯去另一斜面余料 2. 计算出 L 尺寸值 3. 粗、细锉两平面达到精度要求	1. 达到尺寸 30±0.02 精度要求 2. 达到角度 60° 3. 达到 L 尺寸精度要求 4. 完成凸形加工，并达到各尺寸精度要求	采用刀口形角尺、千分尺、游标万能角度尺测量

3. 燕尾凹件的工艺流程

燕尾凹件的工艺流程见表 3-10。

表 3-10 燕尾凹件的工艺流程

作业图	工艺流程	目标要求	检测量具及方法
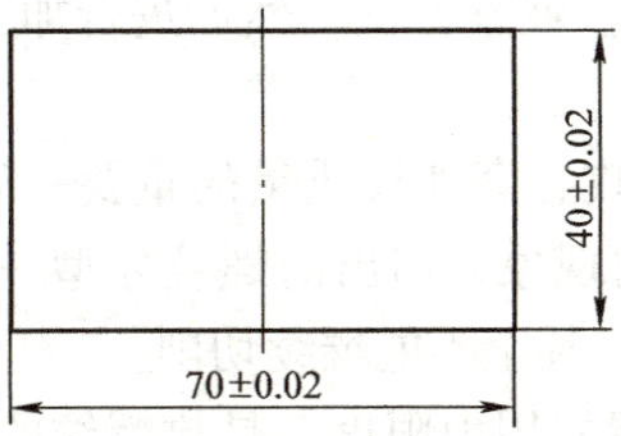 (图：70±0.02，40±0.02)	1. 对备料做出必要的修整 2. 选定基准角 3. 粗、精锉外形	1. 各平面平整垂直，表面无缺陷 2. 达到尺寸（70±0.02）mm、（40±0.02）mm 及垂直度和对称度要求	1. 目测检测 2. 用游标卡尺、刀口形角尺、千分尺测量

（续）

作业图	工艺流程	目标要求	检测量具及方法
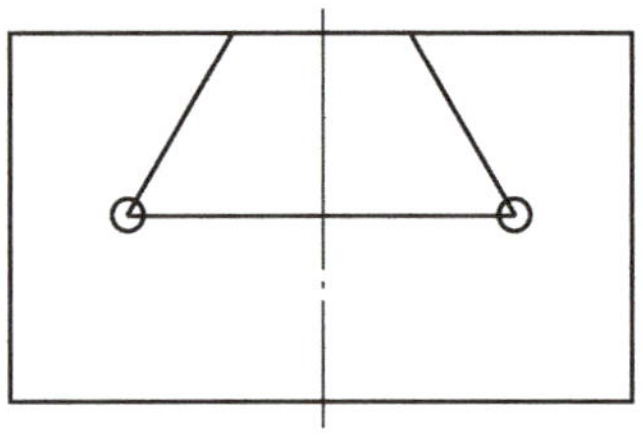	1. 按图样划线 2. 确定加工轮廓 3. 加工直径为 $\phi 3mm$ 的工艺孔	1. 线条清晰 2. 加工轮廓正确	1. 目测检测 2. 用游标卡尺、千分尺、游标万能角度尺测量
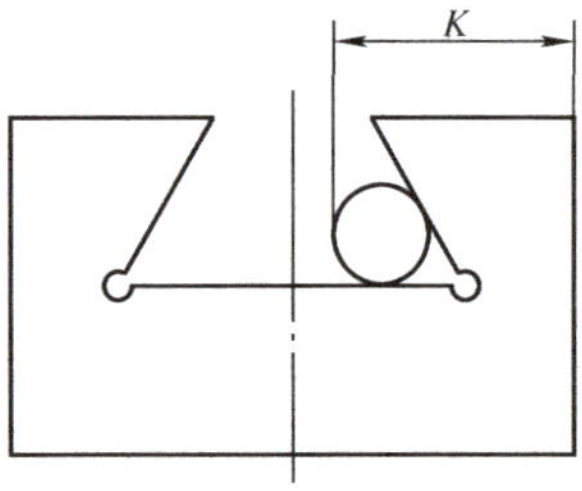	1. 用钻排孔、锯削、錾削方法去除燕尾余料 2. 粗锉至接近线条 3. 计算出 K 值 4. 粗、精锉燕尾三个平面	保证与燕尾凸形件端面的配合，并达到精度要求	采用刀口形角尺、千分尺、游标万能角度尺测量
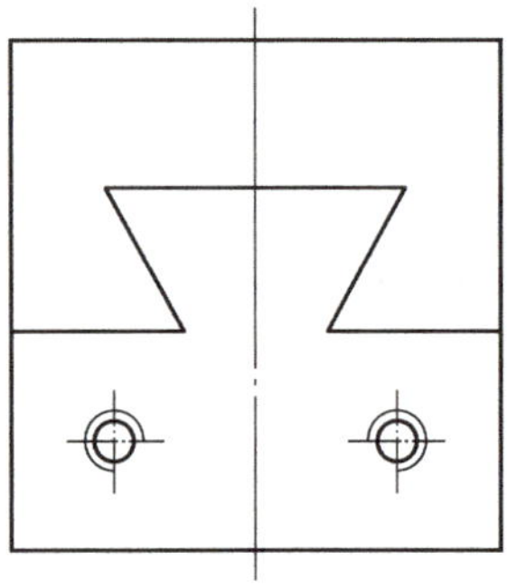	1. 用燕尾凸件实际尺寸配作燕尾凹件 2. 全部锐角倒钝，并检测全部尺寸精度	达到正反面换位时配合间隙 $\leq 0.05mm$	采用刀口形角尺、千分尺、游标万能角度尺测量，用塞尺检测

4. 操作注意事项

1）工艺尺寸计算应根据外形的实际尺寸计算得出。

2）注意外形的垂直度公差一定要符合图样要求，因为加工内形面时，是以外形面为测量基准。如果外形面的垂直度公差不符合图样要求，会使整个工件的形状不合格而影响配合。

3）燕尾凹件的计算必须根据燕尾凸件的实际情况来计算。

4）在加工中的测量，要避免测量误差的产生（去毛刺和正确的测量方法）。

5）在钻 M8 螺纹底孔时要用立钻，必须先熟悉机床的使用、调整方法，然后进行加工，并注意做到安全操作。

6）起攻时，要从两个方向进行垂直度的找正，这是保证攻、套螺纹质量的重要一环。起套时的导向性较差，容易产生板牙端面与圆杆轴线不垂直的现象，切出的螺纹牙型一面深、一面浅，并随着螺纹长度的增加，其歪斜现象将明显增加，甚至不能继续切削。

7）起攻的正确性以及攻螺纹时能控制两手用力均匀和掌握好用力限度，是攻螺纹的基本功之一，必须用心掌握。

五、检测评价

燕尾镶配的检测考核评分按表 3-11 执行。

表 3-11 燕尾镶配的检测考核评分表

工件号		班级		姓名		座号	
任务		检测内容	配分	评分标准	实测结果	得分
燕尾的镶配	锉配	(70±0.02) mm (2处)	6	超差不得分		
		(50±0.02) mm	6	超差不得分		
		60°±4′	6	超差不得分		
		(40±0.02) mm (2处)	6	超差不得分		
		(30±0.02) mm (2处)	10	超差不得分		
		表面粗糙度值 $Ra3.2\mu m$ (18处)	9	升高一级不得分		
		配合间隙≤0.05mm (9处)	27	超差不得分		
		错位量≤0.06mm	6	超差不得分		
	攻螺纹	2×M8	4	超差不得分		
		(40±0.05) mm	4	超差不得分		
		(15±0.05) mm	6	超差不得分		
		表面粗糙度值 $Ra6.3\mu m$ (2处)	2	升高一级不得分		
	文明生产与安全生产		8	违者每次扣2分		
总分						
现场记录						

复习思考题

1. 如何选择锉削余量？
2. 手动攻螺纹时一般用哪些工具？
3. 如何确定内螺纹底孔？
4. 简述攻螺纹的正确方法。

任务三 燕尾圆弧镶位配

【知识目标】

1. 掌握各种形体的锉配工艺。
2. 理解影响锉配精度的因素。

【技能目标】

1. 进一步提高钳工划线、锯削、锉削的综合操作技能。
2. 掌握钻孔、铰孔的综合技术与方法。
3. 熟练掌握锉削圆弧和燕尾的技巧与测量方法及锉配技能。

一、任务布置

按图 3-13 所示尺寸和技术要求完成生产实训任务。实体配合形式 1 如图 3-14 所示。实体配合形式 2 如图 3-15 所示。

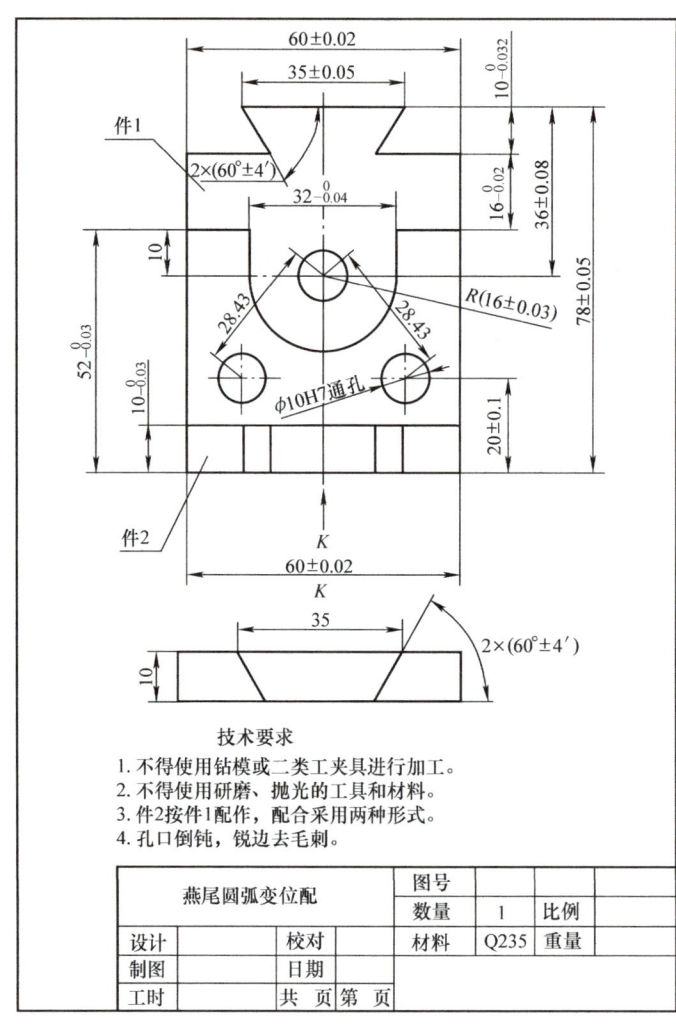

图 3-13 零件图

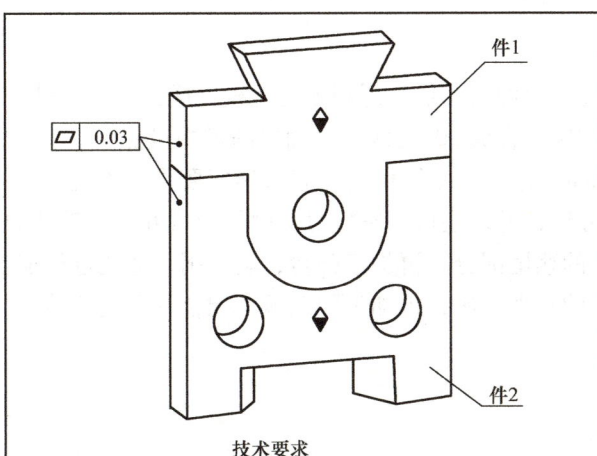

图 3-14 实体配合形式 1

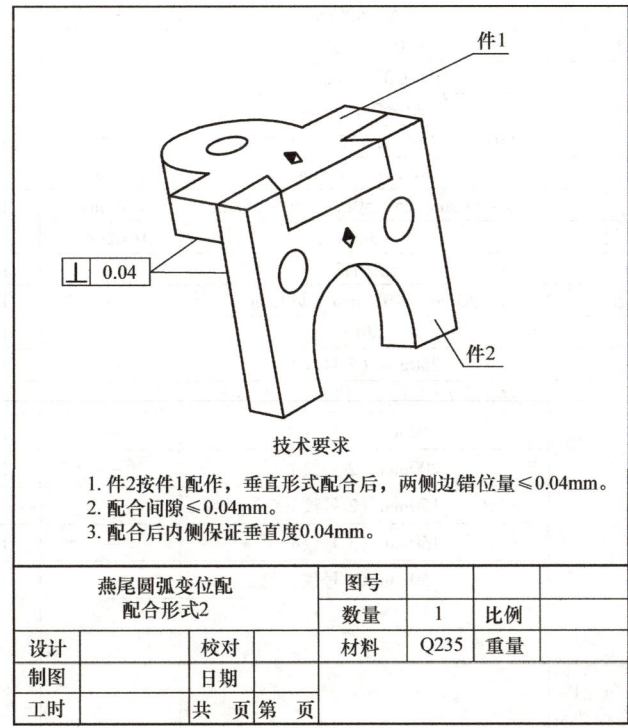

图 3-15 实体配合形式 2

二、任务分析

该燕尾圆弧变位配组合件由两块燕尾圆弧变位板组成,并可以进行两次配合,第一次只组合成一个平面,第二次组合成90°的两个平面。图样中虽然没有对称度要求,但配合要求两侧的错位量≤0.04mm,即两块变位角度板有对称度要求。本任务的内容主要是提高锉削的精度及掌握锉配的方法,另外还可以掌握对称度的测量方法。零件的加工顺序如下:

1)先加工工件1的燕尾部分,再加工凸台,然后用一个孔定位加工圆弧部分。
2)先加工工件2的水平燕尾,再加工凹圆弧,配合后划线并钻孔。

三、任务实施

1. 操作前的准备工作

1)材料为Q235,毛坯规格等见表3-12。

表3-12 材料清单

实习件名称	材料	毛坯规格	件数	工时/h
燕尾圆弧变位配	Q235	$(53^{+0.2}_{+0.1})$ mm×61mm×(10±0.1) mm	2	10

2)工具和量具清单见表3-13。

表3-13 燕尾圆弧变位配的工具、量具明细

序号	名称	规格	精度	数量	备注
1	游标卡尺	0~150mm	0.02mm	1	—
2	刀口形角尺	100mm×63mm	1级	1	—
3	R规	R15~R25mm	—	1	—
4	游标万能角度尺	0°~320°	—	1	—
5	塞尺	0.02~1mm	—	1	—
6	测量棒	ϕ10h7×20mm	—	1	—
7	V形铁	150mm×150mm×75mm(供参考)	2级	1	划线、检测
8	划线平板	300mm×300mm	2级	1	划线、检测
9	千分尺	0~25mm、25~50mm、50~75mm	0.01mm	1	—
10	游标高度卡尺	0~300mm	0.02mm	1	—
11	手用铰刀	ϕ10H7	—	1	—
12	直柄麻花钻	ϕ3mm、ϕ9.8mm、ϕ12mm	—	1	—
13	整形锉	组	—	1	—
14	方锉	250mm(2号纹)	—	1	—
15	三角锉	200mm(2号纹)、150mm(3号纹)	—	各1	—
16	扁锉	250mm(1号纹)	—	1	—
		200mm(2号纹)	—	1	—
		150mm(2号纹)	—	1	—
		150mm(3号纹)	—	1	—
		150mm(4号纹)	—	1	—
17	钳工常用工具:锯弓、锯条、锤子、划规、划针、样冲、金属直尺、软钳口、锉刀刷、毛刷、全损耗系统用油、铅笔等	—	—	各1	锯条不限

2. 工件1的工艺流程

工件1的工艺流程见表3-14。

表3-14 工件1的工艺流程

作业图	工艺流程	目标要求	检测量具及方法
52 × 60 矩形件图	1. 对备料做出必要的修整 2. 选定基准角	各平面平整垂直，表面无缺陷	1. 目测检查 2. 用游标卡尺、刀口形角尺测量
划线图	1. 按图样划线 2. 确定加工轮廓 3. 粗锉外形	1. 线条清晰 2. 加工轮廓正确 3. 两对边留 0.05~0.1mm 精锉余量	1. 目测检查 2. 用游标卡尺、千分尺测量
60°斜角，尺寸42	1. 锯去选定基准面对面的斜角余料，参见"操作注意事项1)" 2. 粗、精锉两平面至加工线条	1. 达到角度60° 2. 达到尺寸42mm，间接保证尺寸 $10_{-0.032}^{0}$ mm	用游标万能角度尺、刀口形角尺、千分尺测量
A=48，尺寸42	精修60°两平面	1. 达到尺寸A，间接保证尺寸48mm，从而使燕尾一侧对称于件1中心 2. 保证两面与大平面的垂直度误差≤0.04mm	1. 用游标万能角度尺、刀口形角尺测量 2. 用千分尺配合量棒测量尺寸A，参见"操作注意事项2)"
60°两角余料，42×42	1. 锯去另一角余料 2. 粗、精锉两平面至加工线条	1. 达到角度60° 2. 达到尺寸42mm 间接保证尺寸 $10_{-0.03}^{0}$ mm 3. 保证两肩台等高	用游标万能角度尺、刀口形角尺、千分尺测量
B=35±0.05	精修60°两平面	1. 达到尺寸B，间接保证尺寸（35±0.05）mm，从而使两侧燕尾与件1中心对称 2. 保证两面与大平面的垂直度≤0.04mm	1. 用游标万能角度尺、刀口形角尺测量 2. 用千分尺配合测量棒测量尺寸B，参见"操作注意事项3)"

（续）

作业图	工艺流程	目标要求	检测量具及方法
	1. 锯去基准对边一角余量 2. 粗、精锉两平面至加工线条	1. 达到尺寸 $16_{-0.02}^{0}$ mm 2. 达到尺寸 46mm，从而间接保证圆弧侧边对称于件1中心	用刀口形角尺、千分尺测量
	1. 锯去另一角余料 2. 粗锉两平面至加工线条	1. 保证 16mm、32mm 两尺寸 2. 留 0.1～0.3mm 的精锉加工余量	用刀口形角尺、千分尺测量
	1. 精锉两平面 2. 用 ϕ3mm 直柄麻花钻钻头定孔中心	1. 达到尺寸 $16_{-0.02}^{0}$ mm 保证两肩台等高 2. 保证（36±0.08）mm 孔距达到尺寸 $32_{-0.04}^{0}$ mm，从而使圆弧侧面与件1中心对称	1. 用刀口形角尺、游标卡尺测量 2. 用千分尺测量尺寸 32mm，参见"操作注意事项4)"
	1. 用 ϕ9.8mm 直柄麻花钻扩孔，孔口倒角 2. 用 ϕ10H7 铰刀铰孔	1. 孔径 ϕ10mm 达到要求 2. 保证孔内表面粗糙度要求	1. 用游标卡尺测量 2. 用塞规检查孔径 3. 目测检查表面
	1. 按线条锯去圆弧的余料 2. 以孔壁为依据粗、精锉圆弧 3. 修整外形，复检尺寸，各锐边倒钝	1. 圆弧半径（R16±0.03）mm 达到要求 2. 保证弧面圆滑	1. 用R规检测 2. 目测检查

3. 工件 2 的工艺流程

工件 2 的工艺流程见表 3-15。

表 3-15　工件 2 的工艺流程

作业图	工艺流程	目标要求	检测量具及方法
(图：52×60 方料)	1. 对备料做出必要的修整 2. 选定基准角	各平面平整垂直，表面无缺陷	1. 目测检查 2. 用游标卡尺、刀口形角尺测量
(图：划线轮廓)	1. 按图样划线 2. 确定架空轮廓 3. 粗锉外形	1. 线条清晰 2. 加工轮廓正确 3. 两对边留 0.05~0.1mm 的精锉余量	1. 目测检查 2. 用游标卡尺、千分尺测量
(图：燕尾轮廓 A、B)	1. 用钻排孔、锯削、錾削方法去除燕尾余料 2. 粗、精锉燕尾三个平面	保证 A（35mm）、B（42mm）两尺寸，留 0.1~0.3mm 的精锉加工余量	用游标卡尺、游标万能角度尺、刀口形角尺、千分尺测量
(图：35、10 尺寸)	精修燕尾低平面	1. 保证燕尾各面与大平面的垂直度误差≤0.04mm 2. 达到尺寸 $10_{-0.032}^{\ 0}$ mm 3. 基本保证尺寸 35mm 及燕尾对称	用游标万能角度尺、千分尺、刀口形角尺测量，参见"操作注意事项 5)"
(图：60 尺寸件)	1. 用件 1 试配，较紧塞入 2. 精修（60±0.02）mm 的两侧面，方法参见"操作注意事项 6)"	1. 保证两侧边错位量及垂直度要求 2. 保证尺寸(60±0.02)mm 3. 保证配合要求	1. 用千分尺测量 2. 用刀口形角尺检测两侧错位和垂直度误差

(续)

作业图	工艺流程	目标要求	检测量具及方法
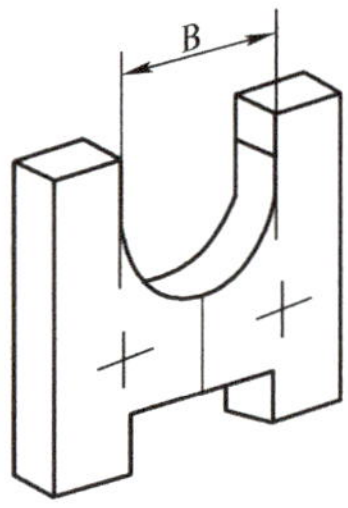	1. 用钻排孔、锯削、錾削方法去除凹圆弧的余料 2. 粗、精锉凹圆弧面及两侧平面	保证尺寸 B（32mm），留 0.1~0.3mm 的精锉加工余量	1. 用游标卡尺测量 2. 用 R 规检测 3. 用刀口形角尺、千分尺测量
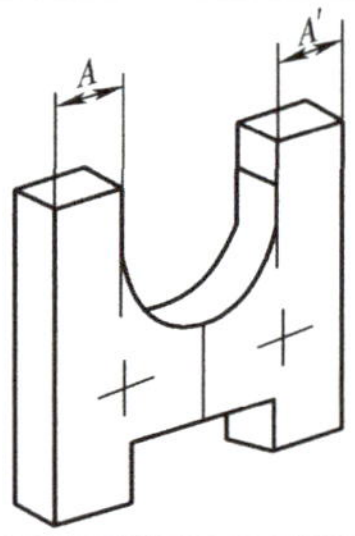	粗、精锉凹圆弧面及两侧平面。锉削加工锯削后的平面	1. 尺寸 A 与 A′ 相等，保证圆弧两侧面中心及与大平面的垂直度 2. 基本保证尺寸 35mm 及圆弧要求	1. 用游标卡尺测量 2. 用 R 规检测 3. 用刀口形角尺、千分尺测量
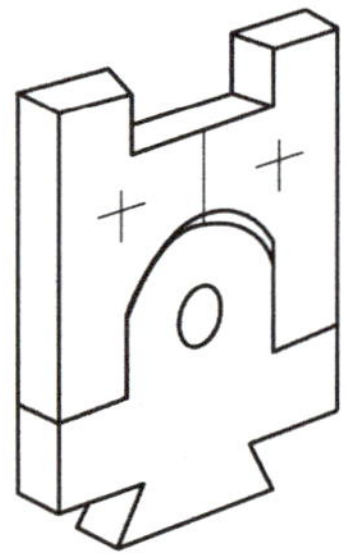	1. 用件1试配，较紧塞入 2. 精修圆弧面及两侧面	1. 保证两侧边错位量及垂直度要求 2. 保证配合要求及尺寸	1. 用千分尺测量 2. 用刀口形角尺检测两侧边错位量和平面度误差
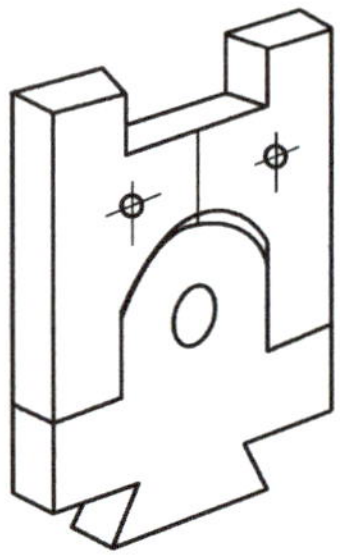	1. 按配合孔距要求划线 2. 用 φ3mm 钻头定孔中心	达到 28mm、42mm 两组尺寸	用游标卡尺测量
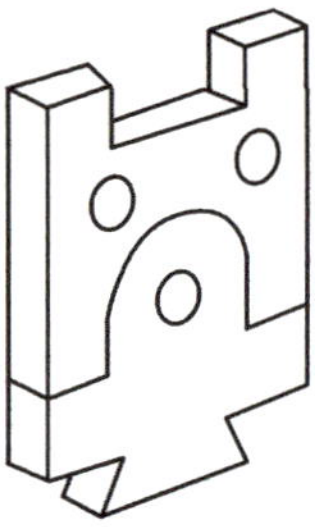	1. 用 φ9.8mm 的钻头进行扩孔，孔口倒角 2. 用 φ10H7 铰刀铰孔 3. 修整外形，复检尺寸，各锐边倒钝	1. 孔径合格，孔距在公差范围内 2. 孔内的表面粗糙度合格	1. 用游标卡尺测量 2. 用塞规检查孔径

4. 操作注意事项

1）为了保证凸形件加工的对称度要求，一般先去除单角余量，用间接尺寸保证该角与工件中心的对称度公差,待完成后再以该角为基准,才能去除另一端。

2) 千分尺测量的尺寸 $A = 60\text{mm}/2 + [35\text{mm}/2 - D\tan 60° + D/2(1 + \tan 30°)]$。

3) 千分尺测量的尺寸 $B = 60\text{mm} - 2 \times (60 - A)$。

4) $32\text{mm} = 60\text{mm} - 2 \times (60\text{mm} - 46\text{mm})$,其中各尺寸均为实际尺寸。

5) 图样中件2看似没有几何公差要求,实际配合后的垂直度公差却需要燕尾的各个平面来保证,所以两个工件的燕尾各个平面与大平面的垂直度要求必须保证。

6) 两侧的错位量是需要由对称度公差来保证的,因件2的对称度误差难以测量,故先通过与件1的试配及对件2的修整来保证各类配合精度。

四、检测评价

燕尾圆弧变位配的检测考核评分按表3-16执行。

表3-16 燕尾圆弧变位配的检测考核评分表

工件号		班级	姓名		座号	
任务		检测内容	配分	评分标准	实测结果	得分
燕尾圆弧变位配	工件1凸形件	(35 ± 0.05) mm	4	超差不得分		
		(60 ± 0.02) mm	2	超差不得分		
		$10_{-0.032}^{0}$ mm	4	超差不得分		
		$16_{-0.02}^{0}$ mm	4	超差不得分		
		$32_{-0.04}^{0}$ mm	2	超差不得分		
		(36 ± 0.08) mm	2	超差不得分		
		$(R16 \pm 0.03)$ mm	4	超差不得分		
		$2 \times (60° \pm 4')$	6	超差不得分		
		$\phi 10\text{H}7$	2	超差不得分		
		孔表面粗糙度值 $Ra1.6\mu\text{m}$(12处)	6	升高一级不得分		
		表面粗糙度值 $Ra3.2\mu\text{m}$(12处)	6	升高一级不得分		
	工件2凹形件	$2 \times (60° \pm 4')$	4	超差不得分		
		(60 ± 0.02) mm	2	超差不得分		
		$52_{-0.03}^{0}$ mm	2	超差不得分		
		$10_{-0.032}^{0}$ mm	4	超差不得分		
		(20 ± 0.1) mm	2	超差不得分		
		$2 \times \phi 10\text{H}7$	2	超差不得分		
		孔表面粗糙度值 $Ra1.6\mu\text{m}$	2	升高一级不得分		
		表面粗糙度值 $Ra3.2\mu\text{m}$(12处)	6	升高一级不得分		
	组合1	配合间隙≤0.04mm(正、反面2处)	8	超差不得分		
		错位量≤0.04mm(2处)	4	超差不得分		
	组合2	圆弧配合间隙≤0.06mm(正、反面2处)	4	超差不得分		
		28.43mm(2处)	4	超差不得分		
		(78 ± 0.05) mm	2	超差不得分		
		配合间隙≤0.04mm(正、反面8处)	8	超差不得分		
		错位量≤0.04mm(2处)	4	超差不得分		
	文明生产与安全生产		扣分项	违者每次扣2分		
总分						
现场记录						

复习思考题

根据图 3-16、图 3-17 中的尺寸及技术要求，制订锉配工艺流程。

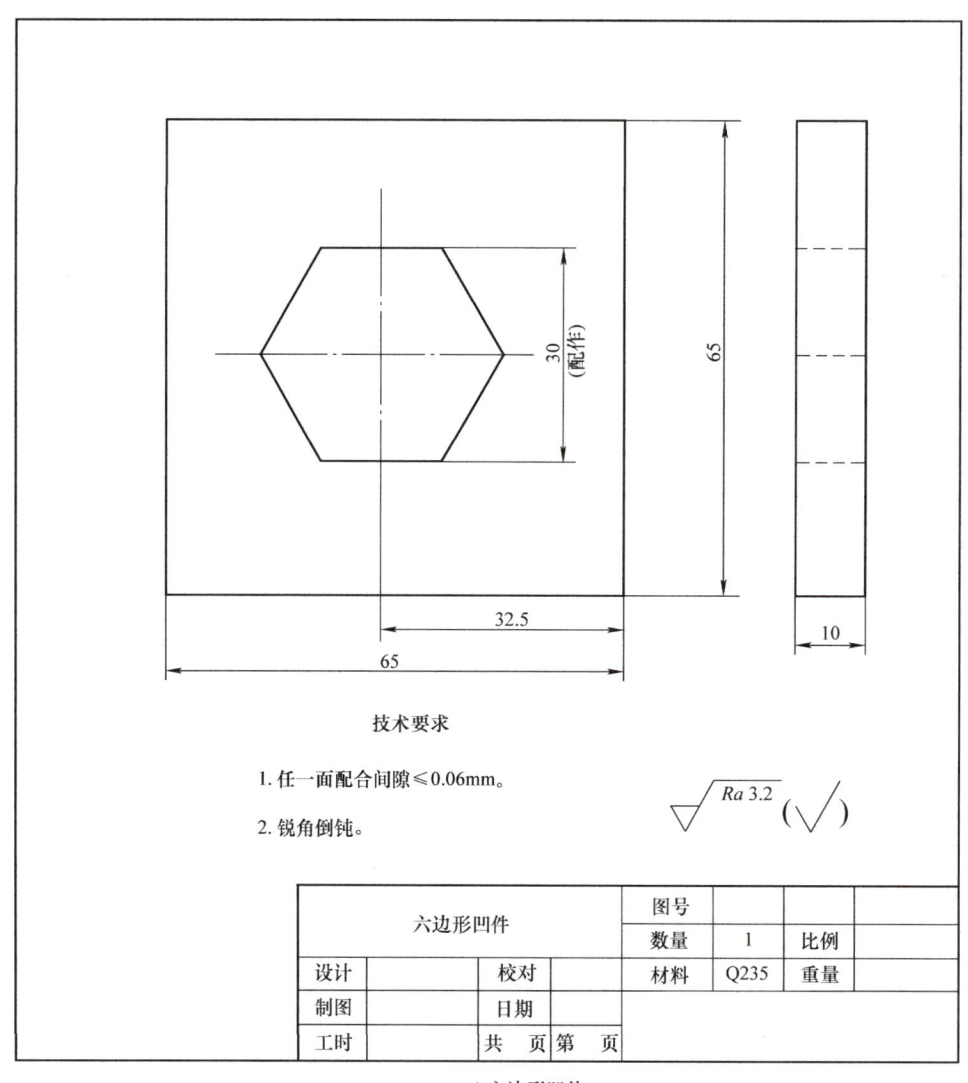

图 3-16 六边形凹件和凸件

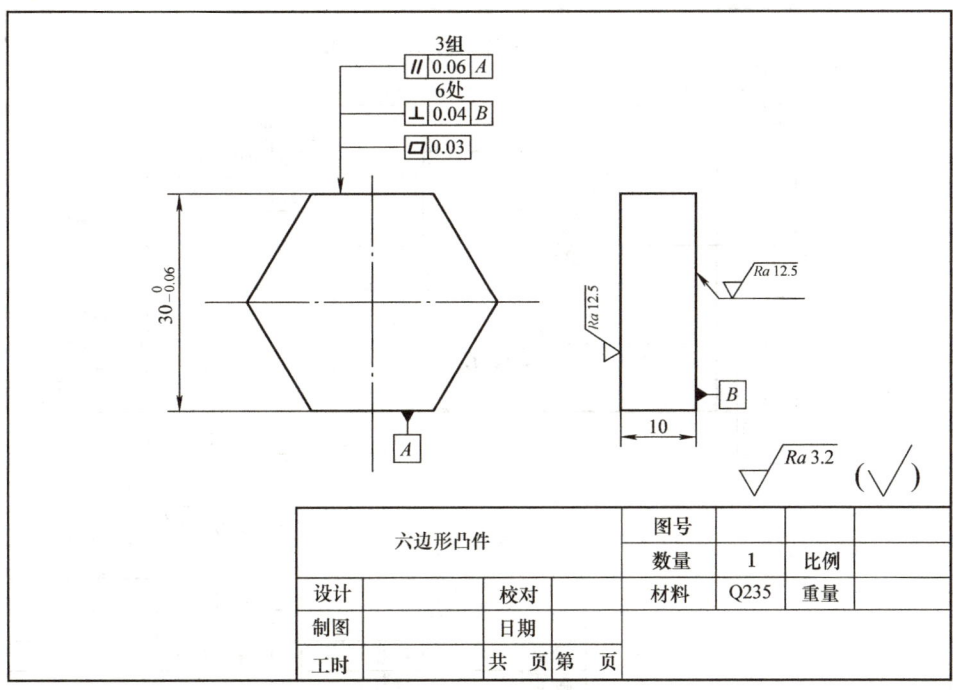

b) 六边形凸件

图 3-16 六边形凹件和凸件（续）

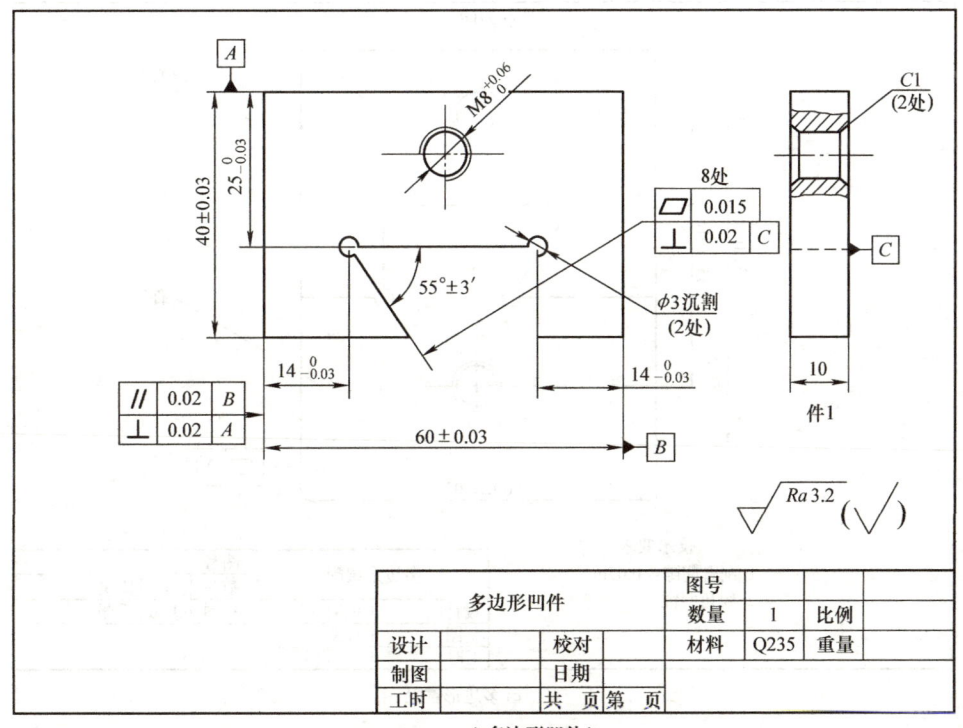

a) 多边形凹件1

图 3-17 多边形凹件和镶配

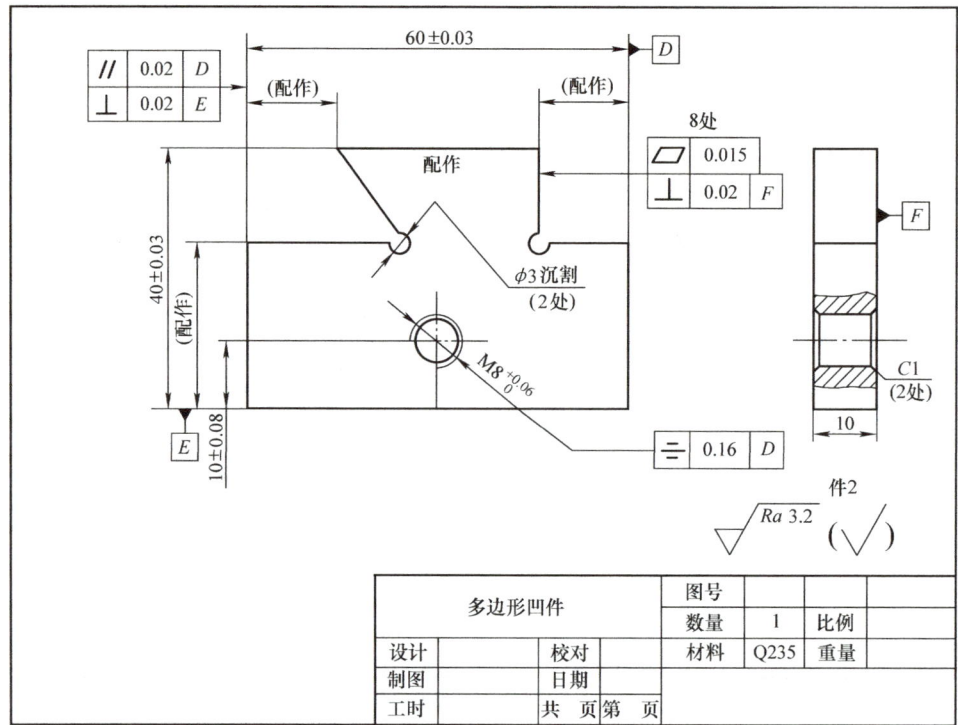

b) 多边形凹件2

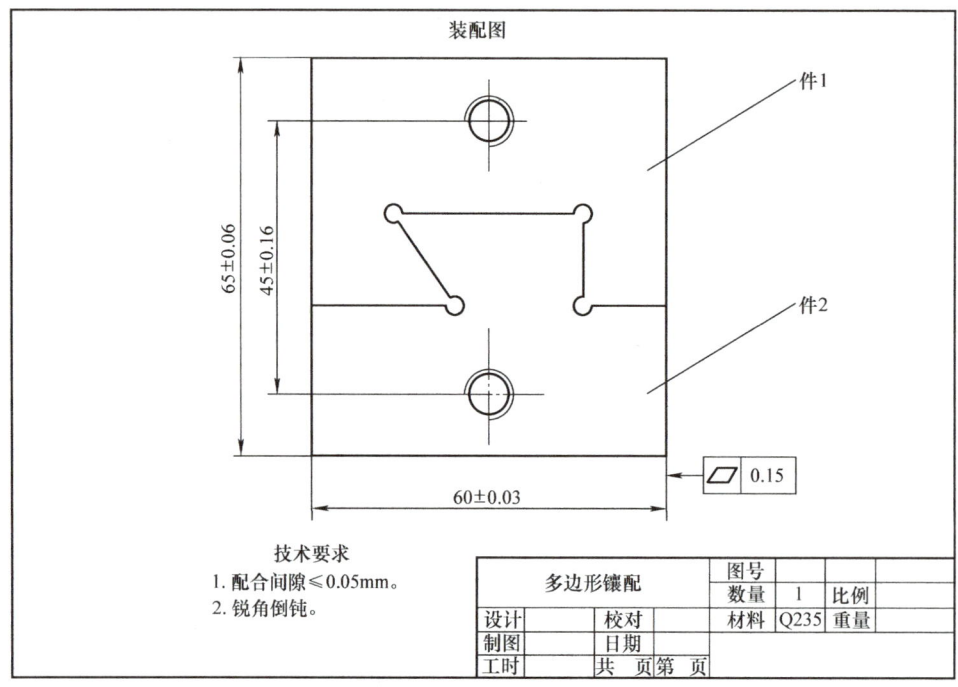

c) 多边形镶配

图3-17 多边形凹件和镶配（续）

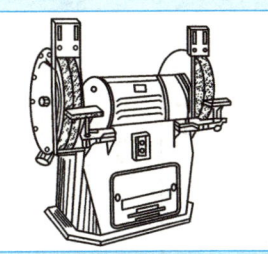

单元四

零件的研磨与抛光

任务一　凹模板的研磨

【知识目标】

1. 了解研磨在模具制造中的作用。
2. 掌握研磨工具的选用方法。
3. 掌握研磨剂的组成、种类及选用方法。
4. 掌握研磨工艺参数的选用原则。

【技能目标】

1. 正确使用研磨工具。
2. 掌握研磨工艺安排及操作技巧。

一、任务布置

完成图 4-1 所示凹模板中凹模孔部分的研磨。

二、任务分析

明确本任务的训练目的，分析并读懂零件图。凹模板如图 4-1 所示，本任务是研磨该凹模板的凹模孔。其主要定形尺寸有 $\phi 50_{\ 0}^{+0.03}$ mm、$R10_{\ 0}^{+0.03}$ mm 和 $R6_{\ -0.03}^{\ \ 0}$ mm，同时确保（60 ±0.03）mm 和 32mm 的定位尺寸。要求凹模板的凹模孔要达到的表面粗糙度值为 $Ra0.1\mu m$。其中该凹模孔的研磨余量为 0.01mm。

三、相关知识

1. 研磨的定义

研磨是一种微量加工的工艺方法，研磨借助于研具与研磨剂（一种游离的磨粒），在工件的被加工表面和研具之间产生相对运动，并施以一定的压力，从工件上去除微小的表面凸起层，以获得很小的表面粗糙度值和很高的尺寸精度、几何形状精度等。在模具制造中，特

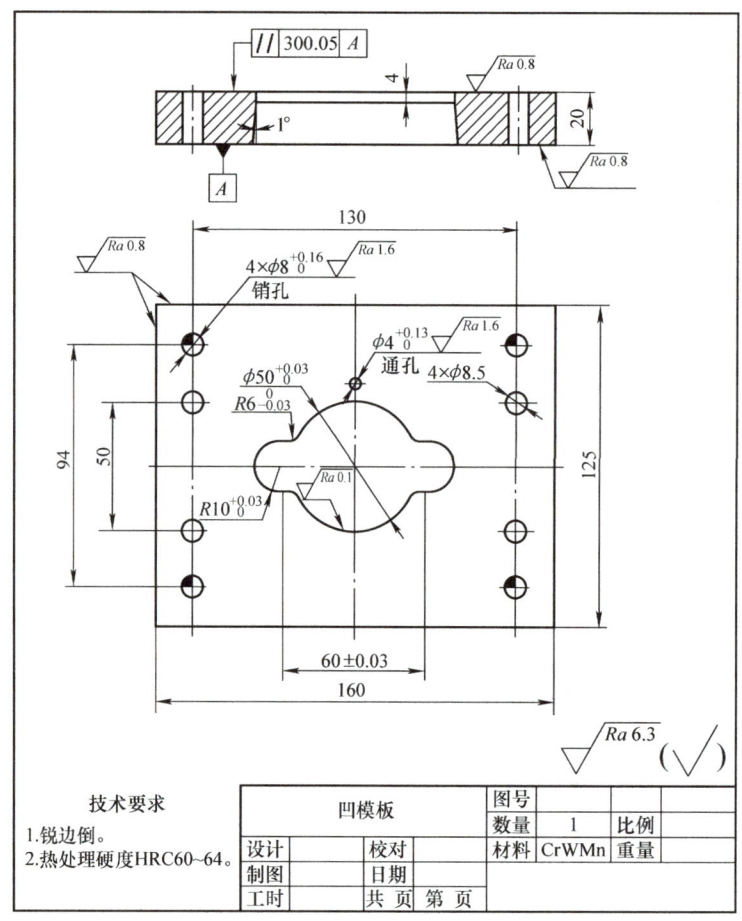

图 4-1 凹模板

别是产品外观质量要求较高的精密压铸模、塑料模、汽车覆盖件模具,研磨应用广泛。

2. 研磨的作用

(1) 微切削作用　在研具和被加工表面做相对运动时,磨料在压力作用下,对被加工表面进行微量切削。在不同加工条件下,微量切削的形式不同。当研具硬度较低、研磨压力较大时,磨粒可镶嵌到研具上产生刮削作用,这种方式有较高的研磨效率;当研具硬度较高时,磨粒不能嵌入研具,磨粒在研具和被加工表面之间滚动,以其锐利的尖角进行微切削。

(2) 挤压塑性变形　钝化的磨粒在研磨压力作用下挤压被加工表面的粗糙突峰,使突峰趋向平缓和光滑,被加工表面产生微挤压塑性变形。

(3) 化学作用　当采用氧化铬、硬脂酸等研磨剂时,研磨剂和被加工表面产生化学作用,形成一层极薄的氧化膜,这层氧化膜很容易被磨掉,而又不损伤材料基体。在研磨过程中氧化膜不断迅速形成,又很快被磨掉,提高了研磨效率。

3. 常用研磨工具的选用

(1) 研具　研具是研磨剂的载体,使游离的磨粒嵌入研具工作表面发挥切削作用。常见的研具材料有灰铸铁、球墨铸铁、低碳钢、各种有色金属及合金、非金属材料等。其中,灰铸铁晶粒细小,具有良好的润滑性,硬度适中,磨耗低,研磨效果好,价廉易得,应用广泛。研具的种类（图4-2）有：①研磨平板，用于研磨平面，有带槽和无槽两种类型；②研磨环，主要研磨外圆柱表面；③研磨棒，主要用于圆柱孔的研磨。

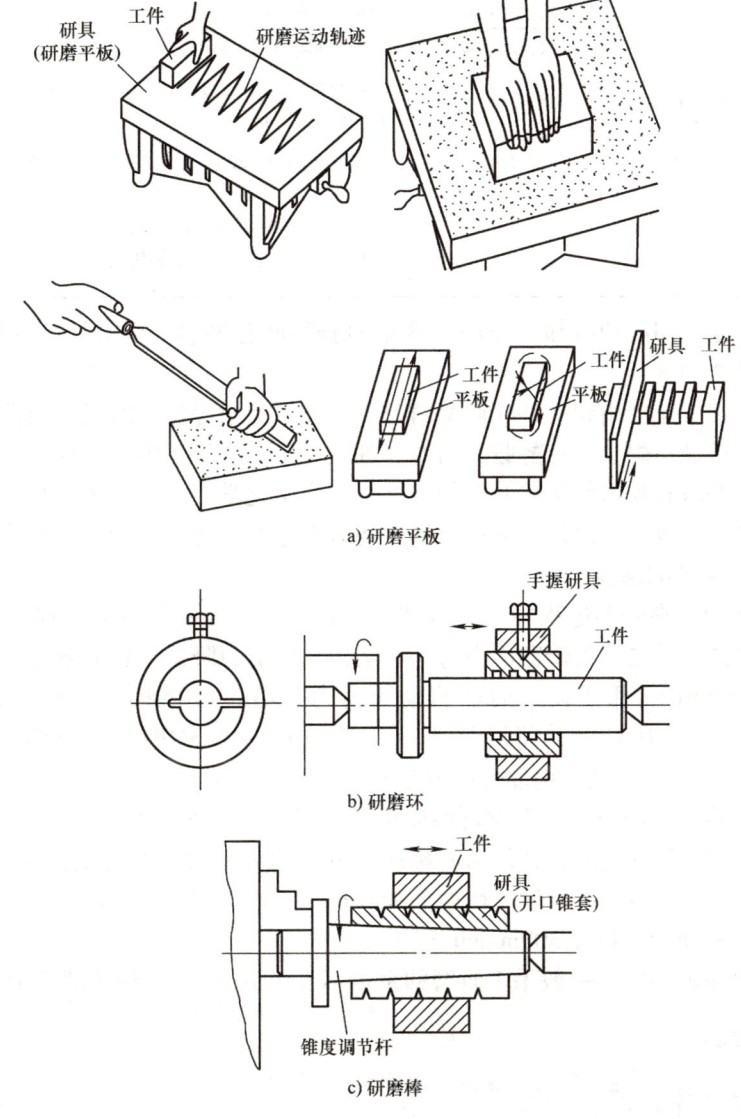

图4-2 研具的种类

（2）研磨剂　研磨剂是由磨料、研磨液及辅料按一定比例配制而成的混合物。常见的磨料见表4-1。

表4-1　常见的磨料

系列	磨料名称	颜色	应用范围
氧化铝系	棕刚玉	棕褐色	粗、精研磨钢、铸铁及青钢
	白刚玉	白色	粗研磨淬火钢、高速钢及有色金属
	铬刚玉	紫红色	研磨表面粗糙度值小的工件表面、各种钢件
	单晶刚玉	透明无色	研磨不锈钢等强度高、韧性大的工件

(续)

系列	磨料名称	颜色	应用范围
碳化物系	黑色碳化硅	黑色半透明	研磨铸铁、黄铜、铝等材料
	绿色碳化硅	绿色半透明	研磨硬质合金、硬铬、玻璃、陶瓷、石材等材料
超硬磨料系	金刚石	灰色至黄白色	研磨硬质合金、人造宝石、玻璃、陶瓷、半导体材料等高硬度难加工材料
	立方氮化硼	琥珀色	研磨硬度高的淬火钢、高钒高钼高速钢、镍基合金钢等
软磨料系	氧化铬	深红色	精细研磨或抛光钢、淬火钢、铸铁、光学玻璃及单晶硅等，氧化铈的研磨抛光效率是氧化铁的1.5~2倍
	氧化铁	铁红色	
	氧化铈	土黄色	

研磨液主要是起润滑和冷却的作用。常见的研磨液有煤油、全损耗系统用油（机油）、工业用甘油、动物油等。

此外，研磨剂中还会用到一些在研磨时起到润滑、吸附等作用的混合辅助材料，常由硬脂酸、脂肪酸、环氧乙烷、三乙醇胺、石蜡、油酸和十六醇等其中的几种材料配成，在研磨过程中起乳化、润滑和吸附作用，并促使工件表面产生化学变化，生成易脱落的氧化膜或硫化膜，借以提高加工效率。此外，辅助材料中还有着色剂、防腐剂和芳香剂等。

4. 研磨工艺参数的选择

（1）研磨压力　在研磨过程中，若研磨压力过大，会加快研具的磨损，使研磨表面的表面粗糙度值增高；反之，若研磨压力过小，会使切削能力降低，影响研磨效率。研磨压力一般为0.01~0.5MPa。手工研磨时的研磨压力为0.01~0.2MPa。精研时的研磨压力为0.01~0.05MPa。机械研磨时，研磨压力一般为0.01~0.3MPa。当研磨压力为0.04~0.2MPa时，对减小工件表面粗糙度值的效果显著。

（2）研磨速度　研磨速度是影响研磨质量和研磨效率的重要因素之一。一般粗研磨时，宜用较高的压力和较低的速度；精研磨时则用较低的压力和较高的速度。选择研磨速度时，应考虑加工精度、工件材料、硬度、研磨面积和加工方式等多方面因素。一般研磨速度应为10~150m/min，精研速度应在300m/min以下。

（3）研磨余量的确定　一般手工研磨的余量不大于10μm，机械研磨的余量小于15μm。

四、任务实施

1. 操作前的准备工作

1）检验所准备工件的尺寸。按照凹模板加工的工艺要求，研磨前凹模孔达到的主要尺寸为$\phi49.99$mm、$R9.99$mm和$R5.99$mm，表面粗糙度值要达到$Ra0.4\mu m$。

2）工具和量具清单见表4-2。

表4-2　凹模板研磨的工具、量具明细

序号	名称	规格	数量	备注
1	研具	—	1	灰铸铁研磨棒
2	研磨剂	—	1	绿色碳化硅粉
3	研磨液	—	若干	全损耗系统用油
4	千分表	0级	1	—
5	内径千分尺	25~50mm	1	

2. 凹模板研磨的工艺流程

凹模板研磨的工艺流程见表 4-3。

表 4-3 凹模板研磨的工艺流程

序号	步骤	具体内容
1	研磨前准备工具	根据图样分析，要对圆柱孔进行研磨，所以研磨工具应选择铸铁研磨棒；由于凹模板材料为 CrWMn，属于硬质合金，根据表 4-1 选择碳化物系中的绿色碳化硅作为研磨剂；研磨液选择具有广泛性的全损耗系统用油。其他工具详见表 4-2
2	选择研磨进给量	研磨加工总余量为 0.01mm，分三次研磨，依次加工量为粗研磨 0.005mm、半精研磨 0.003mm、精研磨 0.002mm。在精研磨后再进行两次空转
3	质量检测	利用内径千分尺，对每一次进给后的凹模孔径尺寸进行检测，最后保证型孔最终尺寸为 $\phi 50^{+0.03}_{\ \ 0}$mm、$R10^{+0.03}_{\ \ \ 0}$mm 和 $R6^{\ \ 0}_{-0.03}$mm；并用千分表对表面粗糙度进行检测，保证其表面粗糙度值为 $Ra0.1\mu m$
4	研磨后续处理	选用磨石对研磨产生的飞边进行细微处理。以避免飞边卡模或是磨损，减少模具寿命
5	文明安全生产	对研磨工具、研磨剂、研磨液等进行整理，规整。对工作台进行清洁

3. 操作注意事项

1) 操作时应密切注意研具与工件表面的接触情况。每次进给量不超过 0.005mm，在研磨完成后，再对研磨表面进行 2~3 次的空转，以减小表面粗糙度值。

2) 在环境温度较高（如夏天）的情况下进行研磨时，要注意防止工件因受热膨胀而影响研磨质量。

3) 如果出现工件表面拉毛现象，说明研磨液不干净或研具表面有浮砂，应重新过滤研磨液或刷掉砂轮表面浮砂。

4) 如果出现工件局部烧伤现象，可能是研磨液冷却不充分、进给量过大，或研具钝化等原因造成的。

五、检测评价

凹模板研磨的检测考核评分按表 4-4 执行。

表 4-4 凹模板研磨的检测考核评分表

工件号		班级		姓名		座号	
任务	检测内容		配分	评分标准		实测结果	得分
凹模板的研磨	选择正确的研具、研磨液		15	研具、研磨液和研磨剂选择不正确各扣5分			
	确定正确的进给量		23	每次进给量不正确扣5分，最后没有空转研磨扣5分，空转研磨次数不够扣3分			
	保证尺寸精度		25	按图样型孔的定形尺寸与定位尺寸，每处加工没有达到尺寸精度的扣5分			

(续)

工件号		班级		姓名		座号	
任务	检测内容		配分	评分标准		实测结果	得分
凹模板的研磨	保证表面粗糙度		15	检查表面粗糙度是否达到图样要求、凹模孔表面是否有划痕，酌情扣分			
	去除飞边		12	每一处连接不好扣2分			
	使用工具正确，操作姿势正确		10	发现一项不合理扣2分			
	文明生产与安全生产		扣分项	违者每次扣2分			
总分							
现场记录							

1. 研磨的作用是什么？
2. 研磨采用的主要研具有哪些？
3. 常用磨料和研磨液有哪些？
4. 研磨工艺参数主要有哪些？分别如何选择？

任务二　型腔的抛光

【知识目标】

1. 了解抛光在模具制造中的作用。
2. 掌握抛光工具的型号及选用方法。
3. 了解抛光精度及可能产生的缺陷。

【技能目标】

1. 能正确使用抛光工具。
2. 掌握一般的抛光方法和步骤。
3. 掌握处理抛光缺陷的常用措施。

一、任务布置

图4-3所示为型腔注塑的产品图。对图4-4所示型腔部分的6个区域进行抛光。

单元四　零件的研磨与抛光

图 4-3　产品图

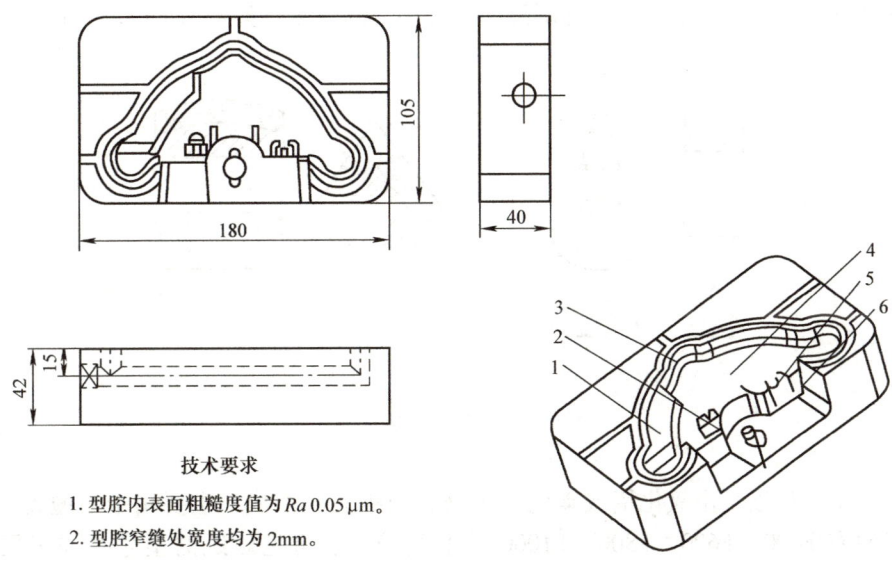

技术要求
1. 型腔内表面粗糙度值为 $Ra\,0.05\,\mu m$。
2. 型腔窄缝处宽度均为 2mm。

图 4-4　型腔图

二、任务分析

明确任务训练目的，分析并读懂零件图。本图样要求对图 4-4 所示型腔的六个区域进行抛光。其中区域 1、4、6 为平面抛光，区域 2、3 为曲面抛光，区域 5 为宽度为 2mm 的窄缝抛光。抛光操作要求表面粗糙度值要达到 $Ra\,0.05\,\mu m$。

三、相关知识

1. 抛光的定义

抛光是利用柔性抛光工具和微细磨料颗粒或其他抛光介质对工件表面进行的修饰加工，去除前工序留下的加工痕迹（如刀痕、磨纹、麻点、毛刺）。抛光不能提高工件的尺寸精度或几何精度,而是以得到光滑表面或镜面光泽为目的。有时也用以消除光泽(消光处理)。抛光与研磨的原理是相同的,人们习惯上把使用硬质研具的加工称为研磨,而使用软质研具的加工称为抛光。

2. 抛光工具

抛光除可采用研磨工具外,还有适合快速减小表面粗糙度值的专用抛光工具。

(1)磨石 用磨料和黏结剂等压制烧结而成的条状固结磨具。磨石在使用时通常要加油润滑。磨石一般用于手工修磨零件,也可装夹在机床上进行珩磨和超精加工。磨石有人造磨石和天然磨石两类。

人造磨石由于所用磨料不同,故有两种结构类型:

1)用刚玉或碳化硅磨料和黏结剂制成的无基体的磨石,其横断面形状有正方形、长方形、三角形、楔形、圆形和半圆形等,如图4-5a所示。

2)用金刚石或立方氮化硼磨料和黏结剂制成的有基体的磨石,其横断面形状有长方形、三角形和弧形等,如图4-5b所示。

天然磨石是选用质地细腻又具有研磨和抛光能力的天然石英岩加工成的,适用于手工精密修磨。

a) 无基体磨石　　　　b) 有基体磨石

图4-5　磨石的横断面形状

(2)砂纸 砂纸是由氧化铝或碳化硅等磨料与纸黏结而成,主要用于粗抛光,按颗粒大小常用的有F400、F600、F800、F1000等磨料粒度。常见砂纸的型号及加工尺寸范围见表4-5。

表4-5　常见砂纸的型号及加工尺寸范围

磨粒、微粉粒度号	砂纸型号	尺寸范围/μm
F280	1	>40
F320	0	40～>28
F400	1	28～>20
F500	2	20～>14
F600	3	14～>10
F800	4	10～>7
F1000	5	7～>5
F1200	6	5～>3.5
F1400	7	3.5～>3

(续)

磨粒、微粉粒度号	砂纸型号	尺寸范围/μm
F1600	8	3～>2.5
F1800	9	2.5～>2.0
F2000	10	2.0～>1.5
F2500	—	1.5～>1.0
F3000	—	1.0～>0.5
F3500	—	≤0.5
F4000	—	

（3）抛光膏　抛光膏是由磨料和研磨液组成的，分硬磨料抛光膏和软磨料抛光膏两类。硬磨料抛光膏中的磨料有氧化铝、碳化硅、碳化硼和金刚石等，常用粒度为F200、F240、F280等的磨粒和微粉；软磨料抛光膏中含有油质活性物质，使用时可用煤油或汽油稀释。研磨抛光膏主要用于精抛光。金刚石类抛光膏主要用于钨钢模具、注射模抛光。常见抛光膏型号见表4-6。

表4-6　常见抛光膏型号

粒度号	粒度尺寸/μm	颜色标识	表面粗糙度（级）和效果	金刚石含量/克拉
F280	40～28	淡黄	9～10（粗研）	1.5
F360	28～20	灰	9～10（粗研）	1.5
F400	20～16	深蓝	9～10（粗研）	1.5
F500	16～10	青莲	10～11（一般亮度）	1.5
F600	10～7	洋蓝	10～11（一般亮度）	1.5
F800	7～5	玫红	11～12（精密亮度）	1.25
F10000	5～3	橘黄	11～12（精密亮度）	1.25
W3	3～1	草绿	12～13（镜面亮度）	1
W1	1～0.5	橘红	13～14（超镜面亮度）	1
W0.5	<0.5	蓝灰	13～14（超镜面亮度）	1

（4）抛研液　它是用于超精加工的研磨材料，由一定粒度的氧化铬和乳化液混合而成，多用于外观要求极高的产品模具的抛光，如光学镜片模具等。

3. 抛光的工艺过程

（1）粗抛　常用的方法是先利用直径 ϕ3mm、WA400#的轮子去除白色电火花层或表面加工痕迹，然后用磨石加煤油作为润滑剂或冷却剂手工研磨，再用由粗到细的砂纸逐级进行抛光。砂纸的使用顺序为F180→F240→F320→F400→F600→F800→F1000。

（2）半精抛　半精抛主要使用砂纸和煤油。砂纸的号数依次为F400→F600→F800→F1000→F1200→F1500。一般F1500砂纸只适合于淬硬的模具钢（52HRC以上），而不适用于预硬钢，因为这样可能会导致预硬钢件表面烧伤。

（3）精抛　精抛主要使用抛光膏。用抛光布轮混合研磨粉或研磨膏进行研磨时，通常的研磨顺序是F1800→F3000→F8000。接着用粘毡和钻石抛光膏进行抛光时，顺序为F14000→F60000→F100000。精度要求在1μm以上（包括1μm）的抛光工艺在模具加工车间中的一个清洁的抛光室内即可进行。若进行更加精密的抛光则必须有一个绝对洁净的空间。灰尘、烟雾头皮屑等都有可能报废耗费数个小时的工作得到的高精密抛光表面。

4. 抛光中可能产生的缺陷及解决办法

在抛光过程中，不仅是工作表面要求洁净，工作者的双手也必须仔细清洁；每次抛光时间不应过长，时间越短，效果越好。如果抛光过程进行得过长将会造成"过抛光"表面反而越粗糙。"过抛光"将产生"桔皮"和"点蚀"。为获得高质量的抛光效果，容易发热的抛光方法和工具都应避免。例如，抛光中产生的热量和抛光用力过大都会造成"桔皮"；材料中的杂质在抛光过程中从金属组织中脱离出来，形成"点蚀"。

解决的办法：提高材料的表面硬度；采用软质的抛光工具和优质的合金钢材；在抛光时施加合适的压力，并用最短的时间完成抛光。

当抛光过程停止时，保证工件表面洁净和仔细去除所有研磨剂和润滑剂非常重要，同时应在表面喷淋一层模具防锈涂层。

四、任务实施

1. 操作前的准备工作

1）检验上道工序完成后型腔内部尺寸预留抛光余量 0.005mm，表面粗糙度值达到 $Ra0.1\mu m$。

2）根据图样合理选择工具、量具，见表4-7。

表4-7 型腔抛光的工具、量具明细

序号	名称	规格	数量	备注
1	磨石	—	1	—
2	砂纸	—	1	—
3	抛光膏	—	若干	金刚石 F800
4	润滑剂	—	若干	煤油
5	千分表	0 级	1	—
6	游标卡尺	0～200mm	1	—
7	千分尺	0～100mm	1	—

2. 型腔抛光的步骤

1）粗抛。依据上述工艺对该型腔中的抛光顺序依次是：平面区域1、4、6，曲面区域2、3，最后是窄缝区域5。其中在曲面区域和窄缝区域加工时，先用砂轮修整器对磨石形状进行加工，使其形状与加工部分的形状吻合后再进行抛光。磨石抛光时采用约70°的角度，均衡地进行交叉研磨，往返范围为 40～70mm。

2）半精抛。使用砂纸和煤油，在抛光曲面区域和窄缝区域时借助木棒采用约70°的角度交叉进行抛光，一面砂纸抛光次数为 10～15 次。

3）精抛。选用金刚石 F800 抛光膏。

4）检验。利用千分表、游标卡尺和千分尺对型腔表面粗糙度、尺寸精度和形状精度进行检测。表面粗糙度值要求达到 $Ra0.05\mu m$，尺寸精度要求达到 0.1～0.01μm，形状精度要求达到 0.1μm。

5）文明安全生产。对磨石、砂纸、润滑剂或冷却剂、抛光膏等进行整理、规整。对工作台进行清洁。

3. 加工时的注意事项

（1）工具材质的选择　用砂纸抛光时需要选用软的木棒或竹棒。在抛光圆面或球面时，使用软木棒可更好地配合圆面和球面的弧度。而较硬的木条，如樱桃木更适用于平整表面的抛光。修整木条的末端使其能与钢件表面形状保持吻合，这样可以避免木条（或竹条）的锐角接触钢件表面而造成较深的划痕。

（2）工具的及时修整和清洁　抛光过程中由于磨石和工件紧密接触，磨石的平面度将因磨损而变差，对磨损变钝的磨石应及时在铁板上用磨料加以修整。

在加工过程中要经常用清洗油对磨石和加工表面进行清洗，否则会因磨石气孔堵塞而降低加工效率。

（3）抛光方向的选择和抛光面的清理　当换用不同型号的砂纸时，抛光方向应根据上一次抛光方向变换 30°～45°进行抛光，这样前一种型号砂纸抛光后留下的条纹阴影即可分辨出来。对于塑料模具，最终的抛光纹路应与塑件的脱模方向一致。

在换不同型号砂纸之前，必须用脱脂棉蘸取酒精之类的清洁液对抛光表面进行仔细擦拭，不允许有上一工序的抛光膏进入下一工序，尤其到了精抛阶段。从砂纸抛光换成钻石抛光膏抛光时，这个清洁过程更为重要。在抛光继续进行之前，所有颗粒和煤油都必须完全清洁干净。

五、检测评价

型腔抛光的检测考核评分按表 4-8 执行。

表 4-8　型腔抛光的检测考核评分表

工件号		班级		姓名		座号	
任务	检测内容		配分	评分标准		实测结果	得分
型腔的抛光	选择正确的磨石、砂纸、抛光膏		15	磨石、砂纸和抛光膏选择不正确各扣 5 分			
	保证正确的工艺过程		15	每步工艺顺序发生错误扣 5 分			
	使用工具正确，操作姿势正确		16	发现一项不合理扣 2 分			
	保证尺寸精度和形状精度		24	按图样精度要求，每个区域尺寸精度超过误差值扣 4 分			
	保证表面粗糙度		24	按图样精度要求，每个区域表面粗糙度没有达到要求，扣 4 分			
	保证表面清洁		6 分	检查表面是否有杂质，酌情扣分			
	文明生产与安全生产		扣分项	违者每次扣 2 分			
总分							
现场记录							

1. 抛光常见的工具有哪些？
2. 常见的砂纸和抛光膏型号有哪些？
3. 抛光方向如何选择？
4. 抛光常见的缺陷有哪些？如何解决？
5. 试分析图 4-6 所示的制件图与 4-7 所示的型腔图，给出抛光的操作步骤。

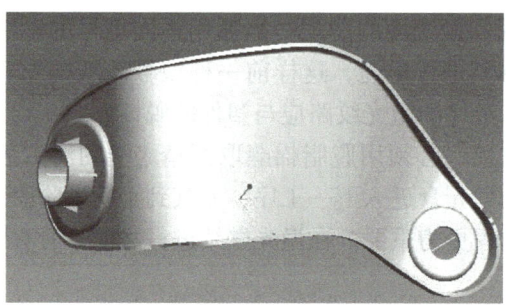

图 4-6　制件图

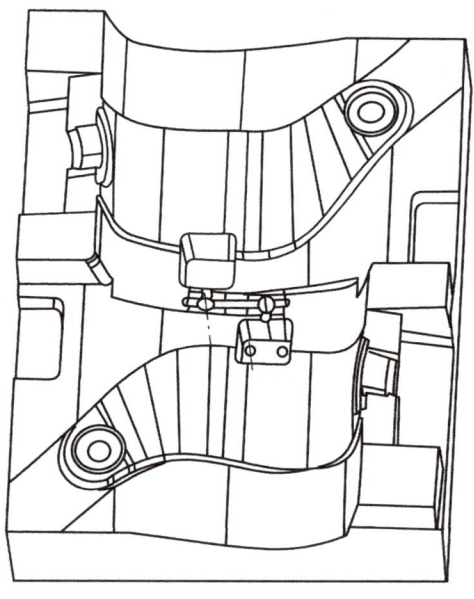

图 4-7　型腔图

单元五

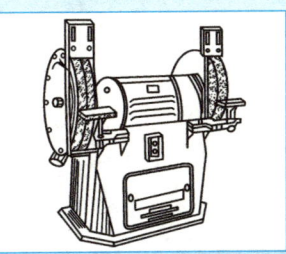

模具拆装*

任务一 典型单工序落料冲模的拆装

【知识目标】

1. 了解单工序冲模的零件类型。
2. 掌握单工序冲模拆卸的一般工艺。
3. 了解拆卸过程中的注意事项。

【技能目标】

1. 掌握上模、下模的拆卸方法。
2. 理解模具拆卸后复原装配的一般工艺过程。

一、任务布置

对图 5-1 所示的导柱式固定落料冲模进行拆卸和装配,全面认识典型冲压模具结构及零部件拆装。

二、任务分析

1. 分析图样,明确要求

明确本项目任务训练的目的;分析并读懂装配图;了解零部件的名称和作用。

2. 理解评分标准

分析图样技术要求;理解配分重点,明确装配要素。

三、相关知识

一套冲模根据其复杂程度不同,一般都由几个或数十个甚至更多的零件组成。但无论其复杂程度如何,或是哪一种结构形式,根据作用的不同,模具零件可以分成五个类型。

1. 工作零件

完成冲压工作的零件,如凸模、凹模、凸凹模等,如图 5-1 所示落料冲模中的件 3、件 9。

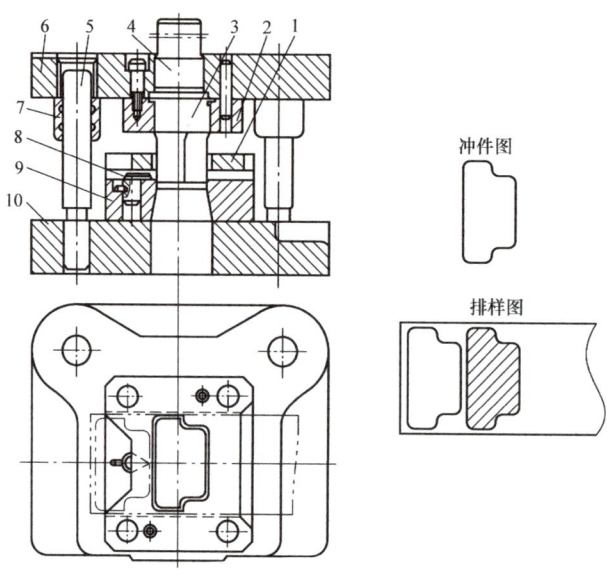

图 5-1 导柱式固定落料冲模

1—固定卸料板 2—凸模固定板 3—凸模 4—模柄 5—导柱 6—上模座 7—导套
8—钩形固定挡料销 9—凹模 10—下模座

2. 定位零件

这些零件的作用是保证送料时有良好的导向和控制送料的进距,如挡料销、定距侧刀、导正销、定位板、导料板、侧压板等,如图 5-1 所示落料冲模中的件 8。

3. 卸料、推件零件

这些零件的作用是保证在冲压工序完毕后将制件和废料排除,以保证下一次冲压工序顺利进行,如推件器、卸料板、废料切刀等,如图 5-1 所示落料冲压模中的件 1。

4. 导向零件

这些零件的作用是保证上模与下模相对运动时有精确的导向,使凸模、凹模间有均匀的间隙,提高冲压件的质量,如导柱、导套、导板等,如图 5-1 所示落料冲模中的件 5 和件 7。

四、任务实施

1. 工具及量具的选择

根据图样要求,合理选择工具、量具。工具、量具明细见表 5-1。

表 5-1 典型单工序落料冲模拆装的工具、量具明细

序号	分类	名称	数量	备注
1	量具	游标卡尺	1	测量范围 0~150mm 分度值 0.02mm
2		游标深度卡尺	1	—
3		塞尺	1	—
4	工具	内六角扳手	1	—
5		铜棒	1	—

2. 制订工艺，并按工艺操作

模具拆卸步骤如下。

（1）上、下模分开　对小冲模可用双手握住上模板的导套附近，然后用力上提即可使上、下模分离。若不能分离，可一手将模具的上部分托住，另一手用锤子或铜棒轻轻地敲击模具的下模部分的底板，使模具分开。注意分离后的上模部分应侧平放置，以免损坏模具刃口。

（2）拆卸上模

1）对凸模进行修整。一般情况下，冲压次数多了凸模的刃角会磨损，如图 5-2 所示。

2）更换导套。

（3）拆卸下模

1）对凹模进行修整，与凸模一样，凸模与凹模是相互受损，如图 5-3 所示。

2）更换导柱和卸料板。

3）调整挡料销等。

图 5-2　拆卸上模

图 5-3　拆卸下模

（4）模具装配复原

1）将模柄装入上模座待用。

2）将凸模装入固定板待用。

3）组装下模。

① 将凹模放在下模座上，初步拧紧螺钉，装入销钉后再将螺钉拧紧。

② 将固定挡料销装入凹模，初步拧紧螺钉（有挡料块时，要将挡料块放在导料板与凹模之间），打入销钉后再拧紧螺钉。

4）组装上模。

① 在平放的下模（导板）上放上两块平行垫铁。

② 将带固定板的凸模插入凹模型孔。

③ 合上上模座并初步拧紧螺钉。

④ 打开上模，由固定板方向向上模座方向打入销钉后再拧紧螺钉。

⑤ 装上卸料板。

5）合拢上、下模具。合模前导柱、导套应涂上润滑油，上、下模应保持平行，使导套平稳直入导柱。不可用铜棒重力打入。

上模刃口即将进入下模刃口时要缓慢进行，防止上、下刃口相啃造成损坏。

模具装配的操作步骤见表5-2。

表5-2　模具装配的操作步骤

操作步骤	图　　示
装配前整理桌面，把模板和零件有序放置	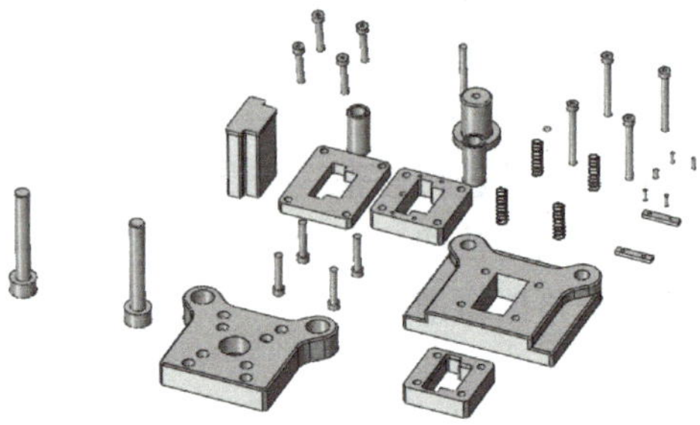
装配上模部分，利用铜棒把导套装入上模座板	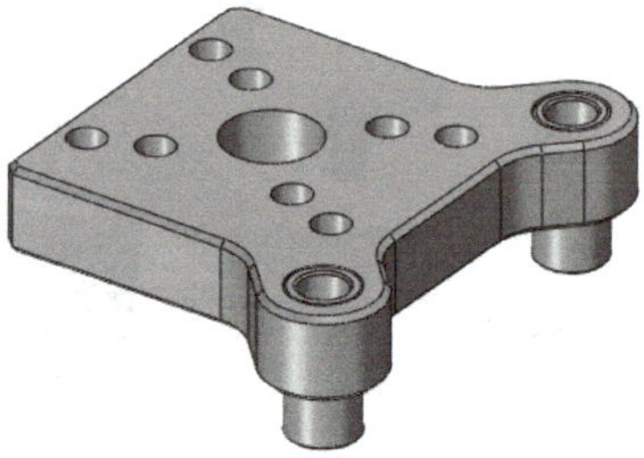
利用铜棒把模柄装入上模座板	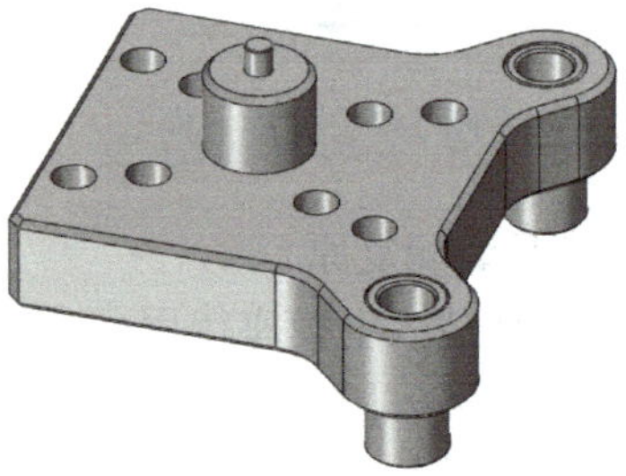
安装凸模和凸模固定板，利用螺栓锁紧固定	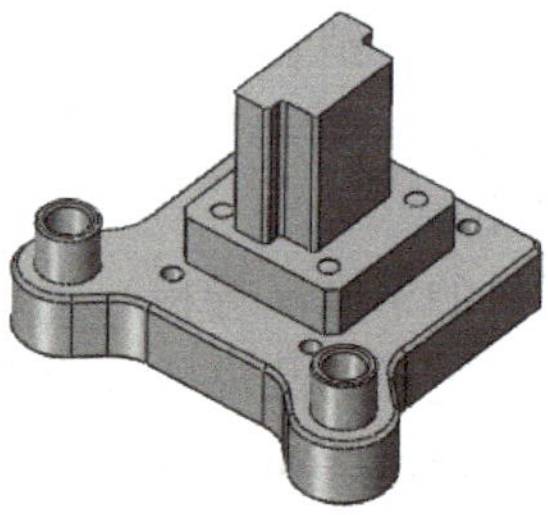

（续）

操作步骤	图　示
安装弹簧和卸料板，利用螺栓固定，上模安装完毕	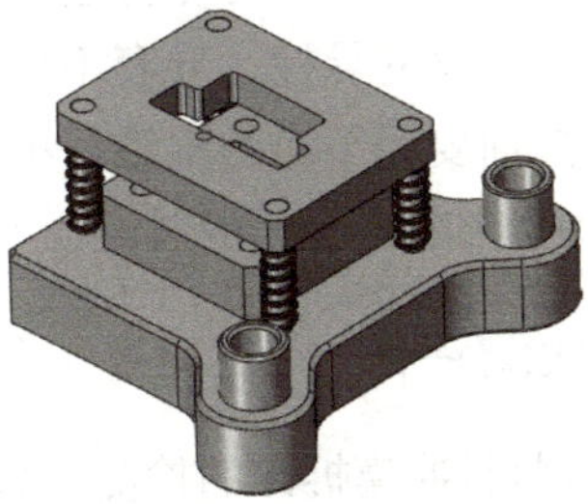
装配下模部分，利用铜棒把导柱装入下模座板	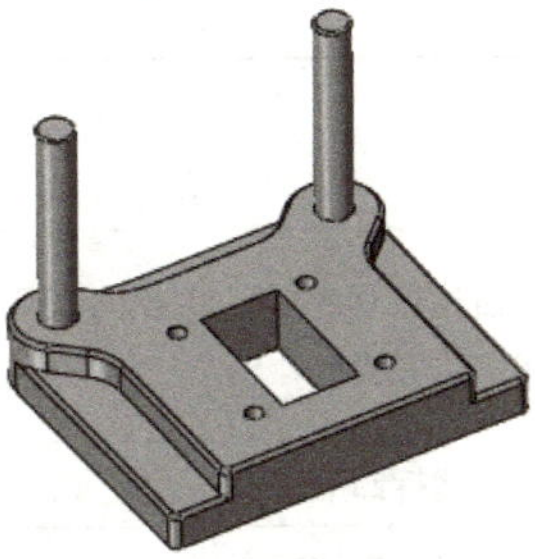
安装凹模，利用螺栓锁紧固定	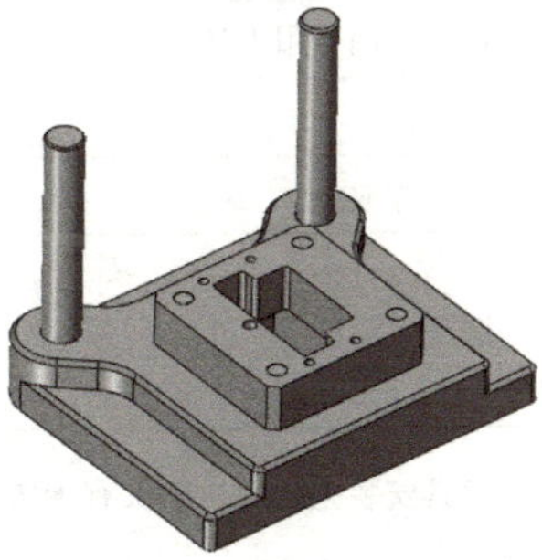
安装限位装置，下模安装完毕	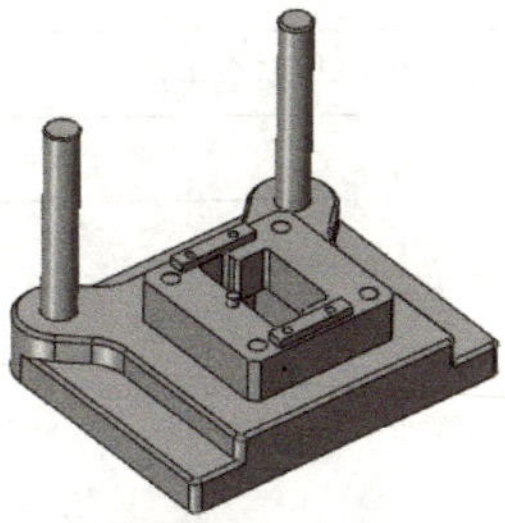
上模和下模合模，整套模具安装完毕	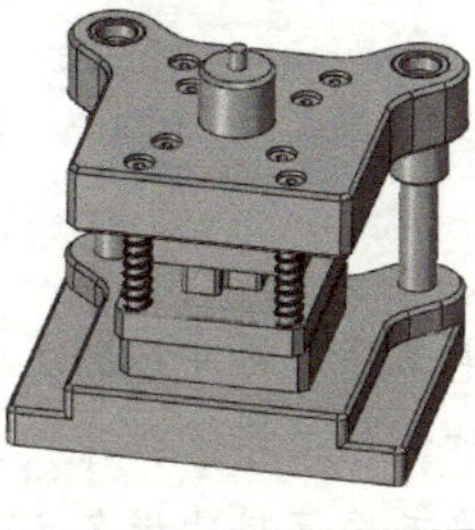

3. 操作注意事项

1）不准用锤子直接敲打模具，防止模具零件变形。

2）分开模具前要将各零件连接关系做好记号。

3）上下模座的导柱、导套不要拆开，否则不能还原。

4）装配前要用干净的棉纱仔细擦净销钉、模座、卸料板、导柱与导套等配合面，若存有油垢，将会影响配合面的装配质量。

五、检测评价

单工序落料冲模拆卸的检测考核评分按表 5-3 执行。

表 5-3 单工序落料冲模拆卸的检测考核评分表

工件号		班级		姓名		座号	
任务	检测内容		配分	评分标准		实测结果	得分
典型单工序落料冲模的拆装	描述模具结构：①模具类型；②卸料形式；③定位方式		10	总体评定			
	简述拆卸顺序		18	错一步扣 3 分			
	正确的拆卸顺序		20	错一步扣 4 分			
	正确使用专用工具		10	错一处扣 2 分			
	做标记		12	错一处扣 3 分			
	顺序存放		10	凡冲偏一只扣 2 分			
	清洗、涂油		10	分布不合理每一处扣 2 分			
	模具安装完成后，确认有无零部件遗漏安装或缺失		10	每错一处扣 5 分			
	文明生产与安全生产		扣分项	每违反一次扣 2 分			
总分							
现场记录							

复习思考题

1. 试述单工序落料冲模的工作原理。
2. 试述拆卸单工序落料冲模的一般工艺过程。
3. 试述单工序落料冲模各主要零件的连接关系。

任务二　落料冲孔复合模的拆装

【知识目标】

1. 了解模具拆卸时应该遵循的原则。
2. 了解落料冲孔复合模的零件类型。
3. 掌握落料冲孔复合模的拆装工艺。

【技能目标】

1. 熟悉落料冲孔复合模拆卸过程中上模和下模拆卸的基本工艺。
2. 了解模具复原装配中的装配工艺。

一、任务布置

对图 5-4 所示落料冲孔复合模进行拆卸和装配，全面认识落料冲孔模具结构及零部件装配。

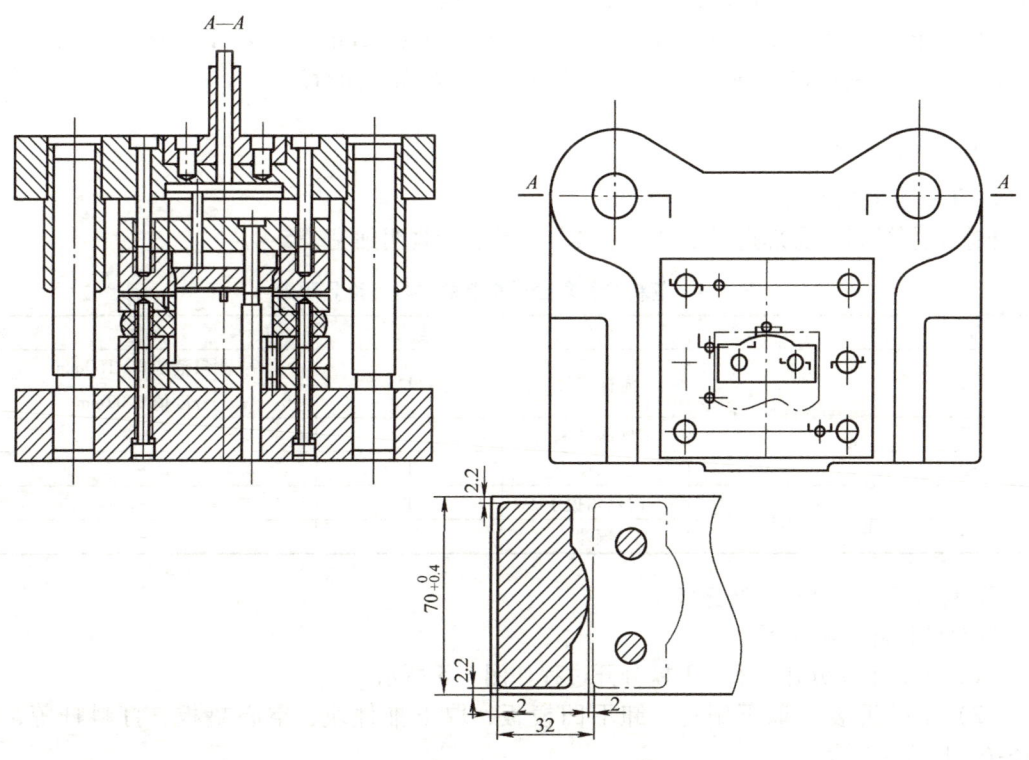

图 5-4　落料冲孔复合模

二、任务分析

1. 分析图样，明确要求

明确本项目任务训练的目的；分析并读懂装配图；了解零部件的名称和作用。

2. 理解评分标准

分析图样技术要求；理解配分重点，明确装配要素。

三、相关知识

复合模分两大类：正装复合模和倒装复合模。凸模装在上模时是正装复合模，凸模装在下模时是倒装复合模。一般情况下倒装复合模比较容易加工制造，所以本任务以倒装复合模为例来介绍复合模的拆装。

在拆卸模具时，一般应遵照下列原则：

1）模具的拆卸工作，应按照各模具的具体结构，预先考虑好拆装工序。如果先后倒置或贪图省事而猛拆猛敲，就极易造成零件损伤或变形，严重时还将导致模具难以装配复原。

2）模具拆卸时，一般应先拆外部附件，再拆主体部件。在拆卸部件或组合件时，应按从外部拆到内部，从上部拆到下部的顺序，依次拆卸组合件或零件。

3）拆卸时，使用的工具必须保证对合格零件不会产生损伤，应尽量使用专用工具，严禁用锤子直接在零件的工作表面上敲击。

4）拆卸时，对容易产生位移而又无定位的零件，应做好标记；各零件的安装方向也需辨别清楚，并做好相应的标记，以免在装配复原时浪费时间。

5）对于精密零件，如凸模、凹模等，应放在专用的盘内或单独存放，以防碰伤工作部分。

6）拆下的零件应尽快清洗，以免生锈腐蚀，最好涂上润滑油。

四、任务实施

1. 工具及量具的选择

根据图样要求，合理选择工具、量具。工具、量具明细见表5-4。

表5-4 落料冲孔复合模拆装的工具、量具明细

序号	分类	名称	数量	备注
1	量具	游标卡尺	1	测量范围0～150mm 分度值0.02mm
2		游标深度卡尺	1	—
3		塞尺	1	—
4	工具	内六角扳手	1	—
5		铜棒	1	—

2. 制订工艺，并按工艺操作

模具的拆卸步骤如下。

（1）上、下模分开　上、下模分开过程如图5-5所示。

（2）上模拆装　取下销钉，卸下凹模板，取下推件块、空心垫板、打料杆等，如图5-6、图5-7所示。

（3）下模拆装　卸下销钉、螺钉，取出凸凹模固定板，取下下垫板等，如图5-8、图5-9所示。

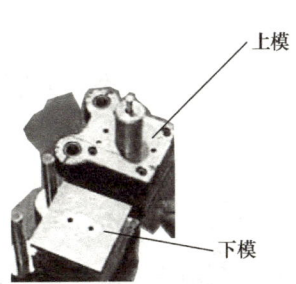

图 5-5　上、下模分开过程　　　　图 5-6　上模拆装图

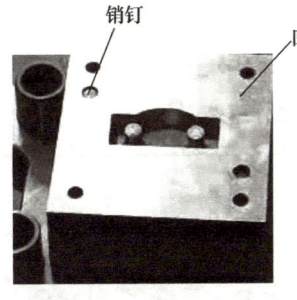

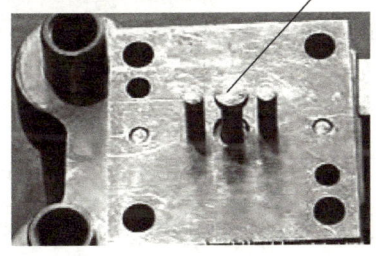

图 5-7　上模拆装分解图

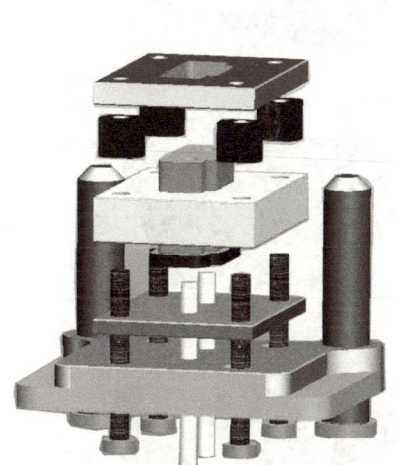
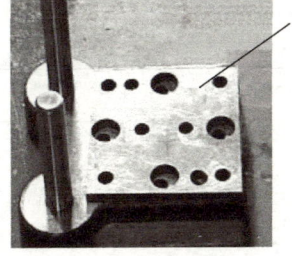

图 5-8　下模拆装图　　　　图 5-9　下模拆装分解图

113

(4) 拆卸完毕　拆卸完毕的零件如图 5-10 所示。

图 5-10　零件拆卸展示图

模具装配的操作步骤见表 5-5。

表 5-5　模具装配的操作步骤

操作步骤	图　　示
装配前整理桌面，把模板和零件有序放置	
装配上模部分，安装推件块和凹模	
盖上凸模固定板，铜棒轻敲入小凸模	
盖上垫板，铜棒敲入推杆	

（续）

操作步骤	图　　示
用铜棒把导套敲入上模座板	
用内六角扳手锁紧模柄	
两部分用销钉定位，用螺栓锁紧，完成上模部分	
安装下模部分，利用铜棒把导柱敲入下模座板	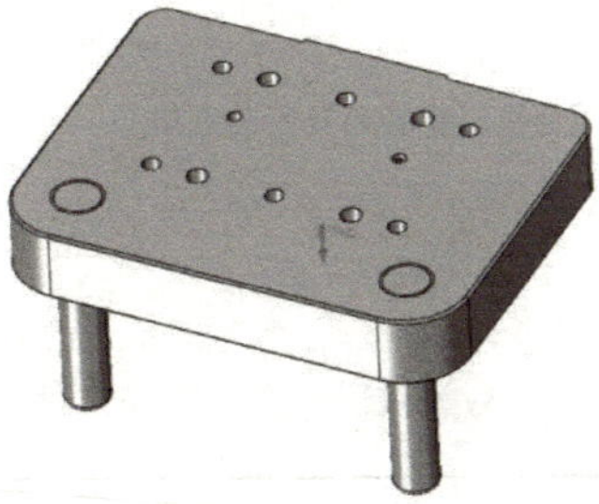
放入固定板，用螺栓锁紧，放入弹簧	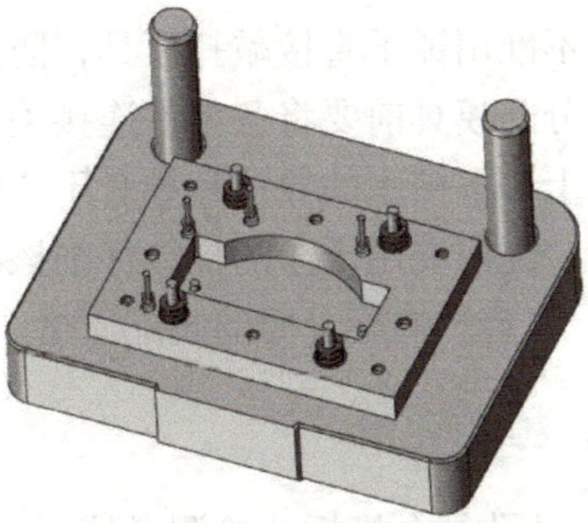

（续）

操作步骤	图　示
用铜棒敲入凹凸模	
用铜棒敲入卸料板，下模安装完毕	
上模和下模合模，整套模具安装完毕	

3. 实训注意事项

1）不准用锤子直接敲打模具，防止模具零件变形。

2）分开模具前要将各零件连接关系做好记号。

3）上、下模座的导柱和导套不要拆开，否则无法还原。

4）装配前要用干净的棉纱仔细擦净销钉、模座、卸料板、导柱与导套等配合面，若存有油垢，将会影响配合面的装配质量。

五、检测评价

落料冲孔复合模拆装检测考核评分按表 5-6 执行。

单元五 模具拆装

表 5-6 落料冲孔复合模拆装的检测考核评分表

工件号		班级		姓名		座号	
任务	检测内容		配分	评分标准		实测结果	得分
落料冲孔复合模的拆装	描述模具结构：①模具类型；②卸料形式；③定位方式		10	总体评定			
	简述拆卸顺序，拆卸操作时顺序正确		30	错一步扣 4 分			
	模具拆装时，操作者必须穿铁头工作鞋，大型模具拆装时必须戴好手套等防护用品		10	错一步扣 2 分			
	模具起吊前应仔细检查吊环是否弯曲、变形，螺纹是否完好，钢丝绳有无断丝、松散，锁扣是否完好		10	错一处扣 2 分			
	用行车翻模时，上、下模必须连接好，防止翻模过程中上、下模脱离		10	错一处扣 2 分			
	上、下模分解时必须认真确认模具结构。上、下模分开时，吊环必须固定于上固定板两侧，无特别原因请勿直接吊定模板分模		10	错一处扣 2 分			
	严禁在吊起模具的情况下，人站于底下清洗、检查模具		10	错一处扣 2 分			
	模具安装完成后，确认有无零部件（锁模扣、限位开关等）遗漏安装或缺失		10	错一处扣 2 分			
	文明生产与安全生产		扣分项	违者每次扣 2 分			
总分							
现场记录							

复习思考题

1. 试述落料冲孔复合模中主要零件的连接关系。
2. 试述落料冲孔复合模的结构和工作原理。
3. 试述落料冲孔复合模的拆卸工具的使用方法和装配顺序。

任务三 单分型面塑料模具的拆装

【知识目标】

1. 了解一般塑料模具的典型结构、基本组成和各个零件的名称、作用及工作原理。
2. 掌握塑料模装配的工艺过程。

【技能目标】

1. 使用内六角扳手和铜棒对整套模具进行正确、有序的拆装。
2. 通过拆装能对模具整体结构有更清楚的认知。
3. 培养学生的识图、拆装能力,提升学生测量技能和绘图技巧。

一、任务布置

按照给定的杯盖模具装配结构图(见附图 A)、实体图(图 5-11)及拆装评定标准(表 5-7),根据装配工艺,对整套塑料模具进行有序的拆卸和装配,以达到杯盖模具所要求的工作性能。

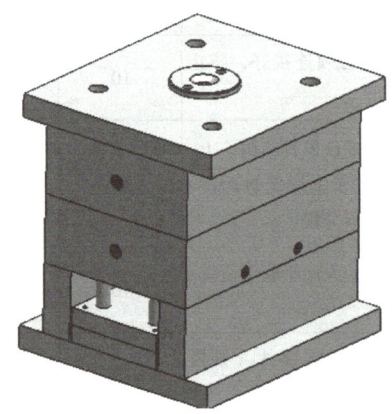

图 5-11 实体图

表 5-7 评定标准(单分型面塑料模具拆装)

序号	技术要求	配分	评定标准
1	活动配合零件之间间隙要合理	10	不合理不给分
2	模具零件不能有干涉现象	10	干涉扣分
3	螺栓不能漏装	10	漏装不给分
4	装配顺序合理	15	不合理扣分
5	绘制 2D 或者 3D 装配图	30	总体情况给分
6	模具保养	5	没上油不给分
7	实习心得	10	任务没完成扣分
8	安全文明生产	10	违规不得分

二、任务分析

1. 分析图样,明确要求

明确本项目任务训练的目的;分析并读懂装配图;了解各零部件的名称和作用。

2. 理解评分标准

分析图样技术要求,理解配分重点,明确重要装配要素。

三、相关知识

1. 单分型面注射模的结构

单分型面注射模习惯上又称两板式注射模,它是注射模中结构最简单的一种,由动模和定模构成。其型腔一部分设在动模上,另一部分设在定模上,主流道设在定模上,分流道和浇口设在分型面上,开模后塑件连同流道凝料一起留在动模一侧。动模一侧设有推出机构,用以推出塑件及流道凝料(又称脱模)。这类模具的特点是结构简单、对塑料制品成型的适应性很强,所以应用十分广泛。单分型面注射模的结构如图 5-12 所示。

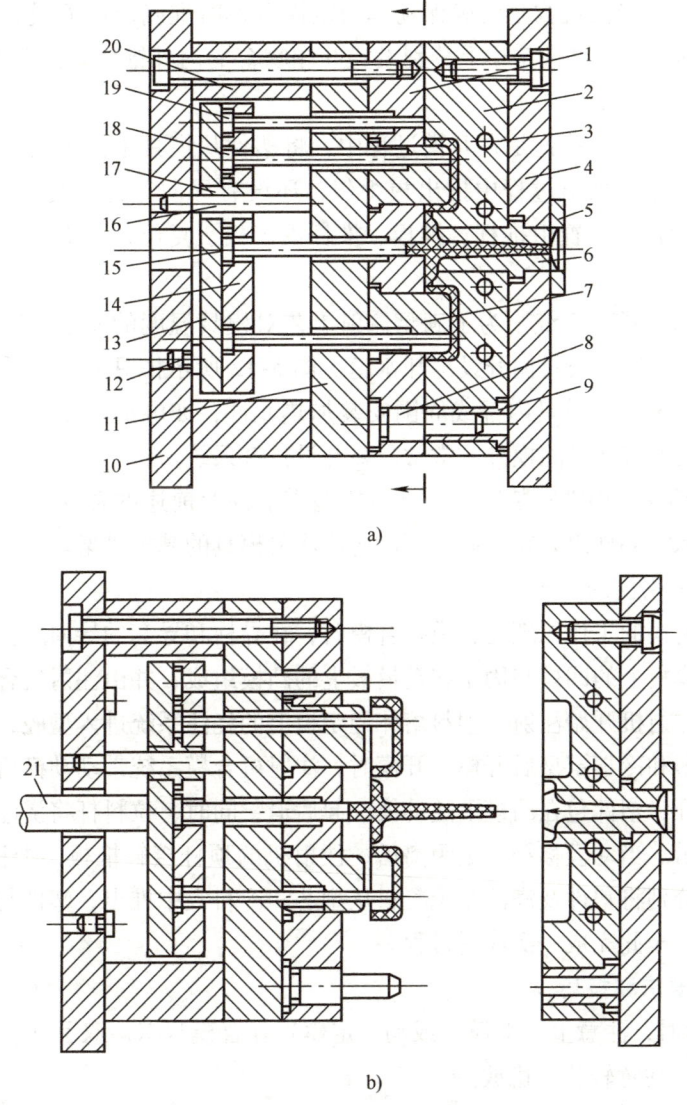

图 5-12 单分型面注射模的结构
1—动模板 2—定模板 3—冷却水道 4—定模座板 5—定位圈 6—浇口套 7—型芯(凸模) 8—导柱 9—导套 10—动模座板 11—支承板 12—支承柱 13—推板 14—推杆固定板 15—拉料杆 16—推板导柱 17—推板导套 18—推杆 19—复位杆 20—垫块 21—注射机顶杆

2. 单分型面注射模的组成

按机构组成，单分型面注射模由凹模、成型零部件、浇注系统、导向机构、推出装置、温度调节系统和支承零部件组成。

（1）成型零部件　构成塑料模具型腔的零件统称为成型零部件，通常包括凸模（成型塑件内部形状）、凹模（成型塑件外部形状）。

（2）浇注系统　将塑料由注射机喷嘴引向凹模的流道称为浇注系统，浇注系统分主流道、分流道、浇口、冷料穴四个部分。图5-12所示模具的浇注系统是由浇口套、拉料杆和定模板上的流道组成。

（3）导向机构　导向机构是为确保动模与定模合模时准确对中而设置的导向零件。通常有导向柱、导向孔或在动模定模上分别设置互相吻合的内外锥面。图5-12所示模具的导向机构由导柱和导套组成。

（4）推出装置　推出装置是在开模过程中，将塑件从模具中推出的装置。有的注射模具的推出装置为避免在顶出过程中推出板歪斜，还设有导向零件，使推板保持水平运动。图5-12所示模具的推出装置由推杆、推板、推杆固定板、复位杆、支承柱、推板导柱及推板导套组成。

（5）温度调节和排气系统　为了满足注射工艺对模具温度的要求，模具设有冷却或加热系统。冷却系统一般在模具内开设冷却水道。图5-12所示模具的冷却系统由冷却水道和水嘴组成。加热系统则在模具内部或周围安装加热元件，如电加热元件。在注射成型过程中，为了将型腔内的气体排除模外，常常需要开设排气系统。

（6）支承零部件　用来安装固定或支承成型零部件及前述的各部分机构的零部件称为支承零部件。支承零部件组装在一起，可以构成注射模具的基本骨架。

3. 单分型面注射模的工作原理

单分型面注射模的工作原理是：模具合模时，在导柱和导套的导向定位下，动模和定模闭合。型腔由定模板上的凹模与固定在动模板上的凸模组成，并由注射机合模系统提供的锁模力锁紧。然后注射机开始注射，塑料熔体经定模上的浇注系统进入型腔，待熔体充满型腔并经过保压、补塑和冷却定型后开模。开模时，注射机合模系统带动动模后退，模具从动模和定模分型面分开，塑件包在凸模上随动模一起后退，同时，拉料杆将浇注系统的主流道凝料从浇口套中拉出。当动模移动一定距离后，注射机的顶杆接触推板，推板机构开始动作，使推杆和拉料杆分别将塑件及浇注系统凝料从型芯和冷料穴中推出，塑件与浇注系统凝料一起从模具中落下，至此完成一次注射过程。

4. 模具拆装要求和技巧

1）模具搬运时，注意上、下模（或动、定模）在合模状态，双手（一手扶上模，另一手托下模）搬运，注意轻放、稳放。

2）进行模具拆装工作前必须检查工具是否正常，并按手用工具安全操作规程操作，注意正确使用工具、量具。

3）拆装模具时，首先应了解模具的工作性能、基本结构及各部分的重要性，按次序拆装。

4）使用铜棒、撬棒拆卸模具时，姿势要正确，用力要适当。

5）使用螺钉旋具时的注意事项如下：

① 螺钉旋具口不可太薄太窄，以免紧固螺钉时滑出。

② 不得将零部件拿在手上用螺钉旋具松紧螺钉。

③ 螺钉旋具不可用铜棒或锤子锤击，以免手柄砸裂。

④ 螺钉旋具不可当凿子使用。

6）使用扳手时的注意事项如下：

① 必须与螺母大小相符，否则会打滑使人摔倒。

② 用扳手紧固螺栓时不可用力过猛，松开螺栓时应慢慢用力扳松，注意可能碰到的障碍物，防止碰伤手部。

7）拆卸下的零部件应尽可能放在一起，不要乱丢乱放，注意放稳放好，工作地点要经常保持清洁，通道不准放置零部件或者工具。

8）拆卸模具的弹性零件时应防止零件突然弹出伤人。

5. 模具保养

注射模具的保养应注意以下几点：

1）首先应给每副模具配备履历卡，详细记载、统计其使用、护理（润滑、清洗、防锈）及损坏情况，据此可发现哪些部件、组件已损坏，磨损程度大小，以提供发现和解决问题的信息资料，以及该模具的成型工艺参数、产品所用材料，从而缩短模具的试车时间，提高生产效率。

2）加工企业应在注射机、模具正常运转情况下，测试模具各种性能，并将最后成型的塑件尺寸测量出来。通过这些信息可确定模具的现有状态，找出凹模、型芯、冷却系统及分型面等的损坏位置，根据塑件提供的信息，即可判断模具的损坏状态以及维修措施。

3）要对模具几个重要零部件进行重点跟踪检测。推出、导向部件的作用是确保模具开合运动及塑件顶出，若其中任何部位因损伤而卡住，将导致停产，故应经常保持模具推杆、导柱等的润滑（要选用适合的润滑剂），并定期检查推杆、导柱等是否发生变形及表面损伤，一经发现，要及时更换。完成一个生产周期之后，要在模具工作表面和运动、导向部件上涂覆专业的防锈油，尤应重视对带有齿轮、齿条模具轴承部位和弹簧模具的弹力强度的保护，以确保其始终处于最佳工作状态。随着生产时间的持续，冷却水道易沉积水垢、锈和淤泥等污物，使冷却水流道截面变小、冷却水流道变窄，大大降低了冷却液与模具之间的热交换率，增加了企业生产成本，因此应重视对流道的清理。对于热流道模具而言，加热及控制系统的保养尤为重要，因为其有利于防止生产故障的发生。因此，每个生产周期结束后都应对模具上的带式加热器、棒式加热器、加热探针以及热电偶等用欧姆表进行测量，如有损坏，要及时更换，并与模具履历表进行比较，做好记录，以便及时发现问题，采取应对措施。

4）要重视模具的表面保养，因为它直接影响产品的表面质量。现有一种全新的方式来清除残余注塑，即利用干冰（固体 CO_2）清洗。这种清洗方式无残留、效果比较好，能提高模具的利用率。现在该清洗方式在国外比较流行，但是在国内推广得还不够。其原理是：

干冰喷射装质喷射的干冰颗粒在高压气流中加速，冲击待清洗表面。干冰清洗的独特之处在于干冰颗粒在冲击瞬间气化。干冰的动量在冲击瞬间消失。干冰颗粒与清洗表面间迅速发生热交换，致使干冰迅速升华变为气体 CO_2。干冰颗粒在千分之几秒内体积膨胀近800倍，这样在冲击点造成"微型爆炸"。由于 CO_2 挥发掉了，干冰清洗过程中没有产生任何二次废物，留下需要清理的只是清除下来的污垢。

一副经过良好保养与维护的模具，可以缩短模具装配、试车时间，减少生产故障，使生产运行平稳，确保产品质量，减少废品损失，并降低企业的运营成本和固定资产投入，当下一个生产周期开始时，企业能够顺利生产出质量合格的产品。因此，对注塑制品加工企业来说，在当前市场竞争激烈的情况下，养护良好的模具，可以助企业一臂之力。

四、任务实施

1. 选择工具及量具

根据图样要求，合理选择工具、量具。工具、量具明细见表5-8。

表5-8 单分型面塑料模具拆装的工具、量具明细

序号	分类	名称	数量	备注
1	量具	游标卡尺	1	测量范围0~150mm，分度值0.02mm
2		游标深度卡尺	1	—
3		塞尺	1	—
4	工具	内六角扳手	1	—
5		铜棒	1	—

2. 制订工艺，并按工艺操作

模具的拆卸步骤如下。

1）将模具的动模部分和定模部分分开。

2）拆卸定模部分。

① 利用内六角扳手拆下定位圈。

② 利用内六角扳手拆下定模座板。

③ 利用内六角扳手拆下螺栓，顶出凹模。

④ 利用铜棒拆除定模板中的导套。

⑤ 利用铜棒轻轻敲出小凸模。

3）拆卸动模部分。

① 利用内六角扳手拆下动模座板和动模部分。

② 利用内六角扳手拆下推板和推杆固定板，并取出复位杆、拉料杆。

③ 利用铜棒敲出导柱。

④ 利用铜棒轻轻敲出斜滑推杆。

⑤ 利用铜棒轻轻敲出凸模。

模具装配的操作步骤见表5-9。

单元五　模具拆装

表 5-9　模具装配的操作步骤

操作步骤	图　示
装配前，整理桌子，把模板和零件有序放置	
先装配动模部分，安装凸模和凸模固定板	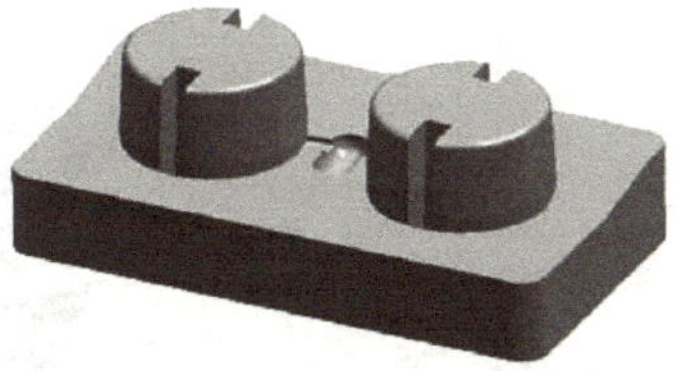
利用铜棒轻轻敲打斜滑顶杆，使四根斜滑顶杆敲入凸模部分，使之不会发生干涉现象	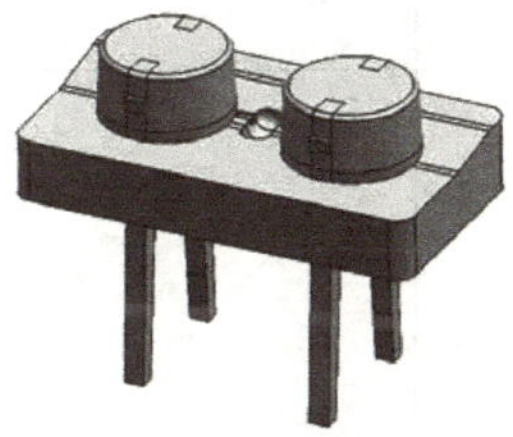
把前面装好的凸模部分放入动模板中，利用铜棒轻敲入，注意不能装反	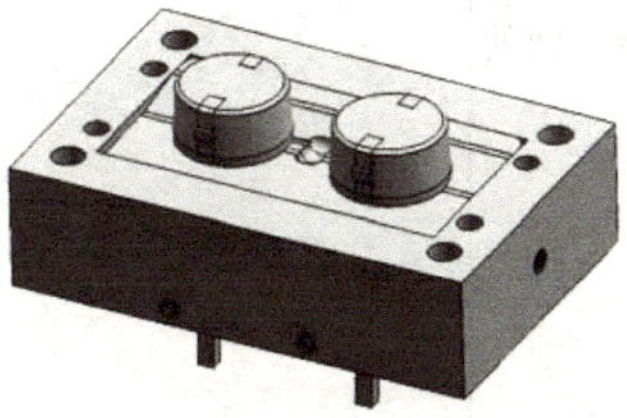
利用铜棒把四根导柱敲入动模板中	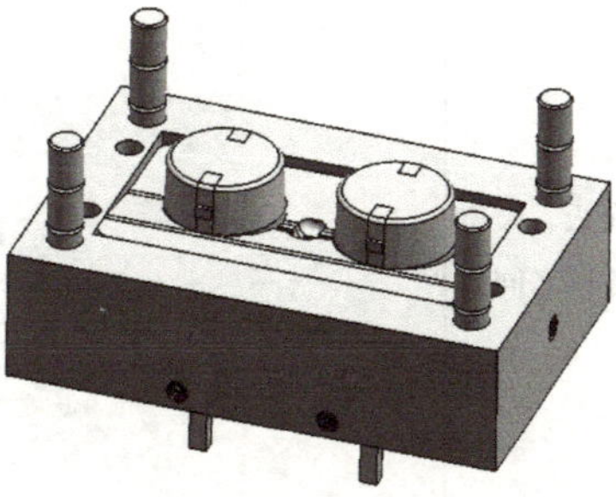

(续)

操作步骤	图　示
安装顶针固定板和所有杆件（复位杆、拉料杆、斜滑推杆），注意不能漏装	
利用内六角扳手把顶针板与顶针底板锁紧，并注意两板之间的间隙均匀及对齐	
利用内六角扳手把底板、模脚和定模板锁紧，注意各板之间要对齐	

（续）

操作步骤	图　示
调整所有板块之间的间隙以及推杆、复位杆、斜滑推杆、拉料杆等的合理位置，不允许出现干涉现象，整个动模部分完成	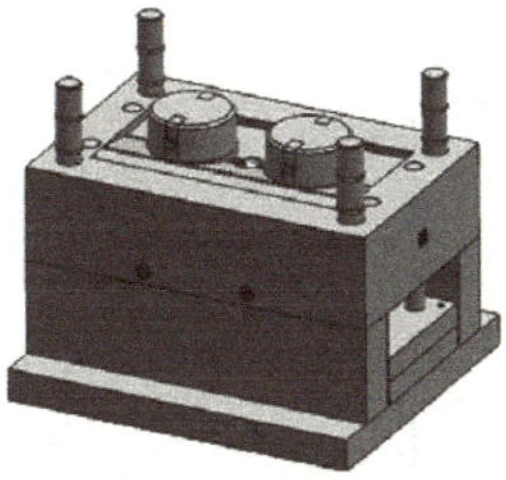
装配定模部分，先装配小凸模和凹模	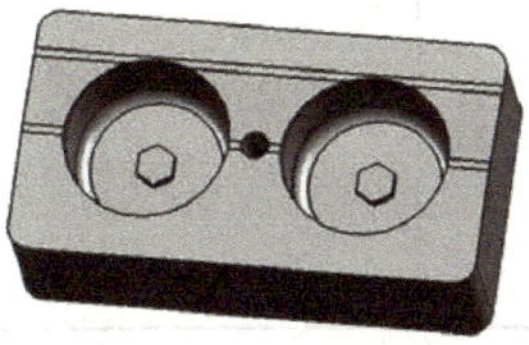 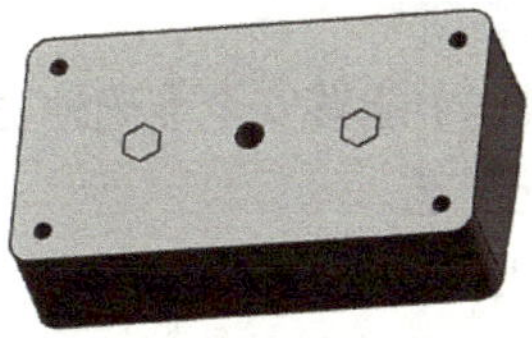
利用铜棒把导套敲入定模板中	
把凹模部分装入动模部分，敲入时用力均匀，对称敲入	
利用铜棒敲入浇口套，并且用内六角扳手锁紧定模座板和定模部分，预紧时对称	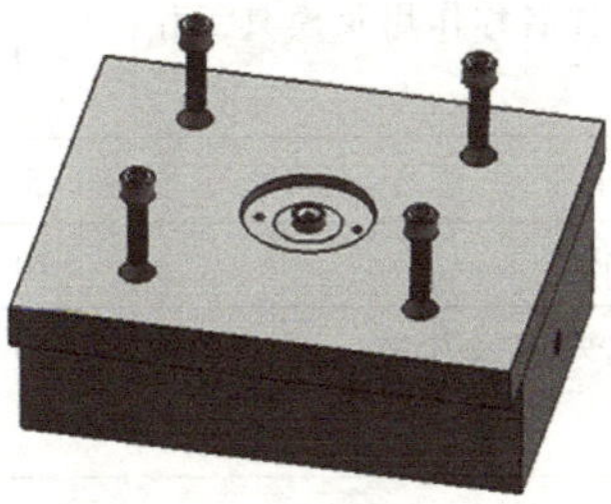

（续）

操作步骤	图示
装入定位圈，同时用内六角扳手锁紧定位圈	
总装	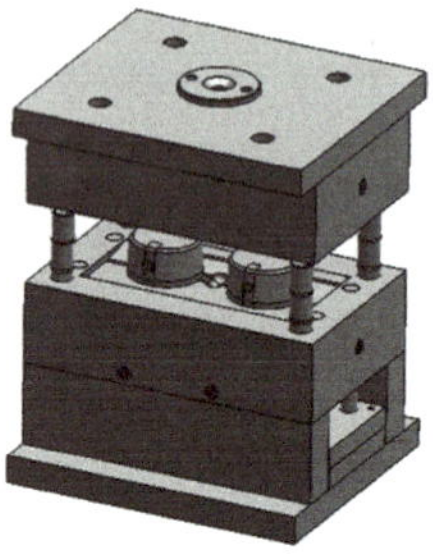

3. 拆装时的注意事项

1）为了在实习操作中能够安全准确地完成装配，装配前熟悉装配工艺步骤和安全准则。
2）正确掌握装配工艺。
3）严格按照装配工艺步骤实施。
4）正确摆放工具、量具。
5）装配后要涂油防锈。

五、检测评价

单分型面塑料模具的拆装的检测考核评分按表 5-10 执行。

表 5-10　单分型面塑料模具拆装的检测考核评分表

班级		姓名		座号	
任务	检测内容	配分	评分标准	实测结果	得分
单分型面塑料模具的拆装	活动配合零件之间间隙要合理	10	不合理不给分		
	模具零件不能有干涉现象	10	干涉扣分		
单分型面塑料模具的拆装	螺栓不能漏装	10	漏装不给分		
	拆卸及装配顺序合理	15	不合理扣分		
	写出零件名称作用及模具工作原理	30	总体情况给分		
	模具保养	5	没上油不给分		
	实习心得	10	任务没完成扣分		
	文明生产与安全生产	10	违规不得分		
总分					
现场记录					

单元五　模具拆装*

复习思考题

1. 单分型面塑料模具的工作原理是什么？
2. 单分型面塑料模具的组成有哪些？
3. 单分型面模具的主要装配工艺有哪些？

任务四　斜导柱侧向分型模具的拆装

【知识目标】

1. 了解斜导柱侧向分型模具的结构、基本组成，了解各个零件的名称和作用及工作原理。
2. 掌握塑料模装配工艺过程。

【技能目标】

1. 使用内六角扳手和铜棒对整套模具进行正确、有序的拆装。
2. 通过拆装能对模具整体结构有更清楚的认识。
3. 培养学生的识图、拆装能力。

一、任务布置

按照给定的旋钮模具装配结构图（见附图B）、实体图（图5-13）及拆装评分标准（表5-11），根据装配工艺，对整套塑料模具进行有序的拆卸和装配，以达到旋钮模具所要求的工作性能。

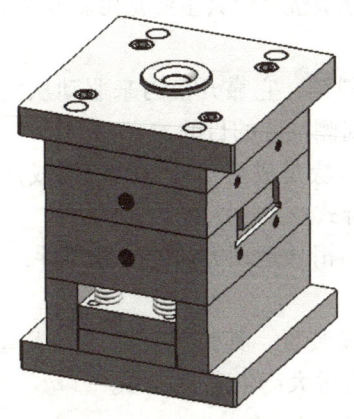

图5-13　实体图

表 5-11 斜导柱侧向分型模具拆装的评定标准

序号	技术要求	配分	评定标准
1	活动配合零件之间间隙要合理	10	不合理不给分
2	模具零件不能有干涉现象	10	干涉扣分
3	螺栓不能漏装	10	漏装不给分
4	装配顺序合理	15	不合理扣分
5	绘制 2D 或者 3D 装配图	30	总体情况给分
6	模具保养	5	没上油不给分
7	实习心得	10	任务没完成扣分
8	安全文明生产	10	违规不得分

二、任务分析

1. 分析图样，明确要求

明确本项目任务训练的目的；分析并读懂装配图；了解各零部件的名称和作用。

2. 理解评分标准

分析图样技术要求，理解配分重点，明确重要装配要素。

三、相关知识

1. 斜导柱侧向分型塑料模具的结构

斜导柱侧向分型塑料模具是较复杂的一种注射模，由动模、定模、斜滑块、斜导柱等构成。采用点浇口形式，主流道、分流道、浇口设在定模上，属于三板式，开模后进行两次分型，一次取出塑件，另一次取出流道凝料，在这同时塑件和流道凝料分离。动模一侧设有推出机构，用以推出塑料制品。这类模具的特点是结构紧凑、动作安全可靠、加工制造方便，是设计和制造塑料模最常用的机构，对塑件成型的适应性很强，所以应用十分广泛。

2. 斜导柱侧向分型塑料模具的组成

按机构组成，斜导柱侧向分型塑料模具主要是由斜导柱、侧型芯滑块、导滑槽、楔紧块等组成。

（1）斜导柱　斜导柱又称斜销，它靠开模力来驱动从而产生侧向抽芯力，迫使侧型芯滑块在导滑槽内向外移动，达到侧抽芯的目的。

（2）侧型芯滑块　侧型芯滑块是成型塑件上的侧凹或侧孔的零件，滑块与侧型芯既可以做成整体式，也可以做成组合式。

（3）导滑槽　导滑槽是维持滑块运动方向的支承零件，要求滑块在导滑槽内运动平稳，无上下窜动和卡紧现象。

（4）楔紧块　楔紧块是闭模装置，其作用是在注射成型时，承受滑块传来的推力，以免滑块产生位移使斜导柱因受力过大产生弯曲变形。

3. 斜导柱注射模的工作原理

模具合模时，在导柱和导套的导向定位下，动模和定模闭合，同时，斜滑块通过斜导柱闭合，楔紧块压紧斜滑块。型腔由定模板上的凹模与固定在动模板上的凸模组成，并由注射机合模系统提供的锁模力锁紧,然后注射机开始注射,塑料熔体经定模上的浇注系统进入凹模并经保压补塑和冷却定型后开模。开模时,注射机合模系统带动动模后退,模具从动模和定模分型面分开。同时,定模上的斜导柱拨动斜滑块进行侧向抽芯,塑件包在型芯上随动模一起后退,拉料杆将浇注系统的主流道凝料从浇口套中拉出。当动模移动一定距离后,注射机的顶杆接触推板,推板机构开始动作,使推杆和拉料杆分别将塑件及浇注系统凝料从凸模和冷料穴中推出,塑料和浇注系统凝料一起从模具中落下,至此完成。

四、任务实施

1. 选择工具及量具

根据图样要求,合理选择工具、量具。工具、量具明细见表5-12。

表5-12 斜导柱侧向分型模具拆装的工具、量具明细

序号	分类	名称	数量	备注
1	量具	游标卡尺	1	测量范围0～150mm,分度值0.02mm
2		游标深度卡尺	1	—
3		塞尺	1	—
4	工具	内六角扳手	1	—
5		铜棒	1	—

2. 制订工艺,并按工艺操作

模具的拆卸步骤如下。

1)将模具的动模部分和定模部分分开。

2)拆卸定模部分。

① 利用内六角扳手拆下定位圈。

② 利用内六角扳手拆下定模座板。

③ 利用铜棒拆下定模部分四根导柱。

④ 利用铜棒敲出浇口套。

⑤ 利用铜棒拆下拉料板和拉料钉。

⑥ 利用铜棒敲出楔紧块。

⑦ 利用铜棒轻轻敲出凸模固定板。

⑧ 利用铜棒轻轻敲出小凸模。

⑨ 利用铜棒轻轻敲出定模板中的导套。

⑩ 利用铜棒轻轻敲出定斜导柱。

3)拆卸动模部分。

① 利用内六角扳手拆开动模座板和动模部分。

② 利用内六角扳手拆下推板和推杆固定板,并取出推杆、复位杆、拉料杆。

③ 利用铜棒轻轻敲出两侧斜滑块。

④ 利用铜棒轻轻敲出型芯固定板和凸模。

⑤ 利用铜棒敲出动模板中的导套。

模具装配的操作步骤见表5-13。

表 5-13　模具装配的操作步骤

操作步骤	图示
装配前，整理桌子，把模板和零件有序放置	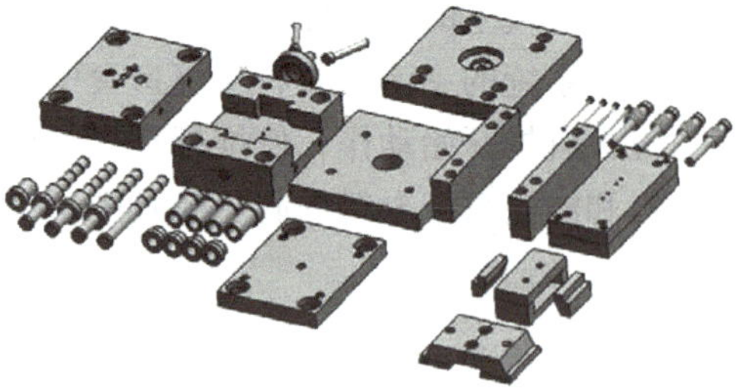
先装配动模部分，安装凸模和凸模固定板	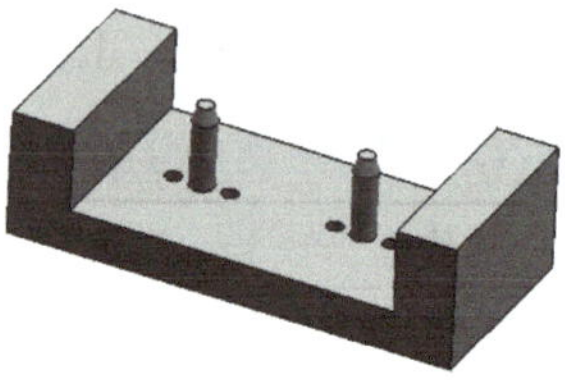
利用铜棒把导套打入定模板中	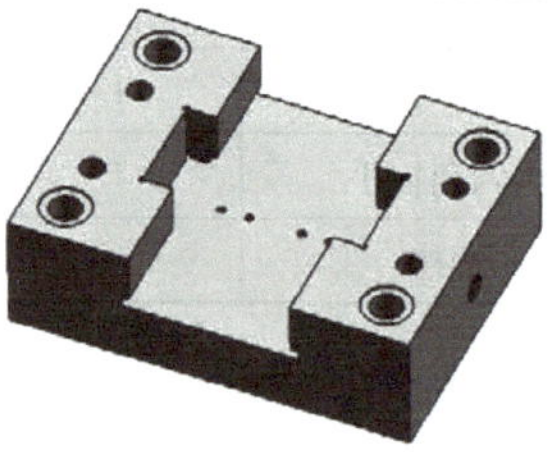
利用铜棒轻轻敲打凸模固定板，使凸模固定板嵌入到定模板中，使之楔紧	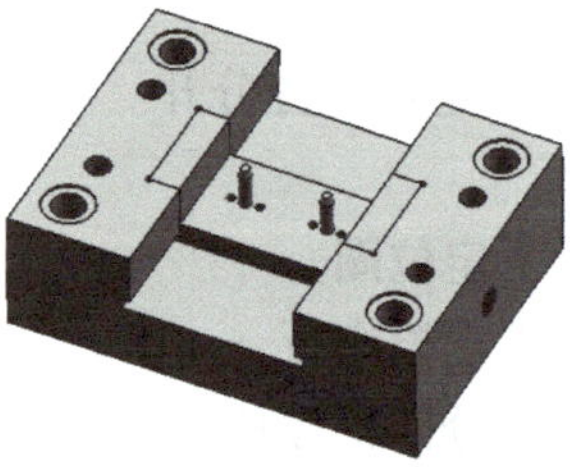
把两斜滑块滑入斜滑槽中，利用铜棒轻轻敲打两斜滑块，使斜滑块到达极限位置处和动模板合紧	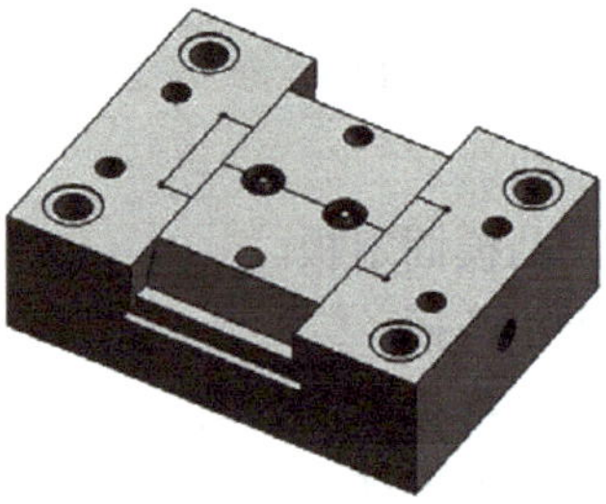
把复位杆、复位弹簧、顶杆装入顶杆固定板中	

单元五　模具拆装*

（续）

操作步骤	图　　示
把顶杆、复位杆、复位弹簧、顶杆固定板装入动模板中	
合上推板，利用内六角扳手把已装入复位杆、复位弹簧、顶针的顶杆固定板与推板对称锁紧，注意两板之间间隙均匀及对齐	
利用内六角扳手把动模板和垫块以及动模座板用内角螺栓对称锁紧，不能出现对不齐现象	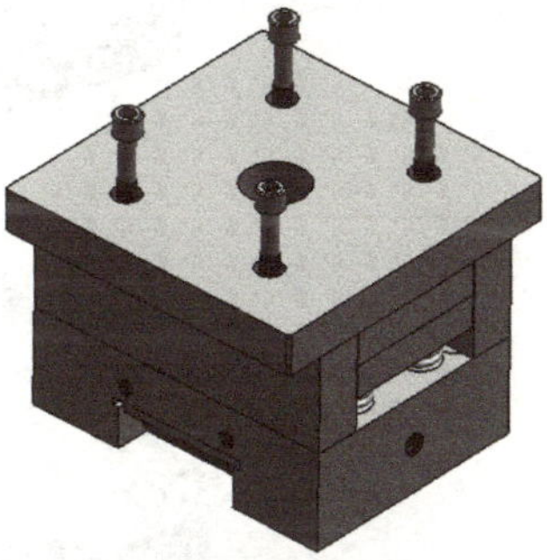
调整所有板块之间的间隙以及顶杆、复位杆、复位弹簧等的合理位置，不出现干涉现象，整个动模部分完成	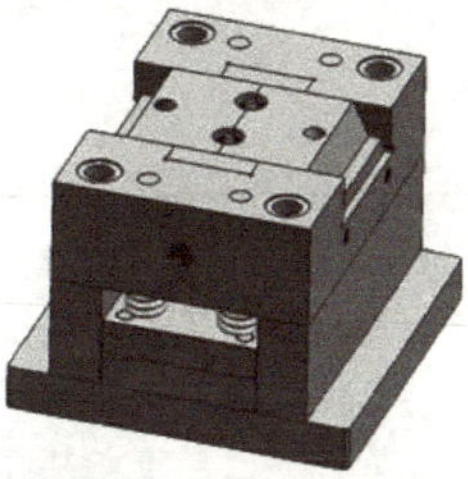
装配定模部分，先把两根斜导柱用铜棒敲入定模板中	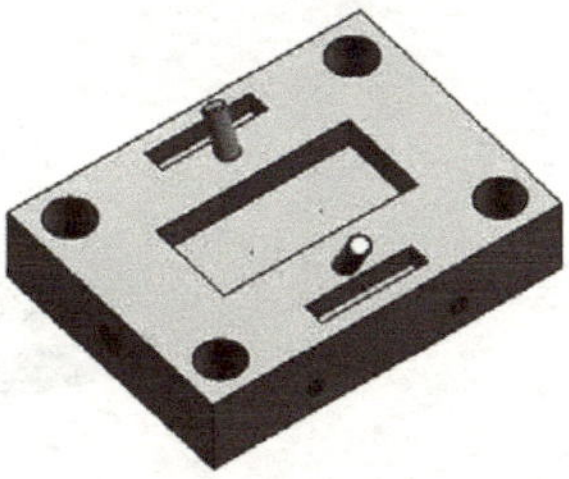

131

(续)

操作步骤	图 示
利用铜棒把导套敲入定模板中	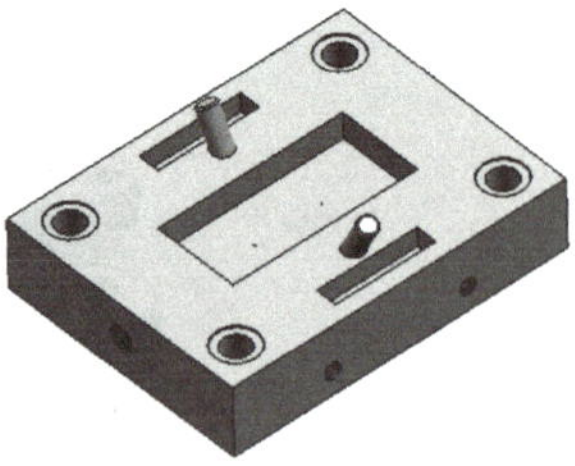
把两个小凸模轻轻敲入凸模固定板中	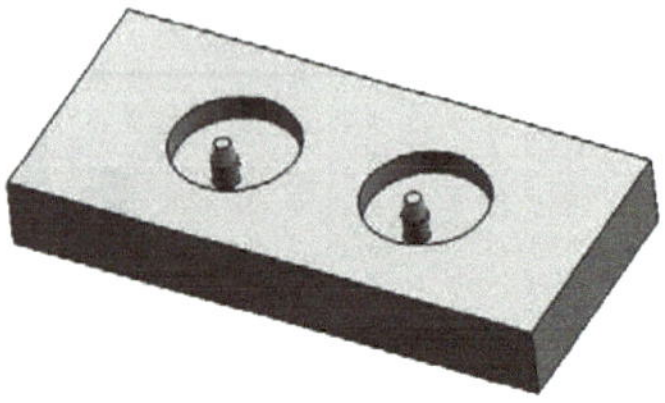
利用铜棒把凸模固定板装入定模板中，前提是不能敲打小凸模部分，要轻轻敲入	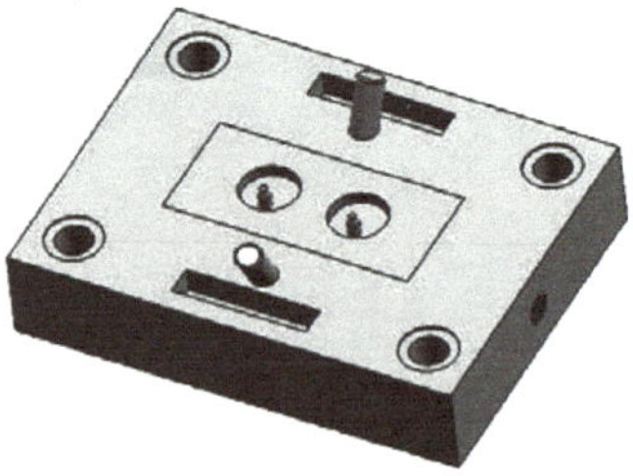
利用铜棒把两个楔紧块打入定模板中	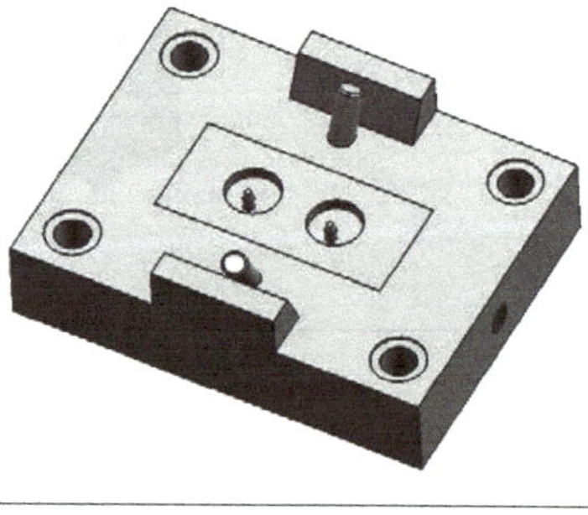
利用铜棒敲打入两拉料钉，使两拉料钉陷入拉料板中	

（续）

操作步骤	图　示
把拉料板装入定模板上，使之对齐	
把定模座板叠加在拉料板上，然后利用铜棒轻轻敲入浇口套	
放入四根导柱，利用铜棒打入至极限位置	
利用内六角扳手对称地将其锁紧	
套上定位圈，利用内六角扳手锁紧定位圈	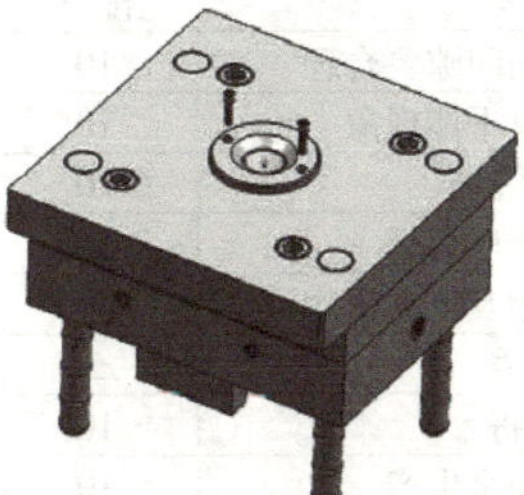

（续）

操作步骤	图示
调整所有板块之间的间隙使之合理，不出现干涉现象，则整个定模部分完成	
总装完成	

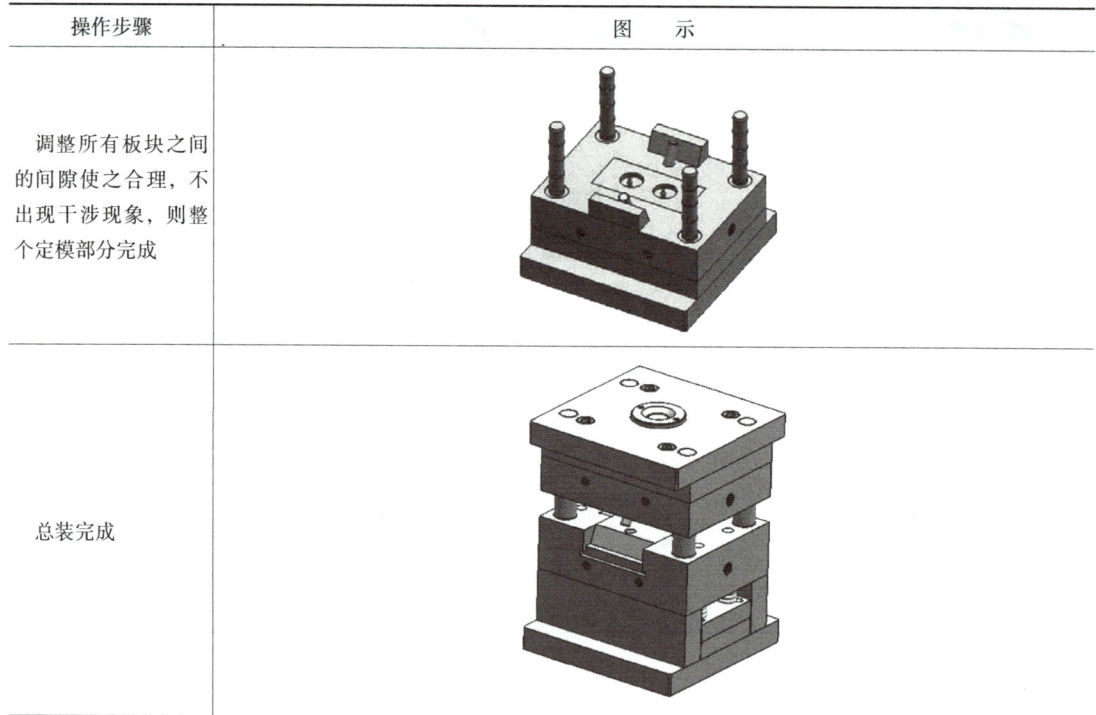

3. 拆装时的注意事项

1）为了在实习操作中安全准确地完成装配，装配前应先熟悉装配工艺步骤和安全准则。

2）正确掌握装配工艺。

3）严格按照装配工艺步骤实施。

4）正确摆放工、量具。

5）装配后要涂油防锈。

五、检测评价

斜导柱侧向分型模具拆装的检测考核评分按表 5-14 执行。

表 5-14　斜导柱侧向分型模具拆装的检测考核评分表

班级		姓名		座号	
任务	检测内容	配分	评分标准	实测结果	得分
斜导柱侧向分型面模具的拆装	活动配合零件之间间隙要合理	10	不合理不给分		
	模具零件不能有干涉现象	10	干涉扣分		
	螺栓不能漏装	10	漏装不给分		
	拆卸及装配顺序合理	15	不合理扣分		
	写出零件的名称、作用及模具工作原理	30	总体情况给分		
	模具保养	5	没上油不给分		
	实习心得	10	任务没完成扣分		
	文明生产与安全生产	10	违规不得分		
总分					
现场记录					

单元五　模具拆装*

复习思考题

1. 简述斜导柱侧向分型塑料模具的工作原理。
2. 简述斜导柱侧向分型塑料模具的组成部分。
3. 简述斜导柱侧向分型模具的主要装配工艺。

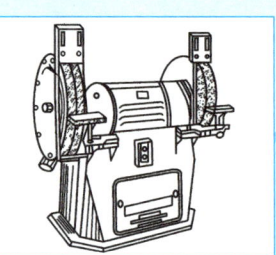

单元六 模具的安装、调试与验收*

任务一 落料冲孔复合模的安装

【知识目标】

1. 了解典型落料冲孔复合模的结构。
2. 明确各类模具的结构特点。
3. 掌握落料冲孔复合模的加工与装配要点。

【技能目标】

1. 熟悉模具装配过程中需要的工具、设备。
2. 掌握模具装配的技能、技巧。
3. 能够在实际生产当中综合运用所学知识进行模具的安装。

一、任务布置

安装图 6-1 所示的落料冲孔复合模。

二、任务分析

复合模是指在压力机一次行程中,可以在冲裁模的同一个位置上完成冲孔和落料等多个工序。其结构特点主要表现在它必须具有一个外缘可作落料凸模,内孔可作冲孔凹模用的复合式凸凹模,它既是落料凸模又是冲孔凹模。根据落料凸模安装位置不同,分正装复合模和倒装复合模。相对于单工序模来说,复合模的结构要复杂得多,其主要工作零件(凸模、凹模、凸凹模)数量多,上、下模都有凸模和凸凹模,给加工和装配增加了一定难度。

三、相关知识

1. 基础知识

复合模的加工制造与装配要点如下:

1) 主要工作零件(凸模、凹模、凸凹模)和相关零件(如顶件器、推件板)必须保证加工精度。

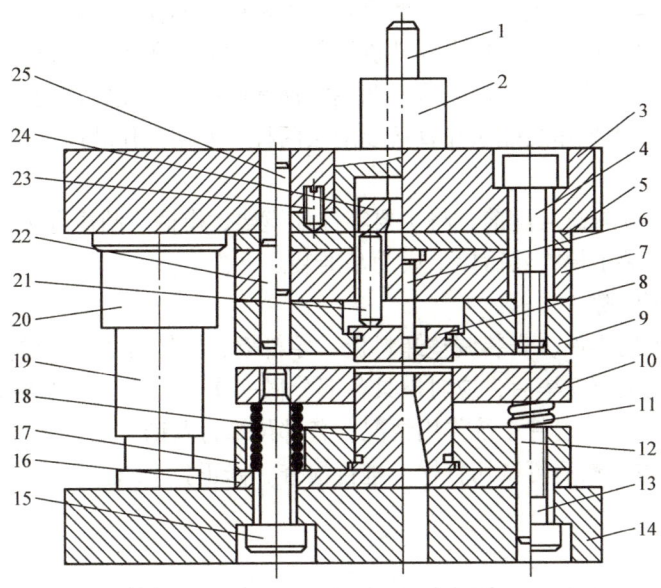

图 6-1　落料冲孔复合模

1—顶杆　2—模柄　3—上模座　4、13—螺钉　5、16—垫板　6—凸模　7、17—凸模固定板　8—推件块　9—凹模　10—卸料板　11—卸料弹簧　12、22、23、25—圆柱销　14—下模座　15—卸料螺钉　18—凸凹模　19—导柱　20—导套　21—连接推杆　24—推板

2）装配时，要保证凸模和凹模之间的间隙均匀一致。

3）如果是依靠压力机滑块中横梁的打击来实现推件的，推件机构推力合力的中心应与模柄中心重合。为保证推件机构工作可靠，推件机构的零件（如顶杆）工作中不得歪斜，以防止工件或废料推不出，导致小凸模折断。

4）下模中设置的顶件机构应有足够的弹力，并保持工作平稳。

复合模选用装配方法和装配顺序的原则与单工序冲模基本相同，但具体装配技巧应根据具体的模具结构而确定。

2. 零件加工特点

在加工制造复合模零件时，若采用一般机械加工方法，可按下列顺序进行加工。

1）首先加工冲孔凸模，并经热处理淬硬后，经修整后达到图样形状及尺寸精度要求。

2）对凸凹模进行粗加工后，按图样划线，加工型孔。型孔加工后，用加工好的冲孔凸模压印修锉整成形。

3）淬硬凸凹模，用外形压印锉修整凹模孔。

4）加工退件器，退件器可按划线加工，也可以与凸凹模一体加工，加工后切下一段即可作为退件器。

5）冲孔凸模通过卸料器压印，加工凸模固定板型孔。

采用电火花加工时，应先加工凸模（使凸模加长），然后切下一段作为电极加工凸凹模型孔，再以凸凹模外形（加长一段）作电极加工凹模孔。利用线切割加工时，可以将凸模、凸凹模、凹模分别加工成形后，进行装配。

3. 复合模的装配顺序

对于导柱复合模，一般先装上模，然后找正下模中凸凹模的位置，按照冲孔凸模型孔加工出排料孔。这样既可以保证上模中推件机构与模柄中心对正，又可避免排料孔错位。然后以凸凹模为基准分别调整冲孔凸模与落料凹模的冲裁间隙，并使之均匀，最后安装其他辅助零件。复合模装配分为配作装配法和直接装配法两种。使用配作装配法装配复合模的主要工艺过程如下：

1）组件装配。模具总装配前，将主要零件如模架、模柄、凸模等进行组装。

2）总装配。先装上模，然后以上模为基准装配下模。

3）调整凸凹模间隙。

4）安装其他辅助零件。安装调整卸料板、导料板、挡料销及卸料橡皮等辅助零件。

5）检查。模具装配完毕后，应对模具各部分做一次全面检查，如模具的闭合高度、卸料板卸料状况、落料孔及退件系统作用情况、各部位螺钉及销钉是否拧紧以及按图样检查有无漏装和错装的地方。然后可试切打样，进行检查、修正。

四、任务实施

本任务的操作分成冲模凸、凹模间隙控制方法，用低熔点合金浇注固定凸模，用无机黏结剂固定凸模，用环氧树脂固定凸模，装配工艺五个部分。按照装配的相关要求，循序渐进地进行训练。冲压过程中的动作必须及时、可靠，否则极易发生模具刃口崩裂的现象。上、下模的配合稍有不准，就会导致整副模具的损坏，所以在加工和装配时应严格按照技术要求操作，确保每一个环节都不出问题。

1. 控制冲模凸、凹模间隙

（1）垫片法（图6-2）

1）初步固定凸模。一般凹模已装配完毕，将凸模固定板安放在上模座上，初步对准位置，用夹板夹紧，螺钉不要拧得太紧。

2）放垫片。在凹模刃口四周放垫片（纯铜片或厚纸片、薄量块），垫片厚度等于单边间隙值。

3）合模观察调整。将上模板的导套慢慢套进导柱，观察各凸模是否顺利进入凹模并与垫片接触，将等高垫铁垫好后，用敲击固定板的方法，调整间隙直到均匀为止，然后拧紧上模板螺钉。

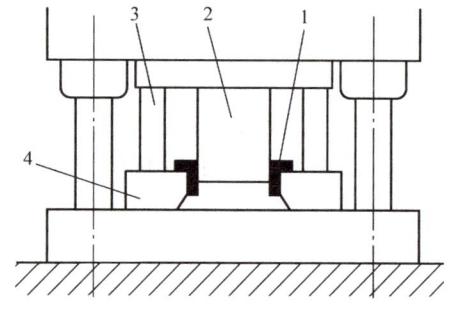

图6-2 垫片法
1—垫片 2—凸模 3—等高垫铁 4—凹模

4）切纸试冲。由切纸观察间隙是否均匀，若不均匀，则拧松螺钉，继续调整，直到均匀为止。

5）固定凸模。钻铰上模板及固定板销孔，打入销钉固定凸模。

（2）测量法

1）将凸模、凹模分别用螺钉固定在上、下模座的适当位置后（以凹模为基准件，则上模座螺钉不要拧紧），凸模合于凹模孔内。

2）用塞尺（厚薄规）或模具间隙测量仪测量刃口四周间隙是否均匀，并根据测量结果进行调整（仍采用敲击固定板法）。

3) 间隙调整均匀后,切纸试冲,检查装配是否正确,如不正确则继续调整。

4) 调整合适后,紧固上模。

(3) 酸腐蚀法　加工凸模时,使凸模尺寸与凹模尺寸相同,装配后再用酸腐蚀,保证凸、凹模间隙值符合要求。酸腐蚀后再用清水冲洗干净。

酸液配方有以下两种:

1) 硝酸 20% + 醋酸 30% + 水 50%。

2) 蒸馏水 55% + 双氧水 25% + 草酸 20% + 硫酸 (1% ~2%),腐蚀时要控制时间,保证尺寸到位。

(4) 透光法

1) 分别安装上模和下模,螺钉先不要紧固,销钉暂不装配。

2) 将垫块放在固定板和凹模之间垫起,并用夹钳夹紧。

3) 翻转合模后的上、下模,并将模柄夹紧在平口钳上,如图 6-3 所示。

4) 用光源照射,并在下模落料孔中观察。根据透光情况来确定间隙大小和分布状况。当发现凸模与凹模之间所透光线在某一方向上偏多,则表明间隙在此方向上偏大,可用锤子敲击相应的侧面,使其凸模(上模)向偏大的方向移动,再反复透光观察,直到合适为止。

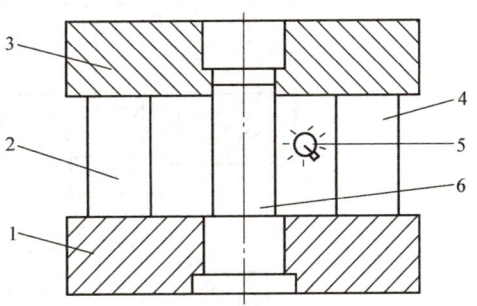

图 6-3　透光法

1—固定板　2、4—等高垫铁
3—凹模　5—光源　6—凸模

(5) 涂层法(图 6-4)　在凸模上涂一层薄膜材料,涂层厚度等于单边间隙。涂层法常用的有下列几种:涂淡金水、涂拉夫桑薄膜和涂漆(原料为氨基醇酸绝缘漆或配灰过氯乙烯外用磁漆)。

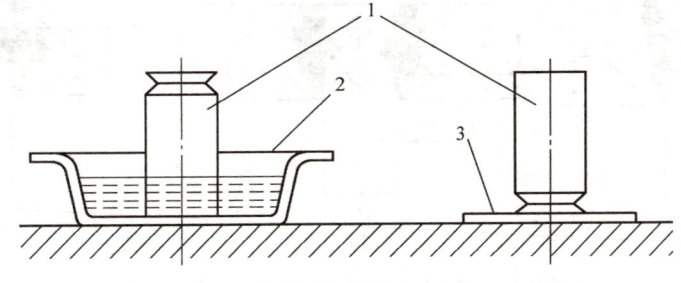

图 6-4　涂层法

1—凸模　2—盛漆器　3—垫板

1) 凸模涂漆步骤。

① 将凸模插入盛漆器内约 15mm 深度,刃口向下。浸后稍等片刻,取出凸模,用吸水纸擦一下端面,掉头刃口向上,放在平台上,让漆慢慢地向下流,形成一定锥度。

② 烘干:由室温升至 100 ~ 120℃,保温 0.5 ~ 1.5h,随炉冷却后,即可装配。

③ 修刮:对于非圆形、椭圆形或极光滑成形面,在转角处漆膜较厚,烘干后应刮去。

2) 注意事项。

① 涂层厚度与漆黏度有关，涂前应按间隙值大小选用合适黏度的漆。

② 涂层装配后不必去除，在试冲过程中会自行脱落。

（6）工艺尺寸定位法　对于圆形凸模，制造中特意使工作部分加长 1～2mm，并使该部分工艺尺寸与凹模构成间隙配合，以利于装配时凸模与凹模对中（同心），装配调试合格后，将该部分工艺尺寸磨去。

（7）工艺定位器调整法（图6-5）　用工艺定位器保证上、下模同心，控制装配过程中凸、凹模间隙的均匀性。定位器中的 d_1、d_2、d_3 分别与冲孔凸模、落料凹模及凸凹模组成间隙配合，且定位器易于加工，一次车削，保证 d_1、d_2、d_3 的同轴度。

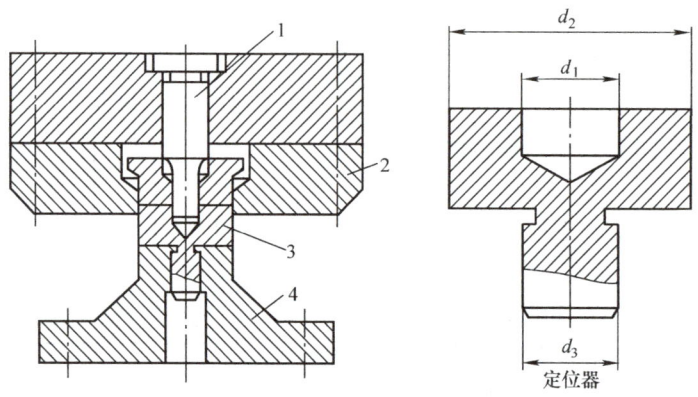

图6-5　工艺定位器调整法

1—凸模　2—凹模　3—定位器　4—凸凹模

2. 用低熔点合金浇注固定凸模

利用低熔点合金浇注固定凸模的几种结构型式如图6-6所示，可供在冲模制造时，根据

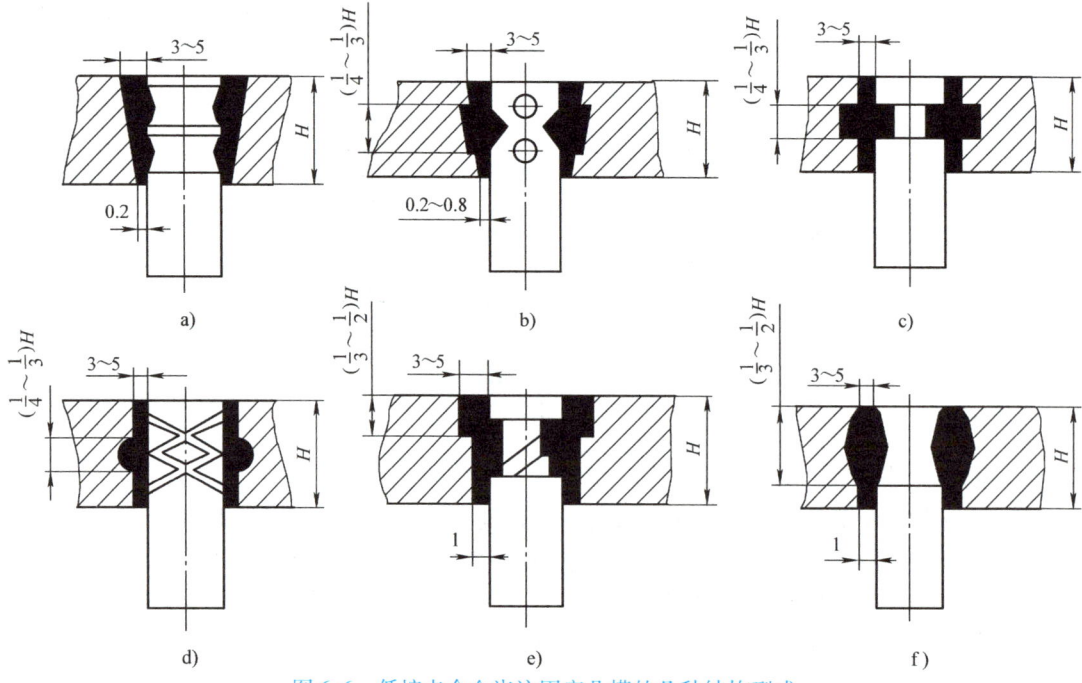

图6-6　低熔点合金浇注固定凸模的几种结构型式

具体情况,参考表6-1选用。

表6-1 低熔点合金的配方、性能和适用范围

序号	构成元素	名称	锑(Sb)	铅(Pb)	镉(Cd)	铋(Bi)	锡(Sn)	适用范围
		熔点/℃	630.5	327.4	320.9	271	232	
		密度/(g/cm³)	6.69	11.34	8.64	9.8	7.28	
1	成分(质量分数)(%)		9	28.5	—	48	14.5	固定凸、凹模、导套,浇注卸料板、导向孔
2			5	35	—	45	15	
3			—	—	—	58	42	浇注成型模型腔
4			1	—	—	57	42	
5			—	27	10	50	13	固定电极、电气靠模

(1)配制合金

1)将低熔点合金打碎成5~25mm³的小碎块。

2)按配比将各金属元素配好,并分开存放。

3)用坩埚加热,按熔点从低到高加入铅、镉、锡等金属。每加入一种金属元素,都要用搅拌棒搅拌均匀。待金属全部熔化后,再加入另一种金属。

4)所有金属全部熔化后,冷却至300℃,然后浇入用槽钢或角钢做成的模样内,急冷成锭。

5)使用时,按需要量的多少,再将合金锭熔化使用。

(2)浇注 浇注的方法如图6-7所示。

1)按凸、凹模间隙要求,在凸模6工作部分表面镀铜或均匀涂漆,使涂层厚度恰好为间隙值。

2)将被浇注凸模的浇注部位及固定板与型孔清洗干净。

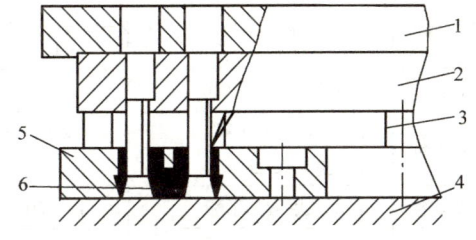

图6-7 浇注低熔点合金固定凸模
1—凹模固定板 2—凹模 3—等高垫铁
4—平台 5—固定板 6—凸模

3)将凸模6轻轻敲入凹模2型孔内(若间隙较大时,可用垫入垫片的方法来调整凸、凹模间隙)并校正凸模6与凹模固定板1的基准面垂直度。

4)将已插入凸模6的凹模2倒置,把凸模固定端插入固定板型孔中,同时在凹模2和固定板5之间垫上等高垫铁3,使凸模端面与平台平面贴合。

5)安装定位后,将合金锭熔化,用料勺浇入凸模6与固定板5配合的间隙内。

6)浇注后的合金经24h后,用平面磨床将其底面磨平即可使用。

3. 用无机黏结剂固定凸模

用于固定凸模的黏结剂主要有无机黏结剂、环氧树脂及厌氧胶三种黏结剂。其中环氧树脂、无机黏结剂可以自行配制,厌氧胶在市场上可以直接买到。

（1）配制无机黏结剂

1）将所需的氢氧化铝先与 10mL 磷酸置于烧杯内混合，搅拌均匀呈乳白色状态。

2）再倒入 20mL 磷酸，加热并不断搅拌，加热至 200～240℃使之呈淡茶色，冷却后即可使用。

3）将氧化铜放在干净的铜板上，并缓慢地倒入上述调好的磷酸溶液，用竹签搅拌调成糊状，一般能拉出 20mm 长丝即可。

（2）黏结凸模

1）利用丙酮或甲苯等化学试剂清洗被黏结表面，去除油污和锈斑。

2）将冲模各有关零件，按装配要求安装定位，如图 6-8 所示。

3）将调好的黏结剂，均匀涂于各黏结表面。黏结时，可将凸模上下移动，以排除气泡，最后确定固定位置黏结。

4）黏结固化后，经钳工修整、清除多余的溢料，即可使用。

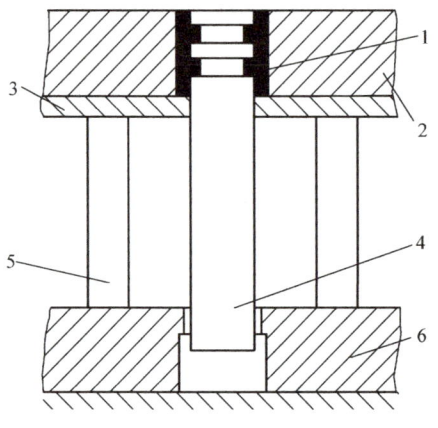

图 6-8　无机黏结剂固定凸模

1—凸模　2—固定板　3—垫板　4—间隙垫片
5—垫铁　6—凹模

4. 用环氧树脂固定凸模

（1）环氧树脂黏结剂的配方　环氧树脂黏结剂配方见表 6-2。

表 6-2　环氧树脂黏结剂配方

组成成分	名　称	配比（质量分数）（%）				
		1	2	3	4	5
黏结剂	环氧树脂 634、610	100	100	100	100	100
填充剂	铁粉 200～300 目	250	250	250	—	—
	石英粉 200 目	—	—	—	250	250
增塑剂	邻苯二甲酸二丁酯	15～20	15～20	15～20	10～12	15
固化剂	无水乙二胺	8～10	16～19	—	—	—
	二乙烯三胺	—	—	—	—	10
	间苯二胺	—	—	14～16	—	—
	邻苯二甲酸酐	—	—	—	35～38	—

（2）配制环氧树脂黏结剂

1）称料。将配方中各种成分的原料按计算数量配比用天平称量好。

2）加热。将环氧树脂放在烧杯内加热到 70～80℃。

3）烘干铁粉。在环氧树脂加热的同时，将铁粉在烘箱内烘干。温度一般在 200℃左右，排除铁粉内部的潮气。

4）加填充剂。将烘干的铁粉加入加热后的环氧树脂内，并调制均匀。

5）加增塑剂。在调制的环氧树脂内，加入邻苯二甲酸二丁酯，继续搅拌，使之均匀。

6）加固化剂。当调制的环氧树脂降至 40℃左右时，将无水乙二胺加入，并继续搅拌，待无气泡时，可以浇注使用。

（3）浇注黏结

1）用丙酮清洗凸模及固定板型孔黏结部位，清除杂物及锈斑。

2）把凸模插入凹模中，并调好间隙，使间隙均匀，同时保证凸模与凹模基准面的垂直度。

3）用垫块将凸模与凹模组合垫起，并使凸模固定端伸入固定板相应型孔中，调好位置及间隙，如图6-9所示。

4）将调好的环氧树脂用料勺均匀倒入凸模与凸模固定板的缝隙中，使其充满并分布均匀。或将凸模抬起一段距离，待环氧树脂全部填满后，再将其插入固定，如图6-9所示。

5）浇注时应边浇注边校正凸模与固定板上、下平面的垂直度。

6）自然冷却固化24h后即可进行其他形式的加工或装配。

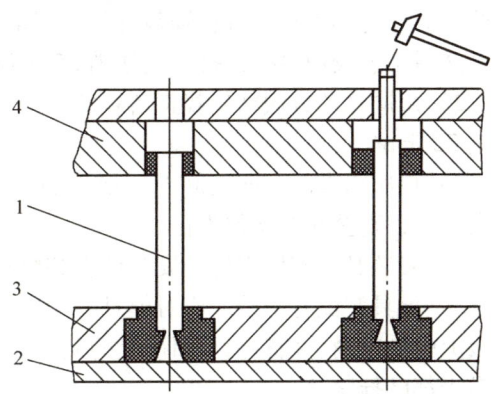

图6-9 环氧树脂黏结固定凸模
1—凸模 2—垫板 3—固定板 4—凹模

5. 装配工艺

根据图6-1所示冲孔、落料复合模介绍装配工艺。

（1）装配组件 组件可按下列步骤进行装配：

1）组装模架。将导套20与导柱19压入上、下模座，导柱、导套之间要滑动平稳，无阻滞现象，保证上、下模座之间的平行度要求。

2）组装模柄。采用压入式装配，将模柄2压入上模座3中，再钻、铰骑缝销钉孔，压入圆柱销23，然后磨平模柄大端面。要求模柄与上、下模座孔的配合为H7/m6，模柄的轴线必须与上模座的上平面垂直。

3）组装凸、凹模。凸模和凹模与固定板的装配方法，在复合冲裁模中最常见的是紧固件法和压入法。将凸模6压入凸模固定板7，保证凸模与固定板垂直，并磨平凸模和凹模底面。然后放上凹模9，磨平凸模和凹模刃口面。

（2）总装配 将上述组件安装完毕，经检查无误后，可按下列步骤进行总装配。

1）装配上模。把凸模、凹模和推件装置装入上模座。翻转上模座，找出模柄孔中心，划出中心线和安装用的轮廓线。然后按照外轮廓线，放正凸模固定板7及落料凹模9，初步找正冲孔凸模和落料凹模之间的位置。夹紧上模部分，按照凹模螺孔配钻凸模固定板和上模座的螺钉过孔。之后装入垫板5和全部推件机构，用螺钉将上模部分联接起来，并检查推件机构的灵活性。

2）装配下模。

① 将凸凹模装入下模座。

② 将凸凹模18压入凸模固定板17，保证凸凹模与凸模固定板垂直，并磨平底面。

③ 将卸料板10套在凸凹模上，配钻固定板上的卸料弹簧安装孔。

④ 将装入固定板内的凸凹模放在下模座上，合上上模，根据上模找正凸凹模在模座上的位置。夹紧下模部分后移去上模，在下模座上划出排料孔线，并配钻安装螺钉13和卸料螺钉15的螺钉孔。

⑤ 加工下模座上的排料孔，比凹模的孔每边加大约 1mm。

⑥ 用螺钉联接凸凹模固定板、垫板和下模座，并钻、铰销钉孔，打入销钉定位。

（3）调整凸、凹模间隙　采用切纸法调整冲裁模间隙的步骤如下。

1）合拢上、下模，以凸凹模为基准，用切纸法精确找正冲孔凸模的位置。如果凸模与凸凹模的孔对得不正，可轻轻敲打凸模固定板，利用螺钉过孔的间隙进行调整，直至间隙均匀。然后钻、铰销钉孔，打入圆柱销 25 定位。

2）用同样的方法精确找正落料凹模的位置，保证间隙均匀后，钻、铰销钉孔，打入圆柱销 22 定位。

3）再次检查凸、凹模间隙，如果因钻、铰销钉孔而间隙不均匀时，则应取出定位销，再次调整，直至间隙均匀为止。

4）安装其他辅助零件。安装调整卸料板、导料销和挡料销等辅助零件。

5）模具装配完毕后，应对模具各个部分做一次全面检查。例如，模具的闭合高度、卸料板上的导料销、挡料销与凹模上的避让孔是否有问题，模具零件有无错装、漏装，以及螺钉是否都已拧紧等。

五、检测评价

冲模装配后，应达到下述主要技术要求，具体见表 6-3。

模架精度应符合国家标准（JB/T 8050—2020《冲模　模架　技术条件》和 JB/T 8071—2008《冲模模架精度检查》）规定，见表 6-4。模具的闭合高度应符合图样的规定要求。

装配成套的滑动导向模架精度等级分为Ⅰ级和Ⅱ级，装配成套的滚动导向模架精度等级分为0Ⅰ级和0Ⅱ级。各级精度的模架必须符合表 6-3 和表 6-4 中的规定。

导柱、导套配合要求见表 6-3，模架分级技术指标见表 6-4。

表 6-3　导柱、导套配合要求

配合形式	导柱直径/mm	符合精度		配合后的过盈量/mm
		Ⅰ级	Ⅱ级	
		配合后的间隙量/mm		
滑动配合	≤18	≤0.010	≤0.015	—
	>18~30	≤0.011	≤0.017	
	>30~50	≤0.014	≤0.021	
	>50~80	≤0.016	≤0.025	
滚动配合	>18~30	—	—	0.01~0.02
	>30~50	—	—	0.015~0.025

表 6-4　模架分级技术指标

项	检查项目	被测尺寸/mm	模架精度等级	
			0Ⅰ级、Ⅰ级	0Ⅱ级、Ⅱ级
			公差等级	
A	上模座上平面对下模座下平面的平行度	≤400	4	5
		>400	5	6

（续）

项	检查项目	被测尺寸/mm	模架精度等级	
			0Ⅰ级、Ⅰ级	0Ⅱ级、Ⅱ级
			公差等级	
B	导柱轴线对下模座下平面的垂直度	≤160	4	5
		>160	5	6

模具装配后，上模座沿导柱上下移动时，应平稳且无阻滞现象，导柱与导套的配合精度应符合标准规定，且间隙均匀。装配后，导柱固定端面与下模座下平面保持 1～2mm 的空隙，导套固定端面应低于上模座上平面 1～2mm。

凸、凹模间的间隙应符合图样规定的要求，分布均匀。凸模或凹模的工作行程符合技术条件的规定。

压入式模柄与上模座采用 H7/h6 配合。除浮动模柄外，其他模柄装入上模座后，模柄轴线对上模座上平面的垂直度误差在模柄长度内不大于 0.05mm。

落料冲孔复合模的安装的检测考核评分按表 6-5 执行。

表 6-5 落料冲孔复合模的安装的检测考核评分表

班级		姓名			座号	
任务	检测内容	配分	评分标准		实测记录	得分
落料冲孔复合模的安装	模具外观	10	模具表面无明显划痕、损伤，整体结构完整，外观良好得 10 分；有轻微划痕扣 2～5 分；有明显损伤扣 5～10 分			
	零件装配精度	30	所有零件安装位置准确，符合设计要求得 30 分；每有一处零件装配偏差超过允许范围扣 5 分			
	间隙调整	20	凸凹模间隙均匀，符合工艺要求得 20 分；间隙不均匀但在一定范围内扣 5～15 分；间隙严重不均匀扣 20 分			
	运动部件灵活性	20	模具的活动部件（如滑块、顶出机构等）运动灵活，无卡滞现象得 20 分；有轻微卡滞扣 5～10 分；卡滞严重扣 20 分			
	装配操作规范	20	在装配过程中严格按照操作规程进行，无违规操作得 20 分；有违规操作扣 5～10 分			
	文明生产与安全生产		违者每次扣 2 分			
总分						
现场记录						

复习思考题

1. 试述导柱与导套配合的装配方法。其精度如何保证？
2. 试述凸模的装配方法。
3. 如何有效地保证凸模和凹模的间隙？

任务二

【知识目标】

1. 能根据试件，找出模具安装过程中出现的问题。
2. 根据出现的问题，分析产生的原因以及调整方法。

【技能目标】

1. 能熟练、正确运用方法和技巧对模具进行必要的调整，保证冲模能冲出合格的冲压件。
2. 模具在制造、试冲或生产过程中易出现损耗、损坏，能够及时地对模具进行适当的维护与修理，提高模具的使用寿命和精度。

一、任务布置

模具的试冲与调整简称为调试。在压力机上安装冲模后，要通过试冲对制件的质量和模具的性能进行综合考察和检测。模具装配如图 6-10 所示，其产生的带缺陷的制件如图 6-11 所示。对制件出现的各类问题进行全面、认真的分析，找出产生问题的原因，然后对冲模进行相应的修正和调整，得到质量符合要求的制件。

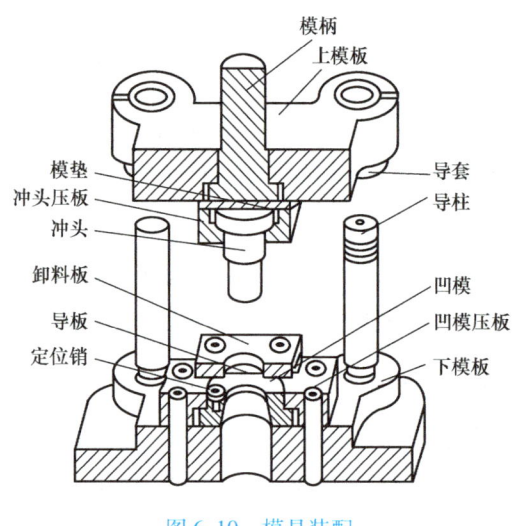

图 6-10　模具装配

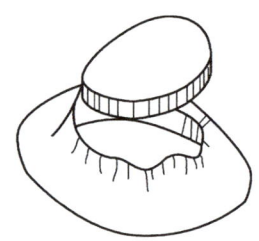

图 6-11　带缺陷的制件

二、任务分析

1) 将装配后的模具顺利地装在指定的压力机上。
2) 用指定的坯料（或材料）稳定地在模具上制出合格的成品零件。
3) 检查成品零件的质量。若发现成品零件存在缺陷，应分析原因，设法对模具进行修正和调整，直到生产出一批完全符合图样要求的零件为止。

单元六　模具的安装、调试与验收*

4）在试冲时，应排除影响生产、安全、质量和操作等各种不利因素，使模具达到稳定、批量生产的目的。

5）根据设计要求，进一步确定出某些模具需经试验后所决定的尺寸，并修整这些尺寸，直到符合要求为止。

6）经试冲后，编制模具成批生产制品的工艺规程。

三、相关知识

1. 冲模调试的技术要求

（1）模具的外观　各种冲模装配后，应经外观和空载检验合格后才能进行试模。其检验方法，按冲模技术条件对外观要求进行检验。

（2）试冲材料　试冲材料必须经过质量部门检验，并符合技术协议的规定要求，尽量不采用代用材料。

（3）试冲设备　试冲设备必须符合工艺要求，设备的吨位、精度等级必须要按图样规定的要求。

（4）试冲数量　试冲时，根据使用部门要求确定试冲数量。一般情况下，小型模具不少于50件；硅钢片不少于200件；自动冲模连续时间不少于3min；贵重金属试冲数量根据具体情况而定。

（5）冲件质量　冲件断面光亮带分布要均匀，不允许夹层有局部脱落和裂纹现象；冲件毛刺不得超过规定的数值；尺寸公差及表面质量应符合图样要求。

（6）模具入库　冲模经调试后，能顺利地安装到指定压力机上，能稳定地冲压出合格的产品（冲压件）来，能安全地进行操作使用，就可以入库保存或交付使用。入库的冲模要附带检验合格证以及试冲的冲压件，冲压件数量在无规定时，应为3~10件。

2. 模具在调试过程中应注意的问题

1）试冲所使用的材料性质、牌号及厚度，要符合图样要求，并且冲模试冲条料宽度要符合工艺图样的规定。对于连续模，其试冲的条料宽度要比导板间的距离小0.1~0.15mm。

2）模具要在所要求的设备上试冲。安装模具后，一定要紧固，不可松动。

3）模具在开始使用前，要对模具进行一次全面检查，检查无误后再进行试冲。

4）模具的各活动配合部位如导柱、导套在开始试冲前要进行润滑。

5）试冲后制出的制品零件，要进行全面检查。若发现缺陷，对于小毛病，无需卸下模具，对模具随机进行修整即可；若缺陷毛病较大，应卸下模具进行修整，合适后再将模具重新安装到压力机上进行试冲，直到合适为止。

6）试冲提取检验用的试件，应在工艺参数稳定后进行。在最后一次试冲时，应连续取一定数量试件（一般不少于20件）交付模具制造和使用部门双方检查。在双方确认试件合格后，由模具制造方开具合格证，连同试件及模具交付使用部门，并妥善保存，以作为交付模具的依据。

7）试冲时，一定要按操作工艺规程，注意试冲过程的安全。

四、任务实施

本任务的操作分为冲模的调试、弯曲模的调试、拉深模的调试和挤压模的调试四部分。

模具调试，因模具类型、结构不同，可能出现的问题也不同，调试的内容也随之变化。下面分别对这四类模具的调试过程以及调试中常见的问题和调整方法加以叙述，从而在具体工作当中能够针对出现的现象正确处理。

1. 冲模的调试

冲模具体的调试要按以下步骤进行。

（1）调整凸、凹模刃口及其间隙　冲模的刃口要锋利，间隙要均匀。特别是对于无导向装置的冲模，上、下模安装在压力机上时，其工作零件（凸模与凹模）要咬合，凸模进入凹模的深度要适中，不能太深和太浅，以能冲下制品为准。其调整是依靠调节压力机连杆来实现的。

凸、凹模的间隙要均匀一致。对于有导向的冲模，调整比较方便，只要能保证导向件运动灵活而无发涩现象即可保证间隙均匀；对于无导向的冲模，为了使间隙均匀，可以在凹模刃口周围衬以纯铜皮或硬纸板进行调整，也可以用塞尺及透光测试方法在压力机上调整，直到上、下模的凸、凹模相互对中且间隙均匀后，再用螺钉将模板紧固于压力机工作台面上，方可进行试冲。

（2）调整定位装置　在调整冲模时，应充分保证坯件定位的稳定、可靠，并时常检查定位销、定位块、定位杆定位时是否合乎定位要求，有无位置移动。假如位置不合适及定位形状不准，应及时修整其位置和形状，必要时要重新更换定位零件。

（3）调整卸料系统　卸料系统的卸料板（顶件器）要调整至与冲压件贴合；卸料弹簧或卸料橡皮弹力要足够大；卸料板（顶件器）的行程要调整到足够使制品卸出的位置；落料孔应畅通无阻；打料杆、推料板应调整到能顺利将制品推出，不能有卡住、发涩现象。

（4）调整导向系统

1）模具的导柱、导套要有良好的配合精度，不能出现位置偏移及发涩现象。

2）冲模调试中常见的问题及调整方法见表6-6。

表6-6　冲模调试中常见的问题及调整方法

问题	产生原因	调整方法
凹模被胀裂	凹模刃口有倒锥现象，即上口大、下口小。或凹模刃口长度太长，积存的件数太多，胀力太大	修整凹模刃口，消除倒锥现象或减小凹模刃口长度，使冲下的件尽快漏下
冲压件形状或尺寸不正确	凸模与凹模的形状或尺寸不正确	微量的可修整凸模与凹模，重调间隙；严重时，需更换凸、凹模
毛刺大且光亮带很小、圆角大	冲裁间隙过小	修整落料模的凸模或冲孔模的凹模以增大间隙
毛刺大且光亮带大	冲裁间隙过大	更换凸模或凹模以减小模具间隙
毛刺部分偏大	冲裁间隙不均匀或局部间隙不合理	调整间隙。若是局部间隙偏小，则可修大；若是局部间隙偏大，有时也可加镶块予以补救
冲压件不平整	1）凹模倒锥 2）导正销与导正孔配合较紧 3）导正销与挡料销间距过小	1）修磨凹模除去倒锥 2）修整导正销 3）修整挡料销

单元六　模具的安装、调试与验收*

（续）

问题	产生原因	调整方法
卸料不正常	1）装配时卸料元件配合太紧或卸料元件安装倾斜 2）弹性元件弹力不足 3）凹模和下模座之间的排料孔不同心 4）卸料板行程不足 5）弹顶器顶出距离过短	1）修整或重新安装卸料元件使其能够灵活运动 2）更换或加厚弹性元件 3）修整下模座排料孔 4）修整卸料螺钉头部沉孔深度或修整卸料螺钉长度 5）加长顶出部分长度
刃口相啃	1）导柱与导套间隙过大 2）凸模或导柱等安装不垂直 3）上、下模座不平行 4）卸料板偏移或倾斜 5）压力机台面与导轨不垂直	1）更换导柱与导套或模架 2）重新安装凸模或导柱等零件，校验垂直度 3）以下模座为基准，修磨上模座 4）修磨或更换卸料板 5）检修压力机
内孔与外形相对位置不正确	1）挡料钉位置偏移 2）导正销与导正孔间隙过大 3）导料板的导料面与凹模中心线不平行 4）侧刃定距尺寸不正确	1）修整挡料钉位置 2）更换导正销 3）调整导料板的安装位置，使导料面与凹模中心线相互平行 4）修磨或更换侧刃
送料不畅或条料被卡住	1）导料板间距过小或导料板安装倾斜 2）凸模与卸料板间隙过大导致搭边翻边 3）导料板工作面与侧刃不平行 4）侧刃与侧刃挡块间不贴合，导致条料上产生毛刺	1）修整导料板 2）更换卸料板，以减小凸模与卸料板间隙 3）修整侧刃或导料板 4）消除两者之间的间隙

2. 弯曲模的调试

（1）调整弯曲模上、下模在压力机上的相对位置　对于有导向装置的弯曲模，上、下模在压力机上的相对位置由导向装置来确定；对于无导向装置的弯曲模，上、下模在压力机上的相对位置一般采用调节压力机连杆长度的方法调整。在调整时，最好把事先制作的样件放在模具的工作位置上（凹模型腔内），然后调节压力机连杆，使上模随滑块调整到下极限点时，既能压实样件又不发生硬性顶撞及咬死现象，然后将下模紧固。

（2）调整凸、凹模的间隙　上、下模在压力机上的相对位置粗略调整后，然后在凸模下平面与下模卸料板之间垫一片比坯件略厚的垫片，继续调节连杆长度，用手连续扳动飞轮，直到使滑块能正常地通过下止点而无阻滞的情况下为止。

上、下模的间隙，可采用垫纸板或标准样件的方法来进行调整，以保证间隙的均匀性。间隙调整后，可将下模板固定、试冲。

（3）调整定位装置　弯曲模定位零件的定位形状应与坯件一致。在调整时，应充分保证其定位的可靠性和稳定性。使用定位块及定位钉定位的弯曲模，假如试冲后发现位置及定位不准确，应及时调整定位位置或更换定位零件。

（4）调整卸件、退件装置　弯曲模的卸料系统行程应足够大；卸料用弹簧或橡皮应有足够的弹力；顶出器及卸料系统应调整到动作灵活，并能顺利地卸出制品零件，不应有卡死及发涩现象。卸料系统作用于制品的作用力要调整均衡，以保证制品卸料后表面平整，不产生变形和翘曲。

弯曲模试冲时出现的问题和调整方法见表 6-7。

表 6-7 弯曲模试冲时出现的问题和调整方法

问题	产生原因	调整方法
制件产生回弹，尺寸和形状不合格	弹性变形的存在	1) 改变凸模的角度和形状 2) 减小凸模、凹模之间的间隙 3) 增加凹模型槽深度 4) 弯曲前将坯件退火处理一下 5) 增加矫正力或使矫正力集中在变形部位
弯曲位置偏移	1) 弯曲力不平衡 2) 定位不稳定或位置不准 3) 无压料装置或压料不牢 4) 凸、凹模相对位置不准	1) 分析产生弯曲力不平衡的原因，加以克服和减少 2) 增加定位销、定位板或导正销并使其定位正确 3) 增加压料装置或加大压料力 4) 调整凸、凹模位置
弯曲角部分产生裂纹	1) 弯曲角半径太小 2) 材料纹向与弯曲线平行 3) 毛坯的毛刺一面向外 4) 金属的塑性较差	1) 加大凸模的圆角半径 2) 改变落料的排样，使弯曲线与板料纤维方向互成一定角度 3) 使毛刺的一面在弯曲的内侧，光亮带在弯曲的外侧 4) 改用塑性好的材料
制件表面擦伤	1) 凸模、凹模之间间隙太小，板料受挤薄 2) 凹模圆角半径过小，表面太粗糙 3) 板料黏附在凹模上	1) 加大间隙值 2) 修光表面，尤其是凹模的圆角半径应越光越好 3) 提高凹模表面硬度，如采用镀铬或化学处理
制件尺寸过长或不足	1) 凸模、凹模间隙过小，将材料挤长 2) 压料装置的压力过大，将材料挤长 3) 设计展开料错误	1) 加大间隙 2) 减小压料力 3) 落料尺寸应在弯曲模试冲后确定
弯曲件底部不平	1) 压（卸）料杆着力点分布不均匀，卸料时将件顶弯 2) 压料力不足	1) 增加压料杆件数，并做到分布均匀 2) 增加压料力

3. 拉深模的调试

（1）调试进料阻力　在拉深过程中，若拉深模进料阻力较大，容易使制件拉裂；进料阻力小，则又会起皱。所以在试冲时，调整进料阻力的大小是关键。

（2）调试拉深深度和间隙

1) 在调整时，可以把拉深深度分成 2~3 段来进行。先调整较浅的一段，调整完成后，再往下调整深的一段，一直调整到所需要的拉深深度为止。

2) 在调整时，先将上模紧固在压力机的滑块上，下模放在工作台上不紧固，然后在凹模内放入样件，再将上、下模吻合对中，调整各方向的间隙达到均匀一致，再使模具处于闭合位置，紧固下模。

拉深模试冲时常见的问题及调整方法见表6-8。

表6-8 拉深模试冲时常见的问题及调整方法

问题	产生原因	调整方法
凸缘起皱且零件壁部被拉裂	压边力太小，凸缘部分起皱，无法进入凹模而被拉裂	加大压边力
壁部被拉裂	1）材料承受径向拉应力大 2）凹模圆角半径小 3）润滑不良 4）材料塑性差	1）减小压边力 2）增大凹模圆角半径 3）加用润滑剂 4）使用塑性好的材料，采用中间退火
凸缘起皱	1）凸缘部分压边力太小，无法抵制过大的切向压边力引起的切向变形，因而失去稳定形成皱纹 2）材料较薄	1）增大压边力 2）适当加大材料厚度
边缘呈锯齿状	毛坯边缘有毛刺	修整前道工序落料凹模刃口，使之间隙均匀，毛刺减少
制件边缘高低不一致	1）坯件与凸、凹模中心线不重合 2）材料厚度不均匀 3）凸、凹模圆角不等 4）凸、凹模间隙不均匀	1）重新调整定位，使坯件中心与凸、凹模中心线重合 2）更换材料 3）修整凸、凹模圆角半径 4）校匀间隙
断面变薄	1）凹模圆角半径太小 2）间隙太小 3）压边力太大 4）润滑不合适	1）增大凹模圆角半径 2）加大凸、凹模间隙 3）减小压边力 4）毛坯件涂上合适的润滑剂后冲压
制件底部被拉脱	凹模圆角半径太小，使材料处于切割状态	加大凹模圆角半径
制件口缘折皱	1）凹模圆角半径太大 2）压边圈不起作用	1）减小凹模圆角半径 2）调整压边圈结构，加大压边力
锥形件斜面或半球形件的腰部起皱	1）压边力太小 2）凹模圆角半径太大 3）润滑油太多	1）增大压边力或采用拉延筋 2）减小凹模圆角半径 3）减少润滑油或加厚材料，几片坯件叠在一起拉深
盒形件角部破裂	1）模具圆角半径太小 2）间隙太小 3）变形程度太大	1）加大凹模圆角半径 2）加大凸、凹模间隙 3）增加拉深次数
制件底部不平	1）坯件不平 2）顶料杆与坯件接触面太小 3）缓冲器弹顶力不足	1）平整毛坯 2）改善顶料装置结构 3）更换弹簧或橡皮
盒形件直壁部分不挺直	角部间隙太小	增大凸、凹模角部间隙，减小直壁间隙值

(续)

问题	产生原因	调整方法
制件壁部拉毛	1）模具工作部分或圆角半径上有毛刺 2）毛坯表面及润滑剂有杂质	1）研磨修光模具的工作面和圆角 2）清洁毛坯及使用干净的润滑油
盒形件角部向内折拢，局部起皱	1）材料角部压边力太小 2）毛坯角部面积偏小	1）加大压边力 2）增加毛坯角部面积
阶梯形制品局部破裂	凹模及凸模圆角太小，加大了拉延力	加大凸模、凹模的圆角半径
制件完整但呈歪状	1）排气不畅 2）顶料杆顶力不匀	1）加大排气孔 2）重新布置顶料杆位置
拉深高度不够	1）毛坯尺寸太小 2）拉深间隙太大 3）凸模圆角半径太小	1）增大毛坯尺寸 2）调整间隙 3）增大凸模圆角半径
拉深高度太大	1）毛坯尺寸太大 2）拉深间隙太小 3）凸模圆角半径太大	1）减小毛坯尺寸 2）加大拉深间隙 3）减小凸模圆角半径
零件拉深层壁厚与高度不匀	1）凸模与凹模不同心，向一面偏斜 2）定位不正确 3）凸模不垂直 4）压边力不均 5）凹模形状不对	1）调整凹、凸模位置，使间隙均匀 2）调整定位零件 3）重新装配凹模 4）调整压边力 5）更换凹模

4. 挤压模的调试

1）减小摩擦阻力，改善模具表面粗糙度，采用良好的润滑剂和采用包套挤压等。

2）在锻件图允许的范围内，在孔口处做出适当的锥角或圆角。

3）用加反向力的方法进行挤压，这有助于减小内、外层变形金属的流速差和附加应力，挤压低塑性材料时宜采用。

4）采用高速挤压，因为高速变形时摩擦因数小一些。

冷挤压模调试过程中的常见问题及调整方法见表6-9。

表 6-9 冷挤压模调试过程中常见问题及调整方法

问题	产生原因	调整方法
正挤压件外表产生环形裂纹及鱼鳞状裂纹,内孔产生裂纹	1）凹模锥度偏大 2）凹模结构不合理 3）润滑不好 4）材料塑性不好	1）调整凹模偏角 2）采用两层工作带的正挤压凹模 3）更换润滑剂 4）改用塑性好的材料或采用中间退火工艺
正挤压件端部产生缩孔	1）凹模工件带尺寸太大 2）凹模锥角偏大 3）凹模入口外圆角太小 4）凹模表面不光洁 5）凹模端面不光亮 6）毛坯润滑不良	1）调整凹模工作尺寸 2）修正凹模使锥角变小 3）加大凹模入口外圆角 4）抛光凹模表面 5）降低凸模表面粗糙度 6）采用良好的表面处理及润滑方法
反挤压表面产生环形裂纹	1）毛坯直径太小 2）凹模型腔不光洁 3）毛坯表面处理及润滑不良 4）毛坯塑性太差	1）增加毛坯直径，使毛坯与凹模内孔配合紧一些。最好使毛坯直径大于型腔直径 0.01~0.02mm 2）抛光凹模 3）做好表面处理和润滑 4）采用最好的软化处理规范，提高毛坯的塑性
挤压后矩形工件开裂	1）间隙不合理 2）凸模工作圆角半径不合理 3）凸模结构不合理 4）凸模工作端面锥角不合理	1）矩形长边间隙应小于短边间隙 2）矩形长边圆角半径应小于短边圆角半径 3）矩形长边工作带应大于短边工作带 4）取长边锥角大于短边锥角
反挤压薄壁零件挤压后壁部缺少金属	1）凸、凹模间隙不均匀 2）上、下模垂直及平行度不好 3）润滑剂太多 4）凸模细长，稳定性差	1）重新调整间隙，使之均匀 2）重新装配，调整垂直度及平行度 3）少涂润滑剂 4）在凸模工作面加开工艺槽
反挤压件单面起皱	1）间隙不均匀 2）润滑不好，不均匀	1）调整凸、凹模，使间隙均匀 2）保证良好、均匀的润滑
反挤压件内孔产生环状裂纹	1）毛坯表面处理及润滑不好 2）凸模表面不光洁 3）毛坯塑性不好	1）采用良好的毛坯表面处理及润滑方法，如对 2A11、2A12 冷挤压最好表面鳞化后，用工业菜籽油润滑 2）抛光凸模 3）采用最好的软化热处理规范，提高毛坯的塑性
挤压表面被刮伤	1）模具硬度不够 2）毛坯表面处理及润滑不好	1）重新淬火，提高硬度，模具工作部分镀硬或软氮化、渗硼等 2）采用良好的表面处理及润滑工艺

（续）

问题	产生原因	调整方法
反挤压件外表产生环状波纹	润滑不良	改用皂液润滑方法
反挤压件上端壁厚大于下端壁厚	凹模型腔退模锥度太大	减少或不采用退模锥度
反挤压件伤端口部不直	1）凹模型腔深度不够 2）卸件板安装高度低	1）增加凹模型腔深度 2）提高卸件板安装高度，避免工件上端与卸件板相碰
反挤压件侧壁底部变薄及与高度不稳定	1）底部厚度不够 2）毛坯退火硬度不均匀 3）润滑不均匀 4）毛坯尺寸不合适	1）增加底部厚度 2）提高热处理质量 3）提高润滑质量 4）控制毛坯尺寸
正挤压件端部产生毛刺	1）间隙太大 2）毛坯硬度太高	1）减小凸、凹模间隙 2）提高毛坯退火质量
正挤压件发生弯曲	1）模具工作部分形状不对称 2）润滑不均匀	1）修改模具工作部分尺寸 2）提高润滑质量
加压件壁厚相差太大	1）毛坯退火硬度不均匀 2）凸、凹模装配后不在同一轴心上 3）模具没有准确导向 4）反挤压凹模顶角太小，引起挤压件偏心 5）反挤压件毛坯直径太小，放在凹模内太松，引起坯件偏斜	1）修改退火工艺 2）重新装配 3）调整模具导向精度 4）加大顶角 5）加大毛坯直径，与凹模配合严密
正挤压空心件侧壁断裂	凸模心轴露出长度太长	减小心轴长度。使其露出长度与毛坯孔的深浅相适应，一般为0.5mm
正挤压环形侧壁皱曲	凸模心轴露出凸模长度太短	增加心轴长度
挤压件中部产生缩口	凸模无锥度	改用锥度凸模
连皮位置不在零件高度中央	凸模锥度不合适	采用不同的上、下模锥角
挤压件底部出现台阶	凹模拼块尺寸及安装不合适	合理改进拼块尺寸及安装方法，将拼块增高（0.4mm）以抵偿压缩变形量
金属填不满	型腔内存在空气	在模腔内开设通气孔

五、检测评价

落料冲孔复合模的调试的检测考核评分按表6-10执行。

单元六 模具的安装、调试与验收*

表 6-10 落料冲孔复合模的调试的检测考核评分表

班级		姓名			座号	
任务	检测内容	配分	评分标准	实测记录	得分	
落料冲孔复合模的调试	模具的外观	10	总体评定			
	试冲材料的选择	16	试冲材料必须经过质量部门检验，违反者扣16分			
	试冲设备的选择	24	工艺要求、设备吨位、精度等级不合格每项扣10分			
	试冲数量	20	小型模具不少于50件；硅钢片不少于200件；自动冲模连续时间不少于3min。每少一项扣2分			
	冲压件质量的判定	20	尺寸误差每0.01mm扣3分			
	模具入库	10	附带检验合格证以及试冲的冲件，少一项扣10分			
	文明生产与安全生产	扣分项	违者每次扣2分			
总分						
现场记录						

1. 试分析制件产生废品的原因及调整措施。
2. 预防废品的主要措施有哪些？
3. 试述冲压件毛刺的产生原因及防止对策。
4. 试述冲压件产生翘曲变形的原因。
5. 试述弯曲件弯曲部位产生变形的原因。

任务三 注射模的安装

【知识目标】

1. 了解注射机的类型、组成及功能。
2. 了解注射机的选用原则。

【技能目标】

掌握注射模在注射机上的安装步骤。

一、任务布置

产品名称：水杯；产品材料：聚丙烯（PP）；产品质量：85g；产品试模要求：小批量 10~20个。

图6-12所示为水杯注射模具（为侧向分型面结构），图6-13所示为水杯产品零件图，根据该模具的结构、特点及产品的具体要求，选择合适的注射机并进行模具的安装。

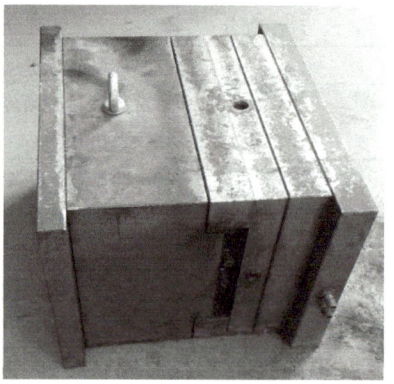

图6-12　水杯模具（实体图）

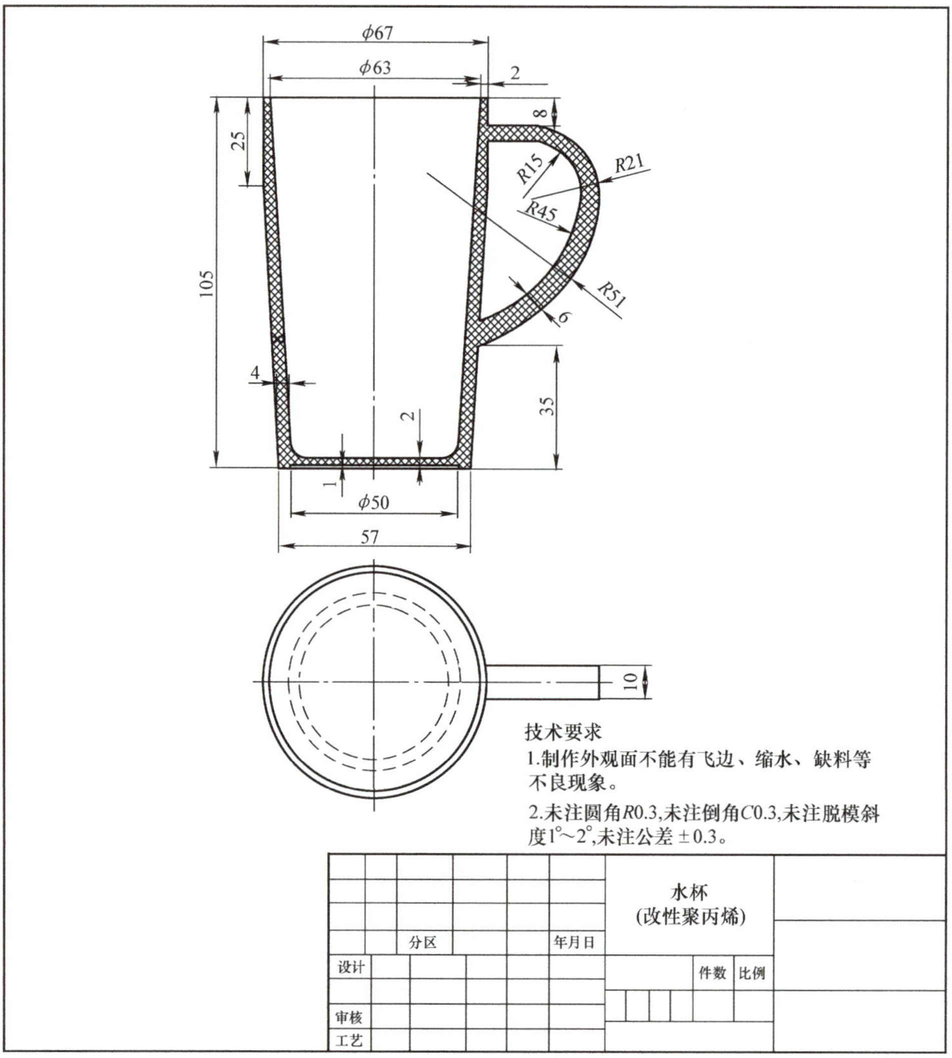
φ67
φ63
2
8
25
R15
R21
R45
105
R51
6
4
35
2
1
φ50
57
10
技术要求
1.制作外观面不能有飞边、缩水、缺料等不良现象。
2.未注圆角R0.3,未注倒角C0.3,未注脱模斜度1°～2°,未注公差±0.3。
水杯
(改性聚丙烯)
分区
年月日
设计
件数
比例
审核
工艺

图6-13　水杯（零件图）

二、任务分析

根据该模具的特点、尺寸大小、产品质量及要求等因素确定使用锁模力为1200kN、注射量为180g的卧式注射机进行安装试模,并采用葫芦架整体式吊装方法。

三、相关知识

1. 注射机的操作准则

1)保持注射机及四周环境清洁。
2)注射机四周空间尽量保持畅通无阻,地面上无水、无油污。
3)熔胶筒周围无杂物,如胶粒等,以免发生火灾。
4)操作之前,检查手动、半自动、全自动操作等各个动作是否正常,紧急按钮是否有效。
5)机器运转操作期间,当执行各操作项目时,不能用手触摸机械运动部分,以免夹手或伤手。试模注射时,尽量离开机台一定的距离,以免被注射时飞逸物伤及身体。
6)操作时,要关好安全门,不要乱按各行程开关和安全开关。
7)生产完毕后,要把锁模部分、射台部分调整到相应的位置。
8)清理机台上的杂物,进行模具和设备的维护保养。

2. 注射模的安装要求

由注射模的一般安装过程可知,注射模的安装包括对注射模动、定模的安装定位,一般是通过自身结构与注射机配合的。动模的安装定位需要依靠已经固定连接的定模部分,并通过模具动、定模导向装置来进行安装定位。模具动、定模部分的连接紧固一般是通过螺钉或压板、垫块来实现的。

模具的吊装方法一般可分为整体吊装和分体吊装,它们的共同点在于吊装过程中总是首先对定模进行安装定位,对动模进行初定位,在对动模进行准确定位之后再将其紧固。同时,在安装过程中还应对锁模机构、推杆顶出距离、喷嘴与浇口套相对位置、冷却水路及加热系统等做相应的调整,最终保证空载运转时各部位运动正常,并保证安全相关要求如下:

1)注射机的选择。根据模具的要求,包括注射机的锁模力、开模行程、注射压力、注射量、顶出行程、塑化能力等各种技术参数是否满足模具的要求选择注射机。
2)对注射模的要求。模具的结构复杂程度、模具各零件配合要求和技术要求、有无抽芯、抽芯方式及所用原料品种、牌号、产地等。
3)对注射模安装和调试的要求。包括模具安装前的准备工作,如设备检查、模具检查等;技术人员的调试技能程度等。

3. 注射模安装前的准备工作

根据图样弄清注射模的基本结构、模具结构特点及工作原理,熟悉相关的工艺文件及所用注射机的主要技术参数。

检查模具成型零件、浇注系统的表面粗糙度以及有无伤痕和塌陷;检查各运动零件的配合、起止位置是否正确,运动是否灵活。

检查模具的脱模距离是否符合注射机的顶出行程,注射机安装槽(孔)位置是否合理、是否与注射模相适应。

检查设备的油路、水路以及电器能否正常工作；把注射机的操作开关调到点动或手动位置上，把液压系统的压力调到低压；调整好所有行程开关的位置，使动模板运行畅通；调整动模板与定模板的距离，使其在闭合状态下大于模具闭合高度 1~2mm。

检查吊装模具的设备是否安全可靠，工作范围是否满足要求。

4. 注射机的常用类型及特征

（1）按外形结构分类　可分为立式注射机、卧式注射机和直角式注射机。

1）立式注射机（图6-14）。注射装置和合模装置的轴线呈一直线垂直排列。立式注射机具有占地面积小、模具拆装方便、易于安装嵌件等优点，但塑件顶出后需用手工或其他方法取走，不易实现自动化操作。立式注射机重心高，稳定性差，操作和维修也不方便，常用于注射量小的注射产品。

2）直角式注射机（图6-15）。注射装置和合模装置的轴线互相垂直排列，其特性介于立式注射机和卧式注射机之间。由于直角式注射机注射时，熔料是从模具侧面进入型腔的，特别适用于中心不允许留有浇口痕迹的塑件。

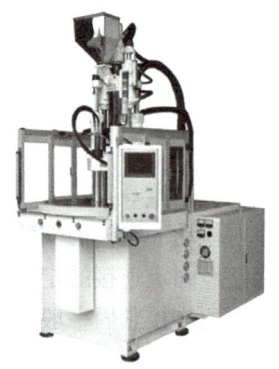

图6-14　立式注射机

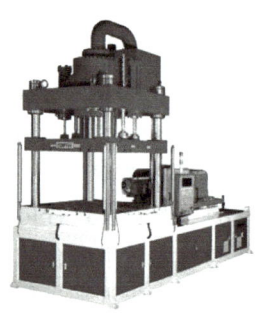

图6-15　直角式注射机

3）卧式注射机（图6-16）。注射装置和合模装置的轴线呈一直线水平排列。卧式注射机具有重心低、稳定性好、便于操作和维修的特点，成型后顶出的塑件可自动落下，便于实现自动化操作，但生产镶嵌件的模具较为麻烦。卧式注射机是目前国内外注射机中最基本的类型。

图6-16　卧式注射机

（2）按注射装置的结构型式分类　可分为柱塞式注射机和往复式螺杆注射机。

1）柱塞式注射机（图6-17）。柱塞式注射机使用的是柱塞式注射装置，主要由料斗、加料计量装置、塑化部件（包括料筒、分流梭、注射柱塞和喷嘴等）、注射液压缸、注射座移动液压缸等组成。

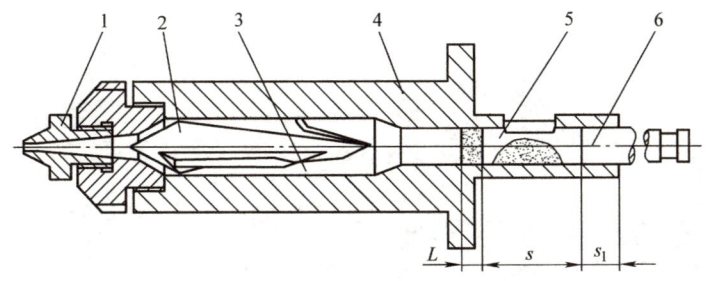

图 6-17　柱塞式注射机注射部分

1—喷嘴　2—分流梭　3—加热器　4—料筒　5—料斗　6—柱塞

2）往复式螺杆注射机（图 6-18）。往复式螺杆注射机使用的是螺杆注射装置，由注射液压缸、注射座和注射座移动液压缸、加热装置等组成。

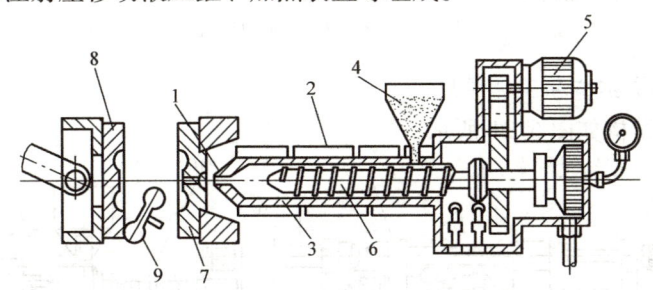

图 6-18　往复式螺杆注射机注射部分

1—喷嘴　2—加热装置　3—机筒　4—料斗　5—螺杆驱动液压马达　6—螺杆　7—定模　8—动模　9—塑件

（3）按合模装置的结构型式分类　可分为液压-机械式注射机及电动式合模注射机。

1）液压-机械式双曲肘合模装置（图 6-19）。它利用一个较小的液压缸通过一套机械联动装置来打开和闭合模具。当联动装置在装合位时达到满合模压力，由于是单个小型液压缸，所以运行速度很快。

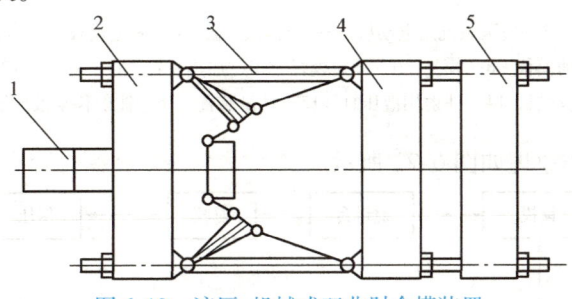

图 6-19　液压-机械式双曲肘合模装置

1—液压缸　2—调模板　3—拉杆　4—动模板　5—定模板

2）电动式合模装置（图 6-20）。电动式注射机合模装置是指使用交流伺服电动机，配以滚珠丝杠、同步带以及齿轮等元器件来驱动各机构的注射机。其最根本的特点是所有驱动模块全为电动式，而非传统的液压式。也就是说，在整套设备中没有液压系统，也没有任何液压元器件。

电动式合模装置是目前全电动式注射机的一部分，其注射装置中的各机构（注射、塑化、计量和座移等）及合模装置的各机构（开合模、锁模、顶出等）全部采用电动机驱动。

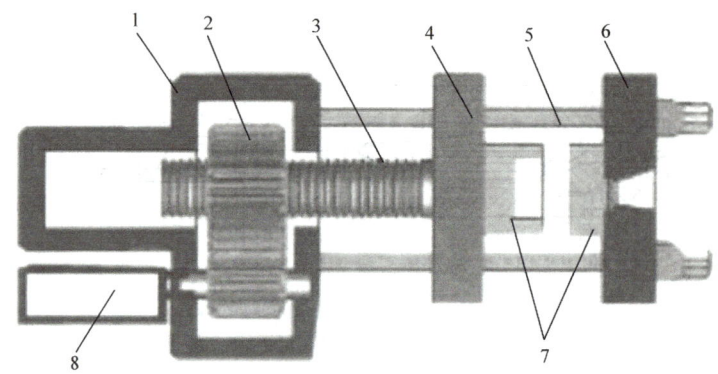

图 6-20　电动式合模装置

1—后定模板/调模配套　2—齿轮　3—滚珠丝杠　4—移动模板　5—拉杆　6—前定模板
7—模具　8—交流伺服电动机

5. 注射机的基本结构和工作原理

注射机的基本结构如图 6-21 所示。

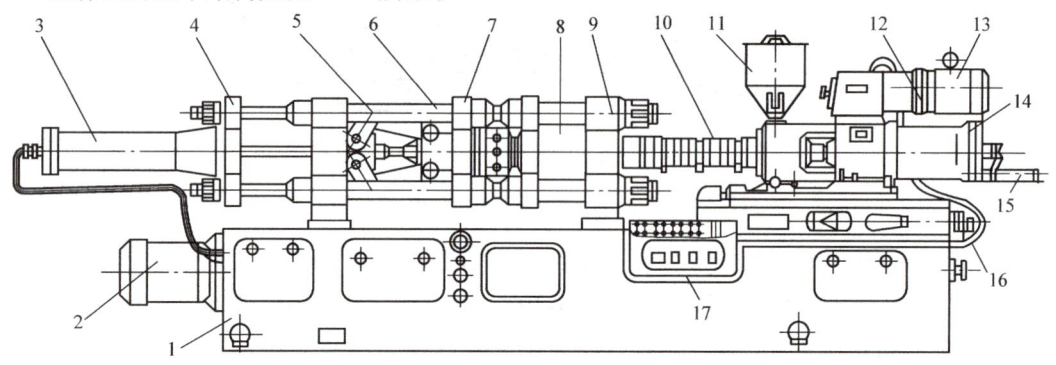

图 6-21　注射机的基本结构

1—机身　2—液压系统用电动机　3—合模液压缸　4—固定模板　5—合模机构
6—拉杆　7—移动模板　8—模具　9—固定模板　10—加热装置　11—料斗　12—螺杆用减速器
13—驱动螺杆电动机　14—注射用液压缸　15—计量装置　16—注射移动液压缸　17—操作台

注射机的基本动作原理如图 6-22 所示。

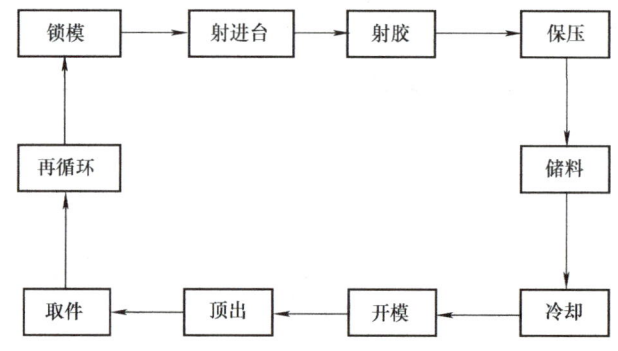

图 6-22　注射机的基本动作原理

6. 注射机的选用

（1）注射机技术参数的选择 注射机主要技术参数的选择见表6-11。

表6-11 注射机主要技术参数的选择

序号	技术参数	说 明
1	注射压力	注射压力是指注射机所能产生的最大压力，即注射机压力表所指示的数值
2	注射速度	注射速度是指单位时间射出熔料的射程或射出每次注射量需用最短时间，或每秒钟注入型腔内最大熔料体积。注射机分高速、低速两种
3	最大成型面积	最大成型面积为塑件在分型面上的投影面积
4	锁模力	克服型腔压力、夹紧模具所用的力，一般称为注射机额定锁模力
5	开模力	克服塑件对模具的附着力以及开启模具抽出型芯所用的力，即开模时各种摩擦力的总和
6	允许模具厚度	机器允许安装模具的最大厚度称为允许模具厚度。当闭模后达到规定的锁模力时，机器所允许安装的最小模具厚度
7	顶出装置顶出力	分为液压和机械两种形式，主要为顶出塑件而用的力
8	模板行程	模板间最大距离和模具最小厚度之差
9	模板距离	动模板与定模板之间的距离

（2）注射机的选用原则 为保证正常生产和获得良好的塑件，在模具使用前应正确选用注射机，其选用原则如下：

1）塑件及流道的总体积应小于注射机额定容积的0.8倍，即

$$0.8 V_{注} \geq n V_{件} + V_{浇}$$

式中 $V_{注}$——注射机的额定容量（cm^3）；

$V_{件}$——塑件体积（cm^3）；

$V_{浇}$——主流道和分流道的总体积（cm^3）；

n——型腔的数量。

2）成型时需用的注射压力应小于选用注射机的最大注射压力，即 $p_{注} \geq p_{成}$

$$p_{成} = (0.3 \sim 0.8) p_{注} = K p_{注}$$

式中 $p_{注}$——注射机额定最大注射压力（MPa）；

$p_{成}$——成型时型腔所需的注射压力（MPa）；

K——压力损失系数。

3）选用注射机的锁模力必须大于型腔压力产生的开模力，否则模具分型面分开将产生溢料，即

$$F_{锁} > p_{腔} A / 1000$$

式中 $F_{锁}$——锁模力（kN）；

A——塑件总投影面积（mm^2）；

$p_{腔}$——型腔压力，一般取40~50MPa。

4）注射机行程与模具最大厚度应满足下式之间的关系：

$$H_{最大} = L - S \text{ 或 } H_{最大} = L_2 + H_{最小}$$

式中 $H_{最大}$——模具最大厚度（mm）；

$H_{最小}$——模具最小厚度（mm）；

S——模板行程（mm），即模板间最大距离和模具最小厚度之差；

L——注射机模板间最大开档（mm）；

L_2——可调节长度（mm）。

5）注射机的闭合高度与模具厚度应满足以下关系式：

$$H_小 \leq H \leq H_大, \quad H_大 = H_小 + S$$

式中　H——模具厚度（mm）；

$H_小$——注射机最小闭合高度（mm）；

$H_大$——注射机最大闭合高度（mm）；

S——螺杆可调长度（mm）。

6）模具最大外形尺寸安装时应不受拉杆间距的影响。

7）模具安装用的定位环尺寸应与机床定位孔直径相配合。

8）模具的模板各安装孔一定要与注射机模板上的安装孔相对应。

9）机床喷嘴孔径和球面半径一定要和模具进料孔相对应。

10）注射机开模行程应满足以下关系式：

$$S \geq H_1 + H_2 + (5 \sim 10)$$

式中　S——注射机开模行程（mm）；

H_1——脱模距离（mm）；

H_2——塑件高度（mm）。

四、任务实施

1. 注射模安装方法和步骤

（1）安装前的准备

1）准备装模所用工具。按图6-23准备好相关工具。

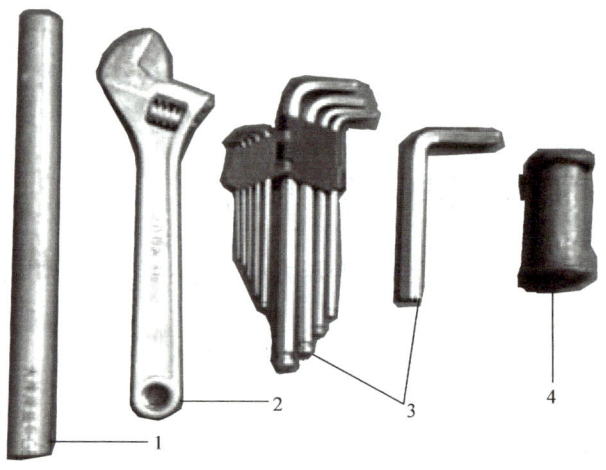

图6-23　装模工具

1—套管　2—活动扳手　3—内六角扳手　4—铜棒

2）开机。接通电源，起动注射机，使动模板、定模板处于开启状态。

3）清理杂物。清理模板平面及定位孔、模具安装面上的污物、毛刺等。

单元六 模具的安装、调试与验收

4)吊装模具。模具的吊装有整体吊装和分体吊装两种方法。本模具为小型模具,采用整体吊装法。

(2)安装注意事项 吊装模具时应注意安全。两人以上操作时,必须互相呼应,统一行动。模具紧固应平稳可靠,压板要放平,不得倾斜,否则无法压紧模具,而造成模具跌落。要注意防止合模时动模压板和定模压板以及推板和动模板相碰。模具压紧应平稳可靠,压紧面积要大,压板不得倾斜,要对角压紧,压板尽量靠近模脚。合模时,动模、定模压板不能干涉。

2. 模具安装过程及操作步骤

模具的安装过程及操作步骤见表6-12。

表6-12 注射模的安装过程及操作步骤

操作步骤	图 示
(1)接通电源,开启电动机与加热系统,检测各个动作是否正常、顶出是否合理等,并进行调整	
(2)在【调模】模式下调整注射机的闭合高度,与模具的闭合高度一致,也就是指注射机上动、定模两侧的距离与模具闭合高度一致	

(续)

操作步骤	图　　示
（3）起吊模具，在吊装过程中要注意安全，不要站在模具的下面，要与模具保持一定的斜度和距离	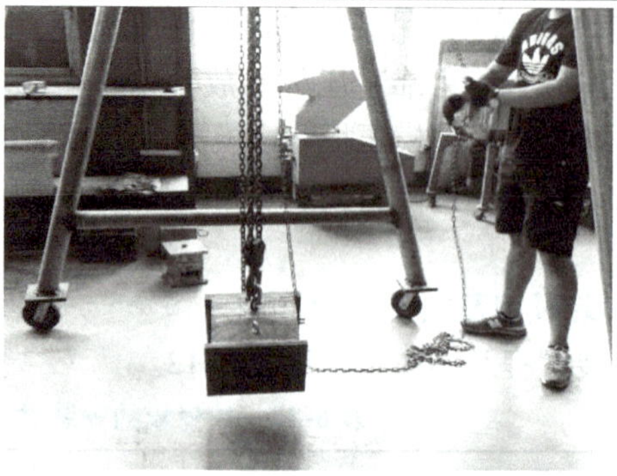
（4）将模具吊起超过注射机高度并将模具放在注射机动模板与定模板之间	
（5）将模具的浇口定位环对准注射机的定模板上的中心孔，对准之后合紧模具	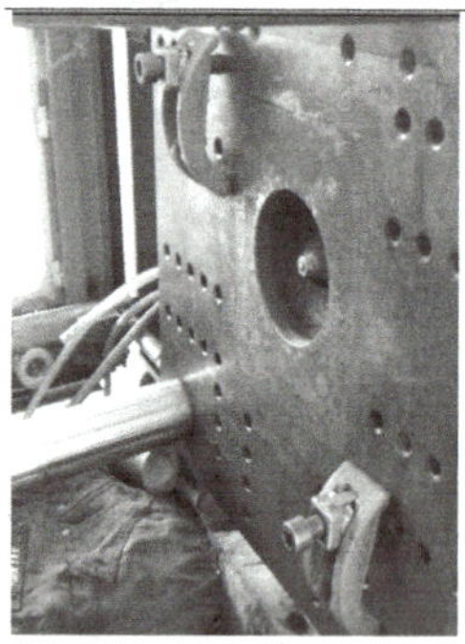 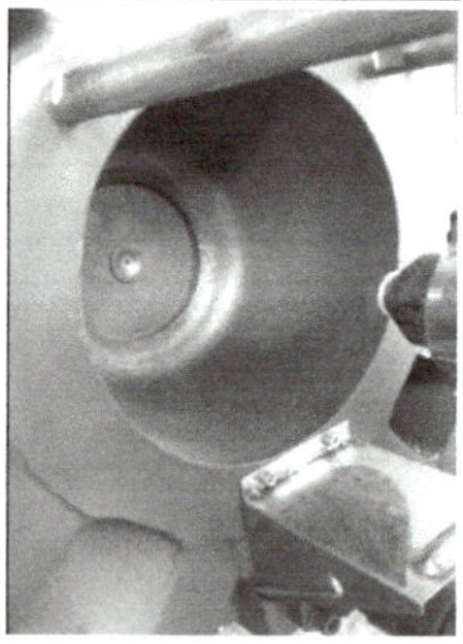
（6）确定合紧后，安装压模板，分别把模具的动模部分和定模部分压紧在注射机的动、定模上，并再次确认压模螺钉的松紧程度	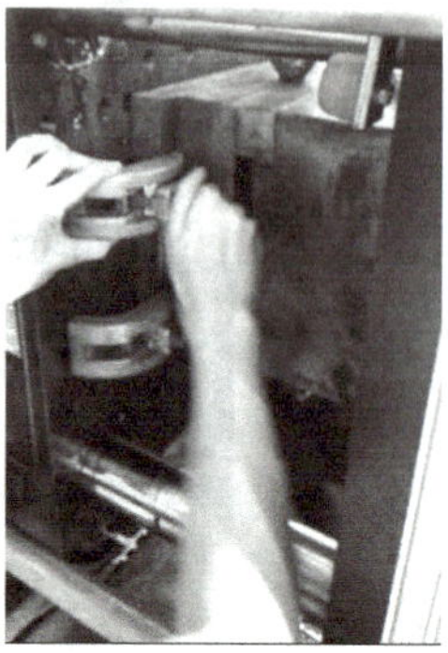 

（续）

操作步骤	图　　示
（7）安装冷却水管，并开启冷却水塔试通，确认无漏水后再进行下一步操作	
（8）打开模具后，检查型腔内是否有杂物	
（9）关上安全门，并根据模具的顶出方式与距离，调整相关顶出参数。调整模具分型面的松紧程度，初步设置成型参数，试制产品	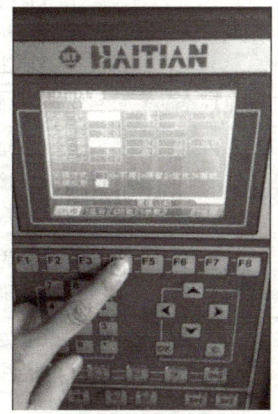

操作步骤	图示
（10）成型周期完毕后，开模并顶出产品，检查产品是否有缺陷，并逐步调试出合格产品	

五、检测评价

注射模的安装的检测考核评分按表 6-13 执行。

表 6-13 考核评分表

班级		姓名			座号	
任务	检测内容	配分	评分标准		实测记录	得分
注射模的安装	图样分析	5	1）图样分析，未完成扣 2.5 分 2）注射机参数了解，未完成扣 2.5 分			
	安装前的准备工作	16	1）注射模安装条件，未完成扣 4 分 2）模具检查，未完成扣 4 分 3）注射机技术状态，未完成扣 4 分 4）吊装设备是否满足要求，未完成扣 4 分			
	机器起动	10	1）起动前的检查，未完成扣 5 分 2）各动作是否正常，未完成扣 5 分			
	模具吊装	20	1）吊装过程是否符合要求，未完成扣 10 分 2）安装过程是否符合要求，机台的清理，未完成扣 10 分			
	模具调整	9	1）模具松紧度的调整，未完成扣 3 分 2）初步调整参数，未完成扣 3 分 3）注射装置与模具同心度的调整，未完成扣 3 分			
	顶出行程调整	5	可将制品顶出为止			
	接通水路、电路	15	1）接通冷却水路，未完成扣 5 分 2）接通电路，未完成扣 5 分 3）检查是否漏电，未完成扣 5 分			
	初步试机	10	1）先空载运转，观察模具各部位运行是否正常，未完成扣 5 分 2）确认可靠后，才可注射试模，未完成扣 5 分			
	安全操作	10	1）安全步骤正确且过程娴熟，未完成扣 5 分 2）注意安全，未完成扣 5 分			
总分						
现场记录						

单元六 模具的安装、调试与验收*

复习思考题

1. 常用的注射机有哪几种结构方式？试述其各自的特点。
2. 简述塑料模具在安装过程中的注意事项。
3. 注射模安装过程中有哪几种吊装形式？
4. 注射机的选用原则是什么？

任务四　注射模的调试

【知识目标】

1. 掌握注射机调试的安全操作规程。
2. 了解注射机调试的主要参数。
3. 了解产品常见的缺陷及其产生的原因。

【技能目标】

1. 掌握注射模在注射机上的调试步骤。
2. 掌握注射模在注射机上的拆卸步骤。

一、任务布置

为了保证生产出合格的产品，必须对安装在注射机上的模具进行调整与调试。本任务要求同学们对杯子模具（侧向分型面结构）的熔融温度、开合模压力参数、射出参数、顶出参数等各功能参数进行调整，分析调试过程中出现塑件缺陷的原因，并提出改进措施，直至生产出合格的产品。

二、任务分析

注射模安装完成之后，需在正常生产条件下进行试模，以了解该模具的实际使用性能是否满足生产需要，是否有不完善的地方需要改进或调整。在调试过程中，应首先调整各相关参数，其次分析缺陷产生的原因，并做出相应的调整。所以在调整过程中，应正确调节熔融温度、开合模压力参数、射出参数、顶出参数和各功能参数。在实际生产中，产品缺陷还可能由模具自身缺陷而产生，因此还可能要修整模具，甚至重新制造一套模具。

三、相关知识

1. 注射机的基本参数

（1）注射量　注射量是指注射机的注射装置在对空注射的条件下，注射螺杆一次最大的行程所注射的胶量。注射量在一定程度上反映了注射机的加工能力，标志着能成型的最大塑件，因而经常作为注射机规格的参数。注射量一般是用注射出熔料的体积（单位为 cm^3）来表示。

理论最大注射量的表达式为

$$Q = \pi D^2 S/4$$

式中　Q——理论最大注射量（cm^3）；
　　　D——螺杆的直径（cm）；
　　　S——螺杆的最大行程（cm）。

这只是一个初步的计算公式，具体的理论最大注射量还要根据螺杆的螺纹深度和宽度来计算。

（2）注射压力　注射压力是指注射机的注射装置为了克服熔料流经喷嘴、流道和型腔时的流动阻力。螺杆（或柱塞）对熔料必须施加足够的压力，这种压力称为注射压力。注射压力的大小与流动阻力、塑件形状、塑料性能、塑化方式、塑化温度、模具温度及对制品精度要求等因素有关。

（3）注射速度（或注射时间）　注射速度是指在单位时间内所注射的胶量。它的选定很重要，直接影响到塑件的质量和生产率。常用注射速度、注射时间见表6-14。

表6-14　常用注射速度、注射时间

注射量/cm^3	125	250	500	1000	2000	4000	6000	10000
注射速度/(cm^3/s)	125	200	333	570	890	1330	1600	2000
注射时间/s	1	1.25	1.5	1.75	2.25	1.75	3.75	5

（4）塑化能力　塑化能力是指注射机的塑化装置在单位时间内所能塑化的物料量。它是生产率高低的量化值，合理选择塑化能力有利于提高生产率和产品质量，否则会影响生产和产品质量。

（5）锁模力（合模力）　锁模力是指注射机的合模机构对模具所能施加的最大夹紧力。注射时熔料以一定的注射压力和速度进入模具型腔，在锁模力的作用下，成型模具不致因熔料的注射压力作用而胀开。

塑件注射成型所需的最小锁模力（即成型模具不致胀开的锁模力）为

$$F \geq KpA \times 10^{-3}$$

式中　F——锁模力（kN）；
　　　p——型腔的内压力（MPa）；
　　　A——制品外形在模具分型面上的垂直投影面积（mm^2）；
　　　K——安全系数，一般取 $K = 1 \sim 1.2$。

成型模具型腔内压力值的计算比较困难，因为它与熔料的注射压力、黏度、塑化条件及塑件形状、模具结构和冷却定型温度有关。所以，这里只能取模具型腔内的平均压力（这个平均压力是个经验数据，即型腔内总压力与塑件投影面积的比值）来计算注射机的锁模力，即

$$F \geq K p_{平均} A$$

不同塑件的成型条件与型腔内平均压力见表6-15。

单元六　模具的安装、调试与验收*

表 6-15　不同塑件的成型条件与型腔内平均压力

成型条件	型腔内平均压力/MPa	塑件结构
易于成型塑件	25	PE、PP、PS 成型壁厚均匀的日用品等
普通塑件	30	薄壁容器类，原料为 PE、PP、PS
物料黏度高	35	ABS、聚甲醛（POM）等精度高的工业用零件
塑件精度高	35	ABS、聚甲醛（POM）等精度高的工业用零件
物料黏度特别高	40	高精度机械零件
塑件精度高	40	高精度机械零件

（6）合模装置的基本尺寸　它包括模板尺寸、拉杆空间的最大距离、模板间的最大距离、动模板的行程、模板最大厚度与最小厚度。这些参数规定了机器所加工制品使用的模具尺寸范围，也是衡量合模装置质量优劣的基本参数。

（7）开模、合模速度　目前国内外均采用先进的液压传动系统，由于采用了先进精密的压力阀和速度阀控制，使开模、合模速度大大提高。高速时已达到 25~35m/min，有的甚至达到 60~90m/min。

2. 注射机性能的调整

手动调整模具厚度的注意事项如下：

1）装模前，测量模具厚度，估计模具顶杆板最大顶出行程。用手动操作调好模距并使模具刚好受到少许压力，再停机把模具固定好。

2）模具固定好后，将锁模、开模压力及速度调至 30%~40%，取消任何快速动作。开模后，检查模具内是否有杂物，按顶出动作按钮，将推杆顶出，查看顶杆行程是否到位。再调整模厚，调整好三级锁模压力和速度，使模具合紧状态达到最佳位置。一般来说，锁模液压缸所产生推力与液压缸内的工作压力成正比。但由于普通注射机机铰力的放大作用，两者之间并不呈线性比例。所以，锁模力以达到足够防止注射时产生溢边即可。不必将锁模力调得太高，以免加重机铰的负荷。

3）射嘴中心调校。射嘴中心要和模具浇口套中心相对应，公差一般在 0.5mm 之内。

4）背压的调整。背压的目的主要是增加熔胶筒内塑料熔化后的密度，故其调整应依照塑料原料的特性及塑件的需求而做适当调整。背压可改善制品缩水，但若调整不当也会造成多方面的不利，如脱模困难、浇注系统凝料拉断等。

5）液压马达过载保护调整。为了防止液压马达过载，机器装有电流过载切断器。当液压马达过载时就会自动切断其电源，防止液压马达损坏。

6）冷却水的调节。冷却水的量要视注射机的负荷程度而定。模具的冷却不当会影响成品的品质及造成脱模困难。熔料筒尾部的冷却运水圈应保持畅通及低温，以防止熔料在料斗口附近熔化，造成回料困难。

3. 模具使用应注意的事项

1）模具在使用过程中，温度变化要均匀，切勿过冷过热。

2）卸件时要细心，防止刮伤模具表面。每次压制前都要检查型腔内是否有漏掉的嵌件或其他杂物，并保持腔内清洁。拆卸模具冷却水管时应由下至上，以免模具型腔内进水。

3）塑件卸出后，一定要对型腔进行清理，一般用压缩空气吹拂或用木制小刮刀、专用工具清理残料及杂物,绝不能刮伤型腔表面。

4) 模具用过一段时间后,要定期检查型腔及模底面的废弃物。

5) 适当使用脱模剂,不要用得太多。

6) 模具的滑动部位如导柱、导套等应定时润滑。

4. 模具调整与试模

(1) 调整模具松紧度 按模具闭合高度、脱模距离调节锁模机构,保证有足够的开模行程和锁模力,使模具闭合后松紧程度适当。一般情况下,模具闭合后分型面之间的间隙应保持在 0.02 ~ 0.04mm 之间,以防止塑件严重溢边,又可保证型腔能适当排气。对于加热模具,应在模具达到预定温度后再调整一次。最终调定应在试模时进行。

注意事项:曲肘伸直时,应先快后慢,既不轻松又不勉强。

(2) 调整推杆顶出距离 模具紧固后慢速开模到设定位置,这时把推杆位置调到模具上的推板与模体之间,留 5 ~ 10mm 的间隙,以防止顶坏模具,但又能顶出塑件,保证顶出距离。并在开合模具时观察推出机构动作是否平稳、灵活,复位机构动作是否协调、正确。

注意事项:顶板不得直接与模体相碰,应留有 5 ~ 10mm 间隙。开合模具后,顶出机构应动作平稳、灵活,复位机构应协调可靠。

(3) 校正喷嘴与浇口套的相对位置及弧面接触情况 可用一张纸放在喷嘴及浇口套之间,观察两者接触情况。校正后拧紧注射座定位螺钉,紧固定位。

(4) 保证水路畅通 接通冷却水路,水路应通畅,各接口位置不得有渗漏现象。

(5) 空载运转 试机前先空载运转,观察模具运行是否正常,确认可靠后才可注射试模。

注意事项:操作时一定小心谨慎注意安全,试机前一定要将场地清理干净。

5. 注射模试模缺陷、产生原因及解决办法

热塑性注射模在调试过程中可能出现的缺陷、产生的原因及解决办法见表 6-16。

表 6-16 热塑性注射模在调试过程中可能出现的缺陷、产生的原因及解决办法

缺陷类型	产生原因	解决办法
塑件不完整	1) 注射量不够,加料量及塑化能力不足 2) 塑料粒度不同或不匀 3) 多型腔时,进料口平衡不好 4) 喷嘴及料箱温度太低或喷嘴孔径太小 5) 注射压力小,注射时间短,保压时间短,螺杆和柱塞退回过早 6) 注射速度太快或太慢 7) 塑料流动性太大 8) 飞边溢料过多 9) 模温低,塑料冷却快 10) 模具浇注系统流动阻力大,进料口位置不当且截面小 11) 排气不当,无冷料穴,设计不合理 12) 脱模剂过多,型腔中有水分 13) 塑料含水或挥发性物质	1) 加大注射量和加料量,提高塑化能力 2) 改用新塑料 3) 修整进料口,使各型腔进料口相同 4) 提高喷嘴及料箱温度或更换新的喷嘴 5) 提高注射压力,延长注射及保压时间 6) 合理控制注射速度 7) 选择流动性合适的塑料材料 8) 使溢料槽变小 9) 提高模温 10) 修整进料口,加大截面 11) 增加或修整冷料穴,使模具有效排气 12) 适当使用脱模剂清除型腔内水分 13) 塑料在使用前要烘干

单元六　模具的安装、调试与验收*

（续）

缺陷类型	产生原因	解决办法
塑件尺寸不稳定	1）注射机电器或液压系统不稳定 2）模具强度不足，定位杆弯曲、磨损 3）成型条件（温度、压力、时间）变化，成型周期不一致 4）模具精度不良，活动零件动作不稳定，定位不准确 5）模具合模时，时紧时松，易出飞边 6）浇口太小，多腔进料口大小不一致，进料不平衡 7）塑料加料量不均 8）塑料颗粒不均，收缩率不稳定	1）调整注射机，使其电器部分、液压系统稳定可靠 2）提高模具强度，更换定位杆 3）控制成型条件，使每一个塑件的成型周期稳定一致 4）调整模具，使活动零件动作平稳，定位零件定位准确 5）增大锁模力，使合模稳定 6）修整浇口，使其进料合适 7）控制加料量，每次定量加料 8）更换新的塑料
塑件有气泡	1）塑料含水量太大，有挥发性物质存在 2）料温高，加热时间长 3）注射压力小 4）柱塞或螺杆退回过早 5）模具排气不良 6）模具温度低 7）注射速度过快 8）模具型腔内有水、油污或使用脱模剂不当	1）更换新塑料或在使用前烘干 2）降低温度，缩短加热时间 3）加大注射压力 4）控制柱塞退回时间 5）增设冷料穴，使其排气良好 6）提高模具温度 7）降低注射速度 8）清除型腔内的水分及油污，合理使用脱模剂
塑件产生凹痕、塌坑或气泡	1）进料口太小或数量不够 2）塑件设计不合理，壁太厚或薄厚不均 3）进料口位置不当，不利于供料 4）料温高，模温也高，冷却时间短，易出凹痕 5）模温低，易出真空泡	1）加大进料口截面积，或增加进料口数量 2）改进塑件设计或在壁厚处增设工艺型孔 3）改进进料口位置 4）降低料温、模温，增加冷却时间 5）增加模温和保压时间，加大注射压力和速度
塑件有溢边	1）分型面贴合不严，有间隙；型腔和型芯部分滑动零件间隙过大 2）模具强度或刚性差 3）模具各支承面平行度差 4）模具单向受力或安装时没有被压紧 5）注射压力大，锁模力不足或锁模机构不良；注射机定模板、动模板不平行 6）塑件投影面积超过注射机允许的塑件制品面积 7）塑料流动性太大，料温、模温高，注射速度快 8）加料量大	1）调整模具，使分型面密合，减小型腔、型芯部分滑动零件间隙值 2）重新修整模具，加大强度及刚性 3）重修模具，使各支承面互相平行 4）重新安装模具 5）减小注射压力，增加锁模力，重新调整注射机 6）更换大容量的注射机 7）更换塑料，重新调整注射速度，降低料温、模温 8）减少加料量
色泽不均或变色	1）颜料质量不好，搅拌不均匀或塑化不均匀 2）型腔表面有水分、油污或脱模剂过多 3）塑料与颜料中混入杂质 4）结晶度低或塑件壁厚不均，影响透明度，造成色泽不均	1）更换颜料，搅拌均匀，使之与塑料一起塑化 2）清理型腔水分，合理使用脱模剂 3）更换新材料 4）改善塑件工艺

(续)

缺陷类型	产生原因	解决办法
塑件表面或内部产生明显的细缝	1）料温低，模具温度也低 2）注射速度慢，注射压力小 3）进料口位置不当，进料口数量多或浇注系统流程长、阻力太大或料温下降太快 4）模具冷却系统设计不合理 5）塑件薄、嵌件过多或薄厚不均，使料在薄壁处汇合出现溶接不良 6）嵌件温度太低 7）塑料流动性差 8）模具型腔内有水，润滑剂、脱模剂太多 9）模具排气不良 10）纤维填料分布融合不均	1）提高料温、模温 2）加快注射速度，加大注射压力 3）调整进料口和浇注系统 4）改变冷却流道，使之冷却均匀 5）重新改进塑件设计，使之符合工艺性 6）嵌件在使用前应预热 7）更换流动性好的材料 8）清除型腔内的水分，适量使用润滑剂和脱模剂 9）增设排气冷却槽，充分排除气体 10）改善填料，使之分布均匀
塑件表面出现银丝及波纹	1）料温低，模温、喷嘴温度也低 2）注射压力小，注射速度慢 3）冷料穴设计不合理，其中有冷料未清除，塑料流动性差 4）模具冷却系统设计不合理 5）浇注系统流程长、截面积小，进料口尺寸大小及形状、位置不正确，使熔料流动受阻；冷却快，出现波纹状 6）塑件壁薄，投影面积大，形状复杂 7）供料不足 8）流道曲折、狭窄，表面粗糙	1）提高模温、料温及喷嘴温度 2）提高注射压力，加快注射速度 3）改善冷料穴，清除冷料，更换流动性好的塑料 4）修整模具冷却系统 5）改进浇注系统，并加大截面积 6）改变塑性设计，使之符合工艺性 7）加大供料量 8）改修流道，抛光使其表面光洁
塑件表面沿流动方向产生银白色针状条纹或片状云母纹（水痕）	1）塑料温度太高，模具温度也高 2）塑料含水分及挥发物 3）注射压力太小 4）料中含有气体，排气不良 5）流道进料口小 6）模具型腔有水，润滑剂、脱模剂使用过多 7）模温低，注射压力小，注射速度低；熔料填充慢，冷却快，易形成银白色或白色反射光的薄层（常有冷却痕） 8）熔料从薄壁流入厚壁时膨胀，挥发物汽化与模具表面接触液化成银丝 9）配料不当，混入异物或不熔料，发生分层脱离	1）降低料温、模温 2）烘干塑料 3）加大注射压力 4）改善排气系统 5）加大进料口 6）清除模具型腔内水分，合理使用润滑剂及脱模剂 7）提高模温，加大注射压力和注射速度 8）改善塑件设计，使厚薄壁均匀过渡，符合工艺性 9）配料时注意纯度

（续）

缺陷类型	产生原因	解决办法
塑件翘曲或变形	1）冷却时间不够，模温高 2）塑件形状设计不合理，薄厚不均，相差太大，强度不足；嵌件分布不合理，预热不足 3）进料口位置不合理，尺寸小；料温、模温低，注射压力小，注射速度快；保压补缩不足，冷却不均，收缩不匀 4）动模、定模温差大，冷却不均，造成变形 5）塑料塑化不均，供料不足或过量 6）冷却时间短，出模太早 7）模具强度不够，易变形，精度低，定位不可靠，磨损严重 8）进料口位置不合理，料直接冲击型芯，两侧受力不均	1）延长冷却时间，降低模温 2）重新修改塑件，使之符合工艺设计 3）加大进料口或改变其位置，合理安排注射工艺规程 4）合理控制模温，使动、定模温度均匀 5）应定量供料 6）合理控制出模时间 7）修正或重装模具 8）调整及改变进料口位置
塑件产生裂纹	1）脱模顶出不合理，顶出力分布不均匀 2）模温太低或模具受热不均匀 3）冷却时间过长或过快 4）脱模剂使用不当 5）嵌件不干净或预热不够 6）型腔脱模斜度小，有尖角或缺口，容易产生应力集中 7）成型条件不合理 8）进料口尺寸过大或形状不合理 9）塑料混入杂质 10）填料分布不均	1）调整模具顶出机构，使其受力均匀 2）提高模温，并使其各部受热均匀 3）合理控制冷却时间 4）合理使用脱模剂 5）预热嵌件，清除表面杂质、杂物 6）改善塑件设计或修整型腔脱模斜度 7）改善塑件成型条件并严格控制 8）改进进料口尺寸及形状 9）使用干净塑料，清除杂质 10）合理使用填料，搅拌均匀
塑件表面产生黑点、黑条或沿塑件表面呈炭状烧伤现象	1）机筒清洗不洁净或有混杂物 2）模具排气不良或锁模力太大 3）塑料中或型腔表面有可燃性挥发物 4）塑料受潮，水解变黑 5）染色不均，有深色物或颜料变质 6）塑料成分分解变质	1）清洗机筒，检查塑料有无杂质及时清除 2）合理修整模具排气系统，减小锁模力 3）清理型腔表面，应无杂物和水分存在 4）使用前烘干塑料，去除水分 5）合理配料 6）采用新材料
脱模困难	1）型腔表面粗糙 2）型腔脱模斜度小 3）模具镶块处缝隙太大 4）型芯无进气孔 5）模具温度太高或太低 6）成型时间不合理 7）顶杆太短 8）拉料杆失灵 9）型腔变形大，表面有伤痕造成脱模难 10）活动型芯脱模不及时 11）塑料发脆，收缩大 12）塑件工艺性差，不易从模中脱出	1）抛光型腔 2）修理型腔，加大脱模斜度 3）重修模具，使之密合 4）增设进气孔 5）改善模具温度 6）控制成型时间 7）加长顶杆 8）修整拉料杆 9）修整型腔并抛光 10）修整活动型芯，及时脱模 11）更换塑料 12）更新塑件设计，使之符合工艺性

四、任务实施

1. 试模前的准备工作

1）试模原料的准备。检查试模原料是否符合图样规定的技术要求，原料应进行预热与烘干。

2）熟悉图样及工艺。熟悉塑件产品图，掌握塑料成型特性和塑件特点，熟悉模具结构、动作原理及操作方法，掌握试模工艺要求、成型条件及正确操作方法，熟悉各项成型条件的作用及相互关系。

3）检查模具结构。按图样对模具进行仔细检查，无误后才能开始试模。

4）工具及辅助工艺配件的准备。准备好试模用的工具、量具、夹具；准备一个记录本，以记录在试模过程中出现的异常现象及成型条件的变化状况。

2. 注射模的试模与调整过程

1）注射模注射成型工艺过程如图 6-24 所示。

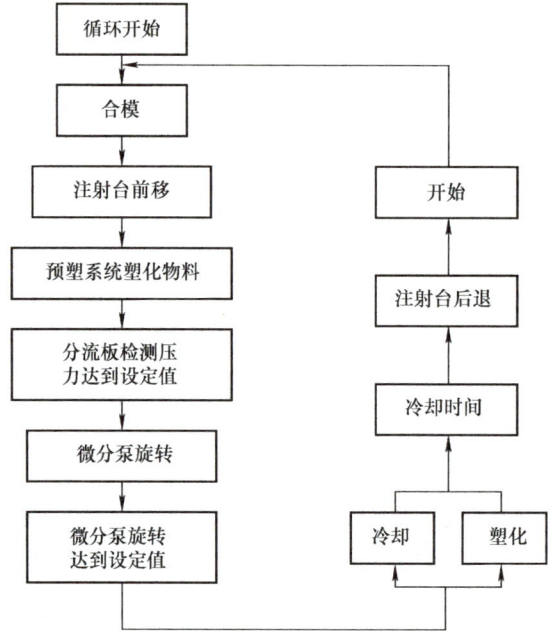

图 6-24　注射模注射成型工艺过程

2）调试注射机各参数，原料为聚丙烯（PP）。

① 调整注射温度（表 6-17）。

表 6-17　温度设定页面

项目	设定温度/℃	现在温度（实际温度 ±5）/℃
射嘴温度	200	200
一段温度	208	208
二段温度	200	200
三段温度	190	190
四段温度	180	180

② 调整模座参数（表6-18）。

表6-18 模座参数设定页面

项目	位置/mm	压力/MPa	速度（%）
关模一段	230	65	50
关模二段	150	70	80
关模低压	20	10	30
关模高压	4	130	16
开模一慢	0	110	18
开模快一	20	60	40
开模快二	60	80	80
开模二慢	150	50	60
开模终止	230	—	—

③ 调整射出参数（表6-19）。

表6-19 射出参数设定页面

项目	起始位置/mm	压力/MPa	速度（%）
射出一段	83	90	80
射出二段	30	62	52
射出三段	0	0	0
射出四段	0	0	0
储料一段	0	85	80
储料二段	50	85	80
储料三段	70	85	80
储料终止	82	—	—
射退	1	40	40

④ 调整顶出参数（表6-20）。

表6-20 顶出参数设定页面

项目	起始位置/mm	压力/MPa	速度（%）
托进一段	1	70	20
托进二段	3	32	20
托进终止	30	—	—
托退一段	30	32	32
托退二段	4	80	20
托退终止	1	—	—

⑤ 调整功能参数（表6-21）。

表6-21 功能参数设定页面

项目	设定数	说明
锁模速度	1	1—高速；2—快速
射台动作	1	1—使用；2—不用
机械手	2	1—使用；2—不用
顶针种类	1	1—停留；2—多次；3—定次
铰牙动作	2	1—使用；2—不用；3—抽芯
抽芯动作	1	1—时间；2—行程
注射方式	1	1—时间；2—行程

3. 注射模的卸模

完成产品试生产后，要从注射机上卸下注射模，其步骤如下：

1）对模具的工作部分或主要零件部分做缓蚀处理，涂上缓蚀剂。
2）用手动或点动使注射模动、定模处于完全闭合状态，但不能合得太紧。
3）用吊装车吊起模具，松紧适度。
4）关闭电动机，使注射机处于停机状态，然后松开模具夹持块上的紧固螺栓及紧定螺钉。
5）起动电动机，将开模压力调低，速度调慢，慢慢开模，使注射模脱离注射机的动模板和定模板。再将模具吊离注射机，放置在指定的地方，完成卸模的全部工作。
6）对模具和机器进行保养。

五、检测评价

学生实践考核按表6-22进行评价，并评出总成绩。

表6-22 考核评分表

班级		姓名			座号	
任务	检测内容	配分	评分标准		实测记录	得分
注射模的调试	模具结构与产品分析	5	根据模具结构图，分析模具结构特点和产品结构，选用原料，少一项扣2分			
	塑料性能分析、注射机参数分析	10	了解产品所用原料的特点和性能以及注射机参数的设定与分析，少一项扣2分			
	模具冷却系统的连接	10	掌握冷却方式和要求，正确连接冷却系统，少一项扣2分			
	时间设定页面	10	设定注射时间、冷却时间、开合模时间、熔料时间等重要参数及其他辅助参数，少一项扣2分			
	压力设定页面	10	设定三级锁模压力、三级开模压力、多级注射压力、熔料压力、顶出压力、座台进退压力、调模压力及抽脱料压力等，少一项扣1分			
	速度设定页面	10	设定三级锁模速度、三级开模速度、多级注射速度、熔料速度、顶出速度、座台进退速度、调模速度及抽脱料速度等，少一项扣1分			
	功能设定页面	5	根据模具要求选择相应的功能，少一项扣1分			
	温度设定页面	5	根据产品和原料特点设定适当的加工温度，少一项扣1分			
	成型工艺参数的确定	15	能达到产品质量要求的成型工艺参数，少一项扣2分			
	试模结果分析、参数的汇总、记录	10	对试模结果进行分析，汇总合格产品参数并记录，少一项扣2分			
	安全操作事项	10	① 操作步骤正确且过程熟练，来完成扣5分 ② 注意安全，来完成扣5分			
总分						
现场记录						

单元六　模具的安装、调试与验收*

复习思考题

1. 注射机调试过程中的基本参数有哪些？
2. 注射机的选用主要参考哪些参数？
3. 在调试过程中塑件产生裂纹主要是由哪些原因引起的？如何处理？

任务五　模具的验收

【知识目标】

1. 了解冲压模的验收标准与要求。
2. 了解注射模的验收标准与要求。

【技能目标】

1. 能够根据冷冲模具的验收标准与要求进行冷冲模具的验收。
2. 能够根据注塑模具的验收标准与要求进行注塑模具的验收。

一、冲压模的验收标准

冲压模的验收标准主要从模具材料、模具编码、模具结构和外观、制件要求等方面进行验收，具体项目要求如下：

1. 模具材料

1）高速级进端子模三块主板（上夹板、脱料板、下模板）使用 SLD，硬度为 60～64HRC，做超深冷处理。垫板使用 SKD-11，硬度为 58～62HRC，不做深冷处理。模座使用 S45C 材料。冲头入块，刀口入块试模期间使用 SKH-9，正式生产时使用 ASP60，其他入块使用 SKD-11。

2）大型级进模（制品材料较厚、较大的模具）下模板，脱料板使用 Cr12MoV，硬度为 58～60HRC。垫板使用 Cr12，硬度为 56～58HRC。模座、上夹板使用 S45C。冲头入块和刀口入块使用 SKD-11，硬度为 58～62HRC。其他入块使用 Cr12。单工序模与此项相同。

2. 模具编码

1）每套模具上模座侧面必须刻上模号（参照冷冲模设计规范模号编码原则）。

2）每个零件上必须刻有件号，上夹板零件用 P 表示，如上夹板第一个工站第一个零件，该件号为 P01-1。脱料板零件用 S 表示，编码原则同上。下模板零件用 D 表示，编码原则同上。

3. 模具结构和外观

1）成型结构要合理，保证所出制品外观及尺寸能达到图样的要求，无明显擦痕和裂纹，生产时尺寸稳定，便于维修。

2）导料板和销要按规范设计，大型模具导料板和材料单边间隙为 0.1mm。端子模具导

177

料板和材料单边间隙为 0.05mm。料带浮升高度要高出下模突出最高零件 1mm 以上。进料方向尖角处要倒角。

3）入块刀口及冲头的固定方式要方便拆卸，固定强度适合，生产中不能有冲头或其他入块脱落。

4）端子模具要做切边定位，方便生产时换料。

5）按标准做快速架模装置，吊模螺钉孔和码模槽。

6）模具各个部件要便于拆卸，维修时不能折模板。

7）模板四周不能有尖角、毛刺。

8）入块四周底部非工作面要做倒角。

9）模板外观不能有明显划痕和机械打磨痕迹。

10）模具螺钉不能漏装，螺钉密度要适中。

4. 导正、定位装置

1）正常生产开模时引导冲不能有带料，引导冲与引导孔的单边间隙为 0.01mm，超过 0.8mm 的厚材料单边间隙为 0.025mm。

2）单工序定位销和入料处要做倒角，以便于材料进入，定位间隙为 0.01~0.02mm。

3）固定销要做轻紧配，大型模具要使用带可拔出螺钉的固定销，方便取出固定销。

5. 压料和弹出装置

1）厚材料（超过 1mm）向上折弯成形时，折弯冲头不能固定在脱料板上，应固定于上夹板上用强力弹簧顶出（力超过下模 2 倍以上）。

2）脱料板弹簧部分要均匀，力量平衡适中。脱料板弹开时不允许有很大响声。

3）下模顶销弹簧力量不能过大，顶起材料即可。

4）弹簧压缩量要适当，为保证弹簧寿命不能采用极限压缩量。

6. 冲裁间隙和落料

1）冲裁间隙按材料厚度的 3%~4% 计算，间隙要均匀。

2）各部件间隙要按图面要求加工，间隙要符合要求。

3）刀口做落料斜度，端子刀口直身位为 1mm，其他模具为 2mm。落料要顺畅不能有堵料现象。

4）特殊落料部位要做排气孔，模具底部要做吸料装置接吸料机。

5）新模具在试生产时，不能有废料从刀口跳出。

6）产品与材料分离后不能带至上模，要有卸料装置。

7）刀口接刀处不能重复，要采用点接或过切。

7. 模具安全装置

1）端子模具要安装下止点检测装置，且安装于模具正面。

2）所有级进模要安装误送检测装置。误送检测装置要安装于模具正面。

3）模具闭合限位装置不低于 2 个。

4）出料检测装置的作用是检测制品是否从模内移出。

8. 模具标准件

1）内外导柱大小要与模具长度大小相匹配。模具长度超 600mm 时，内导柱直径为 20mm，外导柱直径在 38mm 以上。

2) 引导冲大小要与材料厚度相匹配，引导冲直径是材料厚度的 3 倍以上。

3) 当模具打开时，安全报警销要高出脱料板 15mm 以上。

9. 模具寿命

1) 端子模具连续生产 10 万次，中途未出现异常为合格。

2) 大型级进模连续生产 1 万次，中途未出现异常为合格。

10. 制件要求

1) 胶件的几何形状、尺寸大小、精度应符合正式有效的开模图样（或 3D 文件）要求。

2) 模具所产出的成品没有毛边、毛刺、压痕、变形、裂纹、起皱等缺陷。

二、注射模的验收标准

注射模的验收，主要是对以下这几个方面进行，以判定模具的合格性。

1. 成型产品外观、尺寸、配合

1) 产品表面不允许有的缺陷：缺料、烧焦、顶白、白线、披峰、起泡、拉白（或拉裂、拉断）、烘印、皱纹。

2) 熔接痕：一般圆形穿孔熔接痕长度不大于 5mm，异形穿孔熔接痕长度小于 15mm，熔接痕强度能通过功能安全测试。

3) 收缩：外观面明显处不允许有收缩，不明显处允许有轻微缩水（手感觉不到凹痕）。

4) 变形：一般小型产品的平面度误差小于 0.3mm，有装配要求的需保证装配要求。

5) 外观明显处不能有气纹、料花，产品一般不能有气泡。

6) 产品的几何精度应符合正式有效的开模图样（或 3D 文件）要求，产品公差需根据公差原则确定，轴类尺寸公差为负公差，孔类尺寸公差为正公差，顾客有要求的按要求生产。

7) 产品壁厚：产品一般要求做到平均壁厚，非平均壁厚应符合图样要求，公差根据模具特性应做到 -0.1mm。

8) 产品配合：面壳底壳表面错位小于 0.1mm，不能有刮手现象，有配合要求的孔、轴、面要保证配合间隙和使用要求。

2. 模具外观

1) 模具铭牌内容完整，字符清晰，排列整齐。

2) 铭牌应固定在模腿上靠近模板和基准角的地方。铭牌固定可靠、不易剥落。

3) 冷却水嘴应选用五金水嘴，顾客另有要求的按要求生产。

4) 冷却水嘴不应伸出模架表面。

5) 冷却水嘴需加工沉孔，沉孔直径为 25mm、30mm、35mm 三种规格，孔口倒角，倒角应一致。

6) 冷却水嘴应有进出标记。

7) 标记英文字符和数字应大写，位置在水嘴正下方 10mm 处，字迹应清晰、美观、整齐、间距均匀。

8) 模具配件应不影响模具的吊装和存放。安装时下方有外露的液压缸、水嘴、预复位机构等，应有支承腿保护。

9) 支承腿的安装应用螺钉穿过支承腿固定在模架上，过长的支承腿可用车加工外螺纹紧固在模架上。

10）模具顶出孔尺寸应符合指定的注射机要求，除小型模具外，不能只用一个中心顶出。

11）定位圈应固定可靠，圈直径有100mm、250mm，定位圈高出底板10～20mm。顾客另有要求的除外。

12）模具外形尺寸应符合指定注射机的要求。

13）安装有方向要求的模具应在前模板或后模板上用箭头标明安装方向，箭头旁应有"UP"字样，箭头和文字均为黄色，字高为50mm。

14）模架表面不应有凹坑、锈迹、多余不用的吊环和进出水、气、油孔等以及影响外观的缺陷。

15）模具应便于吊装、运输，吊装时不得拆卸模具零部件，吊环不得与水嘴、液压缸、预复位杆等干涉。

3. 模具材料和硬度

1）模具模架应选用符合国家标准的标准模架。

2）模具成型零件和浇注系统（型芯、动定模镶块、活动镶块、分流梭、推杆、浇口套）材料采用力学性能高于40Cr的材料。

3）成型对模具有腐蚀性的塑料时，成型零件应采用耐腐蚀材料制作，或其成型面应采取防腐蚀措施。

4）模具成型零件硬度应不低于50HRC，或表面硬化处理硬度应高于600HV。

4. 顶出、复位、抽插芯、取件

1）顶出时应顺畅，无卡滞、无异常声响。

2）斜顶表面应抛光，斜顶面低于型芯面。

3）滑动部件应开设油槽，表面需进行渗氮处理，处理后表面硬度在700HV以上。

4）所有顶杆应有止转定位，每个顶杆都应进行编号。

5）顶出距离应用限位块进行限位。

6）复位弹簧应选用标准件，弹簧两端不得打磨、割断。

7）滑块、抽芯应有行程限位，小滑块用弹簧限位，弹簧不便安装时可用波子螺钉；液压缸抽芯必须有行程开关。

8）滑块抽芯一般采用斜导柱，斜导柱角度应比滑块锁紧面角度小2°～3°，滑块行程过长应采用液压缸抽拔。

9）液压缸抽芯成型部分端面被包覆时，液压缸应加自锁机构。

10）滑块宽度超过150mm的大滑块下面应有耐磨板，耐磨板材料应选用T8A，经热处理后硬度为50～55HRC，耐磨板比大面高出0.05～0.1mm，并开油槽。

11）顶杆不应上下窜动。

12）顶杆上加倒钩，倒钩的方向应保持一致，倒钩易于从制件上去除。

13）顶杆孔与顶杆的配合间隙、封胶段长度、顶杆孔的表面粗糙度应符合相关企业标准要求。

14）制件应有利于操作工取下。

15）制件顶出时易跟着斜顶走，顶杆上应加槽或蚀纹。

16）固定在顶杆上的顶块，应牢固可靠，四周非成型部分应加工 3°～5°的斜度，下部周边应倒角。

17）模架上的油路孔内应无铁屑等杂物。

18）回程杆端面平整，无点焊。胚头底部无垫片，点焊。

19）三板模浇口板导向滑动顺利，浇口板易拉开。

20）三板模限位拉杆应布置在模具安装方向的两侧，或在模架外加拉板，防止限位拉杆与操作工干涉。

21）油路气道应顺畅，液压顶出复位应到位。

22）导套底部应开排气口。

23）定位销安装不能有间隙。

5. 冷却、加热系统

1）冷却或加热系统应充分畅通。

2）密封应可靠，系统在 0.5MPa 压力下不得有渗漏现象，易于检修。

3）开设在模架上的密封槽的尺寸和形状应符合相关标准要求。

4）密封圈安放时应涂抹润滑脂，安放后高出模架面。

5）水、油流道隔片应采用耐腐蚀的材料。

6）前后模应采用集中送水方式。

6. 浇注系统

1）浇口设置应不影响产品外观，满足产品装配要求。

2）流道的截面、长度应设计合理，在保证成型质量的前提下尽量缩短流程，减少截面积以缩短填充及冷却时间，同时浇注系统损耗的塑料应最少。

3）三板模分流道在前模板背面的部分截面应为梯形或半圆形。

4）三板模在浇口板上有断料把，流道入口直径应小于 3mm，球头处有凹进浇口板的一个深 3mm 的台阶。

5）球头拉料杆应可靠固定，可压在定位圈下面，可用螺纹销固定，也可以用压板压住。

6）浇口、流道应按图样尺寸要求用机器加工，不允许手工用打磨机加工。

7）点浇口处应按规范要求。

8）分流道前端应有一段延长部分作为冷料穴。

9）拉料杆 Z 形倒扣应有圆滑过渡。

10）分型面上的分流道应为圆形，前后模不能错位。

11）在顶料杆上的潜伏式浇口应无表面收缩。

12）透明制件冷料穴直径、深度应符合设计标准。

13）料把易于去除，制件外观无浇口痕迹，制件装配处无残余料把。

14）弯勾潜伏式浇口，两部分镶块应进行渗氮处理，表面硬度达到 700HV。

7. 热流道系统

1）热流道接线布局应合理，便于检修，接线号应一一对应。

2）热流道应进行安全测试。

3）温控柜及热喷嘴、热流道应采用标准件。

4) 主流道浇口套用螺纹与热流道连接，底面平面接触密封。

5) 热流道与加热板或加热棒接触良好，加热板用螺钉或螺柱固定，表面贴合良好。

6) 应采用 J 型热电偶，并且与温控表匹配。

7) 每一组加热元件应有热电偶控制，热电偶位置布置合理。

8) 喷嘴应符合设计要求。

9) 热流道应有可靠定位，至少要有两个定位销，也可加螺钉固定。

10) 热流道与模板之间应有隔热垫。

11) 温控表设定温度与实际显示温度误差应小于 ±5℃，并且控温灵敏。

12) 型腔与喷嘴安装孔应穿通。

13) 热流道接线应捆扎，并且用压板盖住。

14) 如果有两个相同规格的插座，应有明确标记。

15) 控制线应有护套，无损坏。

16) 温控柜结构可靠，螺钉无松动。

17) 插座安装在电木板上，不能超出模板最大尺寸。

18) 电线不允许露在模具外面。

19) 热流道或模板所有与电线接触的地方应有圆角过渡。

20) 在模板装配之前，所有线路均无断路、短路现象。

21) 所有接线应正确连接，绝缘性能良好。

22) 在模板装上夹紧后，所有线路应用万用表再次检查。

8. 成型部分、分型面、排气槽

1) 前后模表面不应有不平整、凹坑、锈迹等其他影响外观的缺陷。

2) 镶块与模框配合，四周圆角应有小于 1mm 的间隙。

3) 分型面保持干净、整洁、无手提砂轮打磨避空，封胶部分应无凹陷。

4) 排气槽深度应小于塑料的溢边值。

5) 嵌件研配应到位，安放顺利、定位可靠。

6) 镶块、镶芯等应可靠定位固定，圆形件有止转，镶块下面不垫铜片、铁片。

7) 顶杆端面与型芯一致。

8) 前后模成型部分无倒扣、倒角等缺陷。

9) 筋位顶出应顺利。

10) 多腔模具的制件，左右件对称，应注明 L 或 R，顾客对位置和尺寸有要求的，应符合顾客要求，一般在不影响外观及装配的地方加上符号，字号为 1/8。

11) 模架锁紧面研配应到位，75% 以上面积碰到。

12) 顶杆应布置在离侧壁较近处及肋、凸台的旁边，并使用较大顶杆。

13) 对于相同的件应注明编号 1、2、3 等。

14) 各碰穿面、插穿面、分型面应研配到位。

15) 分型面封胶部分应符合设计标准，中型以下模具为 10~20mm，大型模具为 30~50mm，其余部分机加工避空。

16) 皮纹及喷砂应均匀，达到顾客要求。

17）外观有要求的制件，制件上的螺钉应有防缩措施。

18）深度超过20mm的螺钉应选用顶管。

19）制件壁厚应均匀，偏差控制在±0.15mm以下。

20）筋的宽度应为外观面壁厚的60%以下。

21）斜顶、滑块上的镶芯应有可靠的固定方式。

22）前模插入后模或后模插入前模，四周应有斜面锁紧并机加工避空。

9. 注射生产工艺

1）模具在正常注射工艺条件范围内，应具有注射生产的稳定性和工艺参数调校的可重复性。

2）模具注射生产时，注射压力一般应小于注射机额定最大注射压力的85%。

3）模具注射生产时的注射速度，其四分之三行程的注射速度不低于额定最大注射速度的10%或超过额定最大注射速度的90%。

4）模具注射生产时，保压压力一般应小于实际最大注射压力的85%。

5）模具注射生产时，锁模力应小于适用机型额定锁模力的90%。

6）注射生产过程中，产品及水口料的取出要容易、安全（时间一般各不超过2s）。

7）带镶件产品的模具在生产时，镶件应安装方便、固定可靠。

10. 包装、运输

1）模具型腔应清理干净喷防锈油。

2）滑动部件应涂润滑油。

3）浇口套进料口应用润滑脂封堵。

4）模具应安装锁模片，其规格符合设计要求。

5）备品、备件、易损件应齐全，并附有明细表及供应商名称。

6）模具水、液、气、电进出口应采取封口措施，防止异物进入。

7）模具外表面应喷涂油漆，顾客有要求的按要求加工。

8）模具应采用防潮、防水、防止磕碰包装，顾客有要求的按要求包装。

9）模具产品图样、结构图样、冷却加热系统图样、热流道图样、零配件及模具材料供应商明细、使用说明书、试模情况报告、出厂检测合格证、电子文档均应齐全。

11. 验收判定

1）模具应按本标准要求逐条对照验收，并做好验收记录。

2）验收判定分为合格、可接受和不可接受三项。若全部项目为合格或可接受，则模具合格。

3）模具需要整改的不可接受项数：产品一项；模具材料一项；模具外观四项；顶出复位抽插芯两项；冷却系统一项；浇注系统两项；热流道系统三项；成型部分三项；生产工艺一项；包装运输三项。

4）不合格模具的不可接受项数：产品超过一项；模具材料超过一项；模具外观超过四项；顶出复位抽插芯超过两项；冷却系统超过一项；浇注系统超过两项；热流道系统超过三项；成型部分超过三项；生产工艺超过一项；包装运输超过三项。

三、塑料注射模检查验收报告（表6-23）

表6-23 塑料注射模检查验收报告

模具名称		模具编号	模具数量	制造商名称
			套	

| 参照标准 | GB/T 12554—2006 塑料注射模技术条件
GB/T 4169.1～4169.23—2006 塑料注射模零件
GB/T 12556—2006 塑料注射模模架技术条件
GB/T 14486—2008 塑料模塑件尺寸公差 ||||||

检查项目			检查结果		
类别	序号	要求	检查现象描述	合格	可接受	不可接受
成型产品外观、尺寸、配合	1	产品表面不允许有的缺陷：缺料、烧焦、顶白、白线、披峰、起泡、拉白（或拉裂、拉断）、烘印、皱纹				
	2	熔接痕：一般圆形穿孔熔接痕长度不大于5mm，异形穿孔熔接痕长度小于15mm，熔接痕强度能通过功能安全测试				
	3	收缩：外观面明显处不允许有收缩，不明显处允许有轻微缩水（手感觉不到凹痕）				
	4	变形：一般小型产品平面不平度小于0.3mm，有装配要求的需保证装配要求				
	5	外观明显处不能有气纹、料花，产品一般不能有气泡				
	6	产品的几何形状、尺寸大小精度应符合正式有效的开模图样（或3D文件）要求，产品公差需根据公差原则确定，轴类尺寸公差为负公差，孔类尺寸公差为正公差，顾客有要求的按要求生产				
	7	产品壁厚：产品一般要求做到平均壁厚，非平均壁厚应符合图样要求，公差根据模具特性应做到 -0.1mm				
	8	产品配合：面壳底壳表面错位小于0.1mm，不能有刮手现象，有配合要求的孔、轴、面要保证配合间隙和使用要求				
模具外观	1	模具铭牌内容完整，字符清晰，排列整齐				
	2	铭牌应固定在模脚上靠近模板和基准角的地方。铭牌固定可靠、不易剥落				
	3	冷却水嘴应选用塑料块插水嘴，顾客另有要求的按要求生产				
	4	冷却水嘴不应伸出模架表面				
	5	冷却水嘴需加工沉孔，沉孔直径为25mm、30mm、35mm三种规格，孔口倒角，倒角应一致				

（续）

检查项目			检查结果		
类别	序号	要求	检查现象描述	合格	可接受	不可接受
模具外观	6	冷却水嘴应有进出标记				
	7	标记英文字符和数字应大于5或6，位置在水嘴正下方10mm处，字迹应清晰、美观、整齐、间距均匀				
	8	模具配件应不影响模具的吊装和存放。安装时下方有外露的液压缸、水嘴、预复位机构等，应有支承腿保护				
	9	支承腿的安装应用螺钉穿过支承腿固定在模架上，过长的支承腿可用车加工外螺纹紧固在模架上				
	10	模具顶出孔尺寸应符合指定的注射机要求，除小型模具外，不能只用一个中心顶出				
	11	定位圈应固定可靠，圈直径有100mm、250mm两种，定位圈高出底板10~20mm。顾客另有要求的除外				
	12	模具外形尺寸应符合指定注射机的要求				
	13	安装有方向要求的模具应在前模板或后模板上用箭头标明安装方向，箭头旁应有"UP"字样，箭头和文字均为黄色，字高为50mm				
	14	模架表面不应有凹坑、锈迹、多余的吊环、进出水气、油孔等以及影响外观的缺陷				
	15	模具应便于吊装、运输，吊装时不得拆卸模具零部件，吊环不得与水嘴、液压缸、预复位杆等干涉				
模具材料和硬度	1	模具模架应选用符合标准的标准模架				
	2	模具成型零件和浇注系统（型芯、动定模镶块、活动镶块、分流梭、推杆、浇口套）材料采用性能高于40Cr以上的材料				
	3	成型对模具有腐蚀性的塑料时，成型零件应采用耐腐蚀材料制作，或其成型面应采取防腐蚀措施				
	4	模具成型零件硬度应不低于50HRC，或表面硬化处理硬度应高于600HV				
顶出、复位、抽插芯、取件	1	顶出时应顺畅，无卡滞、无异常声响				
	2	斜顶表面应抛光，斜顶面低于型芯面				
	3	滑动部件应开设油槽，表面需进行渗氮处理，处理后表面硬度在700HV以上				

(续)

检查项目			检查结果			
类别	序号	要求	检查现象描述	合格	可接受	不可接受
顶出、复位、抽插芯、取件	4	所有顶杆应有止转定位,每个顶杆都应进行编号				
	5	顶出距离应用限位块进行限位				
	6	复位弹簧应选用标准件,弹簧两端不得打磨、割断				
	7	滑块、抽芯应有行程限位,小滑块用弹簧限位,弹簧不便安装时可用波子螺钉;液压缸抽芯必须有行程开关				
	8	滑块抽芯一般采用斜导柱,斜导柱角度应比滑块锁紧面角度小2°~3°。滑块行程过长应采用液压缸抽拔				
	9	液压缸抽芯成型部分端面被包覆时,液压缸应加自锁机构				
	10	滑块宽度超过150mm的大滑块下面应有耐磨板,耐磨板材料应选用T8A,经热处理后硬度为50~55HRC,耐磨板比大面高出0.05~0.1mm,并开油槽				
	11	顶杆不应上下窜动				
	12	顶杆上加倒钩,倒钩的方向应保持一致,倒钩易于从制件上去除				
	13	顶杆孔与顶杆的配合间隙、封胶段长度、顶杆孔的表面粗糙度应符合相关企业标准要求				
	14	制件应有利于操作工取下				
	15	制件顶出时易跟着斜顶走,顶杆上应加槽或蚀纹				
	16	固定在顶杆上的顶块,应牢固可靠,四周非成型部分应加工3°~5°的斜度,下部周边应倒角				
	17	模架上的油路孔内应无铁屑杂物				
	18	回程杆端面平整,无点焊。坯头底部无垫片、点焊				
	19	三板模浇口板导向滑动顺利,浇口板易拉开				
	20	三板模限位拉杆应布置在模具安装方向的两侧,或在模架外加拉板,防止限位拉杆与操作工干涉				
	21	油路气道应顺畅,液压顶出复位应到位				
	22	导套底部应开排气口				
	23	定位销安装不能有间隙				

单元六　模具的安装、调试与验收

（续）

检查项目			检查结果			
类别	序号	要求	检查现象描述	合格	可接受	不可接受
冷却、加热系统	1	冷却或加热系统应充分畅通				
	2	密封应可靠，系统在 0.5MPa 压力下不得有渗漏现象，易于检修				
	3	开设在模架上的密封槽的尺寸和形状应符合相关标准要求				
	4	密封圈安放时应涂抹黄油，安放后高出模架面				
	5	水、油流道隔片应采用耐腐蚀的材料				
	6	前后模应采用集中送水方式				
浇注系统	1	浇口设置应不影响产品外观，满足产品装配要求				
	2	流道的截面、长度应设计合理，在保证成型质量的前提下尽量缩短流程，减少截面积以缩短填充及冷却时间，同时浇注系统损耗的塑料应最少				
	3	三板模分流道在前模板背面的部分截面应为梯形或半圆形				
	4	三板模在浇口板上有断料把，流道入口直径应小于 3mm，球头处有凹进浇口板的一个深 3mm 的台阶				
	5	球头拉料杆应可靠固定，可压在定位圈下面，可用无头螺钉固定，也可以用压板压住				
	6	浇口、流道应按图样尺寸要求用机器加工，不允许手工用打磨机加工				
	7	点浇口处应按规范要求				
	8	分流道前端应有一段延长部分作为冷料穴				
	9	拉料杆 Z 形倒扣应有圆滑过渡				
	10	分型面上的分流道应为圆形，前后模不能错位				
	11	在顶料杆上的潜伏式浇口应无表面收缩				
	12	透明制品冷料穴直径、深度应符合设计标准				
	13	料把易于去除，制件外观无浇口痕迹，制品装配处无残余料把				
	14	弯勾潜伏式浇口，两部分镶块应作渗氮处理，表面硬度达到 700HV				
热流道系统	1	热流道接线布局应合理，便于检修，接线号应一一对应				
	2	热流道应进行安全测试，对地绝缘电阻大于 2MΩ				

187

(续)

类别	序号	检查项目		检查结果		
		要求	检查现象描述	合格	可接受	不可接受
热流道系统	3	温控柜及热喷嘴、热流道应采用标准件				
	4	主流口套用螺纹与热流道连接，底面平面接触密封				
	5	热流道与加热板或加热棒接触良好，加热板用螺钉或螺柱固定，表面贴合良好				
	6	应采用J型热电偶，并且与温控表匹配				
	7	每一组加热元件应有热电偶控制，热电偶位置布置合理				
	8	喷嘴应符合设计要求				
	9	热流道应有可靠定位，至少要有两个定位销，也可加螺钉固定				
	10	热流道与模板之间应有隔热垫				
	11	温控表设定温度与实际显示温度误差应小于±5℃，并且控温灵敏				
	12	型腔与喷嘴安装孔应穿通				
	13	热流道接线应捆扎，并且用压板盖住				
	14	如果有两个相同规格的插座，应有明确标记				
	15	控制线应有护套，无损坏				
	16	温控柜结构可靠，螺钉无松动				
	17	插座安装在电木板上，不能超出模板最大尺寸				
	18	电线不许露在模具外面				
	19	热流道或模板所有与电线接触的地方应有圆角过渡				
	20	在模板装配之前，所有线路均无断路、短路现象				
	21	所有接线应正确连接，绝缘性能良好				
成型部分、分型面、排气槽	1	前后模表面不应有不平整、凹坑、锈迹等其他影响外观的缺陷				
	2	镶块与模框配合，四周圆角应有小于1mm的间隙				
	3	分型面保持干净、整洁，无手提砂轮打磨避空，封胶部分应无凹陷				
	4	排气槽深度应小于塑料的溢边值				
	5	嵌件研配应到位，安放顺利、定位可靠				
	6	镶块、镶芯等应可靠定位固定，圆形件有止转，镶块下面不垫铜片、铁片				

单元六　模具的安装、调试与验收*

（续）

检查项目			检查结果		
类别	序号	要求	检查现象描述	合格	可接受	不可接受
成型部分、分型面、排气槽	7	顶杆端面与型芯一致				
	8	前后模成型部分无倒扣、倒角等缺陷				
	9	筋位顶出应顺利				
	10	多腔模具的制件，左右件对称，应注明 L 或 R，顾客对位置和尺寸有要求的，应符合顾客要求，一般在不影响外观及装配的地方加上符合，字号为 1/8				
	11	模架锁紧面研配应到位，75% 以上面积碰到				
	12	顶杆应布置在离侧壁较近处及筋、凸台的旁边，并使用较大顶杆				
	13	对于相同的件应注明编号 1、2、3 等				
	14	各碰穿面、插穿面、分型面应研配到位				
	15	分型面封胶部分应符合设计标准。中型以下模具为 10~20mm，大型模具为 30~50mm，其余部分机加工避空				
	16	皮纹及喷砂应均匀达到顾客要求				
	17	外观有要求的制件，制件上的螺钉应有防缩措施				
	18	深度超过 20mm 的螺钉应选用顶管				
	19	制件壁厚应均匀，偏差控制在 ±0.15mm 以下				
	20	筋的宽度应在外观面壁厚的 60% 以下				
	21	斜顶、滑块上的镶芯应有可靠的固定方式				
	22	前模插入后模或后模插入前模，四周应有斜面锁紧并机加工避空				
注射生产工艺	1	模具在正常注射工艺条件范围内，应具有注射生产的稳定性和工艺参数调校的可重复性				
	2	模具注射生产时，注射压力一般应小于注射机额定最大注射压力的 85%				
	3	模具注射生产时的注射速度，其四分之三行程的注射速度不低于额定最大注射速度的 10% 或超过额定最大注射速度的 90%				
	4	模具注射生产时，保压压力一般应小于实际最大注射压力的 85%				
	5	模具注射生产时，锁模力应小于适用机型额定锁模力的 90%				
	6	注射生产过程中，产品及水口料的取出要容易、安全（时间一般各不超过 2s）				
	7	带镶件产品的模具在生产时，镶件应安装方便、镶件固定要可靠				

(续)

类别	序号	检查项目 要求	检查现象描述	合格	可接受	不可接受
包装、运输	1	模具型腔应清理干净喷防锈油				
	2	滑动部件应涂润滑油				
	3	浇口套进料口应用润滑脂封堵				
	4	模具应安装锁模片,规格符合设计要求				
	5	备品、备件、易损件应齐全,并附有明细表及供应商名称				
	6	模具水、液、气、电进出口应采取封口措施,防止异物进入				
	7	模具外表面喷涂油漆,顾客有要求的按要求加工				
	8	模具应采用防潮、防水、防止磕碰包装,顾客有要求的按要求包装				
	9	模具产品图样、结构图样、冷却加热系统图样、零配件及模具材料供应商明细、使用说明书、试模情况报告、出厂检测合格证、电子文档均应齐全				

复 习 思 考 题

1. 在冲模验收中对压料和弹出装置有何要求?
2. 在注射模验收过程中浇注系统的验收有哪些项目?

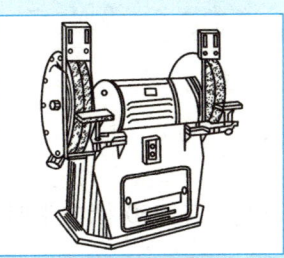

附 录

附录 A 钳工国家职业技能标准

(2020 年版)

1. 职业概况

1.1 职业名称

钳工[①]

1.2 职业编码

6-20-01-01

1.3 职业定义

从事机械设备装调、维修及相关零件加工和工装夹具制作的人员。

1.4 职业技能等级

本职业共设五个等级,分别为:五级/初级工、四级/中级工、三级/高级工、二级/技师、一级/高级技师。

1.5 职业环境条件

室内外、常温。

1.6 职业能力特征

具有一定的学习能力和计算能力,有一定的空间感,能辨识实物和图形资料中的细部结

---

① 本职业:机修钳工、装配钳工、工具钳工。

构，手指、手臂灵活，动作协调，无色盲，有一定的沟通表达能力。

1.7 普通受教育程度

初中毕业（或相当文化程度）。

1.8 培训参考学时

五级/初级工500标准学时；四级/中级工400标准学时；三级/高级工350标准学时；二级/技师300标准学时；一级/高级技师250标准学时。

1.9 职业技能鉴定要求

1.9.1 申报条件

具备以下条件之一者，可申报五级/初级工：

（1）累计从事本职业或相关职业[①]1年（含）以上。

（2）本职业或相关职业学徒期满。

具备以下条件之一者，可申报四级/中级工：

（1）取得本职业或相关职业五级/初级工职业资格证书（技能等级证书）后，累计从事本职业或相关职业工作4年（含）以上。

（2）累计从事本职业或相关职业工作6年（含）以上。

（3）取得技工学校本专业或相关专业[②]毕业证书（含尚未取得毕业证书的在校应届毕业生）；或取得经评估论证、以中级技能为培养目标的中等及以上职业学校本专业或相关专业毕业证书（含尚未取得毕业证书的在校应届毕业生）。

具备以下条件之一者，可申报三级/高级工：

（1）取得本职业或相关职业四级/中级工职业资格证书（技能等级证书）后，累计从事本职业或相关职业工作5年（含）以上。

（2）取得本职业或相关职业四级/中级工职业资格证书（技能等级证书），并具有高级技工学校、技师学院毕业证书（含尚未取得毕业证书的在校应届毕业生）；或取得本职业或相关职业四级/中级工职业资格证书（技能等级证书），并具有经评估论证、以高级技能为培养目标的高等职业学校本专业或相关专业毕业证书（含尚未取得毕业证书的在校应届毕业生）。

（3）具有大专及以上本专业或相关专业毕业证书，并取得本职业或相关职业四级/中级工职业资格证书（技能等级证书）后，累计从事本职业或相关职业工作2年（含）以上。

具备以下条件之一者，可申报二级/技师：

（1）取得本职业或相关职业三级/高级工职业资格证书（技能等级证书）后，累计从事本职业或相关职业工作4年（含）以上。

（2）取得本职业或相关职业三级/高级工职业资格证书（技能等级证书）的高级技工学

---

① 相关职业：模具工、机床装配维修工、飞机装配工、工程机械维修工等，下同。

② 本专业或相关专业：机电一体化技术、机械设备装配与维修、数控机床装配与维修、工程机械维修、新能源汽车制造与装配、船舶建造与维修、飞机制造与装配等，下同。

校、技师学院毕业生，累计从事本职业或相关职业工作 3 年（含）以上；或取得本职业或相关职业预备技师证书的技师学院毕业生，累计从事本职业或相关职业工作 2 年（含）以上。

具备以下条件者，可申报一级/高级技师：

取得本职业或相关职业二级/技师职业资格证书（技能等级证书）后，累计从事本职业或相关职业工作 4 年（含）以上。

1.9.2 鉴定方式

分为理论知识考试、技能考核以及综合评审。理论知识考试以笔试、机考等方式为主，主要考核从业人员从事本职业应掌握的基本要求和相关知识要求；技能考核主要采用现场操作、模拟操作等方式进行，主要考核从业人员从事本职业应具备的技能水平；综合评审主要针对技师和高级技师，通常采取审阅申报材料、答辩等方式进行全面评议和审查。

理论知识考试、技能考核和综合评审均实行百分制，成绩皆达 60 分（含）以上者为合格。

1.9.3 监考人员、考评人员与考生配比

理论知识考试中的监考人员与考生配比为 1:15，且每个考场不少于 2 名监考人员；技能考核中的考评人员与考生配比不低于 1:5，且考评人员为 3 名（含）以上单数；综合评审委员为 3 人（含）以上单数。

1.9.4 鉴定时间

理论知识考试时间不少于 120min；技能考核时间：五级/初级工不少于 240min，四级/中级工不少于 300min，三级/高级工不少于 330min，二级/技师，一级/高级技师不少于 360min；综合评审时间不少于 30min。

1.9.5 鉴定场所设备

理论知识考试在标准教室或机房进行；技能考核在具有钳台、虎钳、台钻、平板、砂轮机、钳工工具等设施设备的场地进行。

2. 基本要求

2.1 职业道德

2.1.1 职业道德基本知识

2.1.2 职业守则

（1）遵章守法，忠于祖国。
（2）恪尽职守，爱岗敬业。
（3）严守规程，安全操作。
（4）勇于创新，精益求精。
（5）爱护设备，文明生产。

2.2 基础知识

2.2.1 基本理论知识

（1）机械识图知识。

(2) 公差配合与测量基础知识。
(3) 常用金属材料及热处理知识。
(4) 机械基础知识。
(5) 气压传动及液压传动基础知识。
(6) CAD/CAM 软件使用基础知识。

2.2.2 钳工基础知识
(1) 划线知识。
(2) 钳工操作知识（錾、锉、锯、钻、绞孔、攻螺纹、套螺纹）。
(3) 机械装调知识。
(4) 机械设备维护、维修与保养知识。

2.2.3 机械加工知识
(1) 机械制造工艺。
(2) 金属切削原理及刀具基础知识。
(3) 常用工具、夹具、量具使用与维护知识。
(4) 设备润滑及切削液的使用知识。

2.2.4 电工知识
(1) 通用设备、常用电器的种类及用途。
(2) 电力拖动及控制原理基础知识。
(3) 安全用电知识。
(4) 电工与电子技术基础知识。

2.2.5 安全文明生产与环境保护知识
(1) 现场文明生产要求。
(2) 安全操作与劳动保护知识。
(3) 环境保护知识。

2.2.6 质量管理知识
(1) 企业的质量方针。
(2) 岗位质量要求。
(3) 岗位质量保证措施与责任。

2.2.7 相关法律、法规知识
(1)《中华人民共和国劳动法》相关知识。
(2)《中华人民共和国劳动合同法》相关知识。
(3)《中华人民共和国知识产权法》相关知识。
(4)《中华人民共和国环境保护法》相关知识。

3. 工作要求

本标准对五级/初级工、四级/中级工、三级/高级工、二级/技师、一级/高级技师的技能要求和相关知识要求依次递进，高级别涵盖低级别的要求。

3.1 五级/初级工

职业功能	工作内容	技能要求	相关知识要求
1. 基本作业	1.1 锯削、锉削、錾削加工	1.1.1 能锯削断面平面度公差0.8mm、尺寸精度IT12、直径φ30～φ50mm的圆钢 1.1.2 能锉削平面度公差0.08mm、尺寸精度IT9、表面粗糙度值 $Ra3.2\mu m$ 的 50mm×25mm×25mm 的钢件 1.1.3 能錾削尺寸精度IT12的 20mm×3mm×2mm（长×宽×高）的沟槽	1.1.1 型材的锯削方法 1.1.2 六方体的锉削加工方法 1.1.3 方槽的錾削方法
	1.2 孔、螺纹加工	1.2.1 能钻削位置度公差 φ0.3mm、孔径尺寸精度IT9、直径φ10mm的孔 1.2.2 能铰削尺寸精度IT8、表面粗糙度值 $Ra1.6\mu m$、直径φ10mm的孔 1.2.3 能根据不同材料确定 20mm 以下攻螺纹和套螺纹前的底孔直径和圆杆直径并使用丝锥、板牙分别攻、套内、外螺纹	1.2.1 砂轮机的使用注意事项 1.2.2 钻头的刃磨方法 1.2.3 钻孔的相关知识 1.2.4 铰孔的相关知识 1.2.5 攻螺纹与套螺纹的工艺知识
	1.3 刮削、研磨加工	1.3.1 能刮削 25mm×25mm 范围内接触点不少于12点、精度2级的平板 1.3.2 能研磨表面粗糙度值 $Ra0.8$、平面度公差0.03mm、100mm×100mm 的平面	1.3.1 平面刮削的工艺知识 1.3.2 平板精度检测方法和量具、仪器使用知识 1.3.3 研磨工艺知识 1.3.4 研具、研磨剂的种类、特点和选用知识
	1.4 工具制作、刀具刃磨	1.4.1 能制作误差在±8″内的90°、60°等特殊角度样板 1.4.2 能刃磨平面刮刀、錾子等刀具	1.4.1 万能量角器的使用方法 1.4.2 金属材料及热处理知识 1.4.3 平面刮刀、錾子的刃磨方法
2. 机械设备装调	2.1 设备装配	2.1.1 能按技术要求装配台钻塔轮、砂轮机主轴等小型简单设备的部件 2.1.2 能按技术要求装配气缸、冷却水泵等气动或冷却机构部件	2.1.1 台钻的结构与工作原理 2.1.2 带传动机构的装配方法 2.1.3 砂轮机的结构与工作原理 2.1.4 气缸、冷却水泵等气动或冷却机构部件的安装方法
	2.2 设备调试	2.2.1 能按技术要求调试台钻塔轮、砂轮机主轴等部件 2.2.2 能按技术要求调试冷却泵、气缸等气动或冷却机构部件	2.2.1 台钻皮带传动装置的调试的方法 2.2.2 砂轮机主轴的空运行检测的方法 2.2.3 冷却泵、气缸的检测方法

(续)

职业功能	工作内容	技能要求	相关知识要求
3. 机械设备保养与维修	3.1 设备维护与保养	3.1.1 能维护保养台钻、台虎钳等钳工常用设备 3.1.2 能进行车床、铣床等设备的一级维护保养	3.1.1 钳工常用维护保养工具、夹具、量具的使用和保养知识 3.1.2 车床、铣床等设备的一级维护保养知识
	3.2 设备维修	3.2.1 能进行台钻皮带、砂轮机轴承等的更换作业 3.2.2 能进行油水分离器、安全阀等气动或冷却机构元器件的故障判别和更换作业	3.2.1 台钻皮带传动机构的常见故障及维修知识 3.2.2 砂轮机轴承等的更换知识 3.2.3 常见气动或冷却机构元器件故障判别知识

3.2 四级/中级工

职业功能	工作内容	技能要求	相关知识要求
1. 基本作业	1.1 锯削、锉削、錾削加工	1.1.1 能锯削断面平面度公差0.5mm、尺寸精度IT11、直径 $\phi30\sim\phi50$mm 的圆钢 1.1.2 能按照加工要求选择锉刀，锉削平面度公差 0.05mm、尺寸精度 IT8、表面粗糙度值 $Ra3.2\mu m$ 的 $50mm\times25mm\times25mm$ 的钢件 1.1.3 能錾削尺寸精度 IT11 的 $20mm\times3mm\times2mm$（长×宽×高）的沟槽	1.1.1 錾子的种类、制造材料和热处理知识 1.1.2 錾子的切削角度和刃磨要求 1.1.3 锯弓的种类及锯条的规格和选用知识 1.1.4 锉刀的种类、规格、选用和保养知识 1.1.5 尺寸精度及测量知识
	1.2 孔、螺纹加工	1.2.1 能钻削尺寸精度 IT9、位置度公差 $\phi0.2$mm、表面粗糙度值 $Ra2.5\mu m$ 的孔 1.2.2 能铰削尺寸精度 IT7、表面粗糙度值 $Ra0.8\mu m$ 的孔 1.2.3 能攻制 M20 以下的螺纹	1.2.1 标准麻花钻的切削特点、刃磨和一般修磨方法 1.2.2 群钻的结构特点和切削特点 1.2.3 铰刀的切削特点、结构、种类、选用和铰削用量的选择知识 1.2.4 丝锥折断的处理方法
	1.3 刮削、研磨加工	1.3.1 能刮削平板、方箱，并达到以下要求：$25mm\times25mm$ 范围内接触点不少于 16 点，表面粗糙度值 $Ra0.8\mu m$，直线度公差 $0.02mm/1000mm$ 1.3.2 能刮削轴瓦，并达到以下要求：$25mm\times25mm$ 范围内接触点为 16~20 点，圆柱度公差 $\phi0.02$mm，表面粗糙度值 $Ra1.6\mu m$ 1.3.3 能研磨 $\phi80mm\times400mm$ 的轴孔，并达到以下要求：圆柱度公差 $\phi0.02$mm，表面粗糙度值 $Ra0.8\mu m$	1.3.1 原始平板的刮研方法 1.3.2 机床导轨的技术要求、类型特点、截面形状及组合形式 1.3.3 机床导轨的精度和检测方法 1.3.4 圆柱表面的研磨方法 1.3.5 导轨刮削的基本方法及检测方法 1.3.6 曲面刮削的基本方法及检测方法 1.3.7 孔的研磨方法及检测方法
	1.4 工具制作、刀具刃磨	1.4.1 能制作简单的辅助工具及夹具 1.4.2 能刃磨标准麻花钻 1.4.3 能研磨铰刀，修磨磨损的丝锥，恢复其切削功能	1.4.1 夹具的分类、作用、组成；典型夹具的结构特点 1.4.2 夹具的装配、调试知识 1.4.3 铰刀的研磨方法 1.4.4 丝锥的修磨方法

附 录

（续）

职业功能	工作内容	技能要求	相关知识要求
2. 机械设备装调	2.1 设备装配	2.1.1 能按技术要求进行机床主轴、齿轮泵、变速箱、工作台等部件的装配 2.1.2 能按技术要求进行液压千斤顶、液压卡盘控制系统、数控车床门开关气动控制系统等气动、液压系统的装配 2.1.3 能按技术要求进行活塞组件、缸盖组件等内燃机部（组）件的装配	2.1.1 机械传动装置的结构及工作原理 2.1.2 车床、铣床、磨床等中型机床的工作原理和结构 2.1.3 装配尺寸链知识 2.1.4 机床装配、检测的方法及标准 2.1.5 变速箱的装配工艺 2.1.6 内燃机的结构组成和工作原理
	2.2 设备调试	2.2.1 能按技术要求进行机床主轴、齿轮泵、变速箱、工作台等机床主要部件的调试 2.2.2 能按技术要求进行液压千斤顶、液压卡盘控制系统、数控车床门开关气动控制系统等气动、液压系统的调试 2.2.3 能按技术要求进行活塞组件、缸盖组件等内燃机部（组）件的调试	2.2.1 机床主轴、齿轮泵、变速箱、工作台等机床主要部件的运行及调试知识 2.2.2 常见机床夹具调试知识 2.2.3 设备安全运行知识 2.2.4 滚动和滑动轴承调试方法 2.2.5 设备调试工具仪器的选用、应用知识
3. 机械设备保养与维修	3.1 设备维护与保养	3.1.1 能按技术要求进行车床、铣床等中型切削机床的二级维护与保养 3.1.2 能按技术要求进行弯管机、油压机等中型压力机床的维护与保养 3.1.3 能按技术要求进行小功率内燃机的维护与保养	3.1.1 车床、铣床等中型切削机床的二级维护与保养相关知识 3.1.2 润滑油脂的分类及应用知识 3.1.3 内燃机的维护与保养知识
	3.2 设备维修	3.2.1 能按技术要求进行机床主轴、齿轮泵、工作台等部件的维修 3.2.2 能按技术要求进行液压千斤顶、液压卡盘控制系统、车床门开关气动控制系统等气动、液压系统的维修 3.2.3 能按技术要求进行活塞组件、缸盖组件等内燃机部（组）件的维修	3.2.1 车床、铣床等常用设备的故障诊断及排除方法 3.2.2 零件的拆卸方法 3.2.3 设备故障检测工具仪器的选用、应用知识

3.3 三级/高级工

职业功能	工作内容	技能要求	相关知识要求
1. 基本作业	1.1 专用工具使用、刀刃具的刃磨	1.1.1 能按不同的使用要求对验检工具等专用工具进行使用 1.1.2 能按不同的使用要求对 $\phi 50mm$ 以上大钻头、油槽刀等特殊刀具进行刃磨	1.1.1 验检工具等专用工具的原理及使用知识 1.1.2 大钻头、油槽刀等特殊刀具刃磨工艺知识

（续）

职业功能	工作内容	技能要求	相关知识要求
1. 基本作业	1.2 锉削、孔、螺纹加工	1.2.1 能按加工要求选择锉刀锉削20mm×50mm的平面，并达到以下要求：平面度公差0.03mm，尺寸精度IT7，表面粗糙度值 $Ra3.2\mu m$ 1.2.2 能钻削、扩削、铰削高精度孔系，并达到以下要求：尺寸精度IT7，位置度公差 $\phi 0.1mm$，表面粗糙度值 $Ra1.6\mu m$	1.2.1 提高锉削精度和表面质量的方法 1.2.2 圆弧面的锉削方法 1.2.3 钻削、扩削、铰削高精度孔系的方法
	1.3 刮削、研磨加工	1.3.1 能刮削平板、燕尾形导轨，并达到以下要求：1级精度（25mm×25mm范围内接触点不少于20点），表面粗糙度值 $Ra0.4\mu m$、直线度公差 0.01mm/1000mm 1.3.2 能进行多瓦式动压滑动轴承的刮削，并达到以下要求：25mm×25mm范围内接触点为16～20点，同轴度公差 $\phi 0.02mm$，表面粗糙度值 $Ra1.6\mu m$ 1.3.3 能研磨 $\phi 100mm \times 400mm$ 的孔，达到以下要求：圆柱度公差 $\phi 0.015mm$，表面粗糙度值 $Ra0.4\mu m$	1.3.1 提高刮削精度的方法 1.3.2 提高研磨质量的方法 1.3.3 超精密表面的检测方法
	1.4 夹具、样板或量具制作	1.4.1 能进行手工制作及研磨样板或量具 1.4.2 能按技术要求进行异形零件等零件的夹具制作 1.4.3 能按技术要求进行机械部件装配的工装夹具制作	1.4.1 样板或量具制作工艺知识 1.4.2 精密手工研磨方法和测量知识 1.4.3 工装夹具的装配知识 1.4.4 精密工装夹具的运行及调试知识 1.4.5 精密工装夹具修复工艺的编制知识
2. 机械设备装调	2.1 设备装配	2.1.1 能按技术要求进行车床、铣床等切削机床功能部件的整机装配 2.1.2 能按技术要求进行油压机、磨床等中型机械设备的气动、液压系统的装配 2.1.3 能按技术要求进行小功率内燃机等设备功能部件的整机装配	2.1.1 车床、铣床等机床的工作环境与安装要求 2.1.2 车床、铣床等机床整机装配工艺知识 2.1.3 小功率内燃机整机装配工艺知识 2.1.4 气动、液压系统装配、检测的方法及标准
	2.2 设备调试	2.2.1 能按技术要求进行车床、铣床等切削机床的整机调试 2.2.2 能按技术要求进行油压机、磨床等中型设备的气动、液压系统的调试 2.2.3 能按技术要求进行小功率内燃机的整机调试	2.2.1 车床、铣床、磨床等中型通用设备的运行及调试知识 2.2.2 气动、液压系统的调试知识 2.2.3 小型内燃机的整机调试知识

（续）

职业功能	工作内容	技能要求	相关知识要求
2. 机械设备装调	2.3 设备检测	2.3.1 能按检测要求选用及使用球杆仪等精密检测仪器 2.3.2 能按技术要求检测滚动和滑动轴承精度指标 2.3.3 能按技术要求检测车床、铣床等切削机床的功能和性能指标 2.3.4 能按技术要求检测油压机、磨床等中型设备的气动、液压系统的功能和性能指标 2.3.5 能按技术要求检测小功率内燃机的功能和性能指标	2.3.1 常用检测工量具的使用与保养知识 2.3.2 球杆仪等精密检测仪器的使用方法与保养知识 2.3.3 滚动和滑动轴承的检测方法 2.3.4 车床、铣床、磨床等中型通用设备的性能的国家标准及行业标准的相关知识 2.3.5 机床和小型内燃机等设备功能和精度的检测方法
3. 机械设备保养与维修	3.1 设备维护与保养	3.1.1 能按技术要求进行磨床等切削机床的二级维护与保养 3.1.2 能按技术要求进行液压工作站的二级维护与保养 3.1.3 能按技术要求进行工业机器人工作站或自动化生产线等设备的二级维护与保养	3.1.1 磨床的二级维护与保养相关知识 3.1.2 液压工作站的二级维护与保养相关知识 3.1.3 工业机器人工作站或自动化生产线等设备的二级维护与保养相关知识
	3.2 设备维修	3.2.1 能正确分析滚动和滑动轴承部件和车床、铣床、油压机、磨床、内燃机等设备故障产生的原因并进行故障判断 3.2.2 能按技术要求进行车床、铣床等切削机床的整机维修 3.2.3 能按技术要求进行油压机、磨床等中型设备的气动、液压系统的维修 3.2.4 能按技术要求进行小功率内燃机的整机维修	3.2.1 复杂气动、液压系统的结构与工作原理 3.2.2 复杂气动、液压系统、小功率内燃机的故障诊断及排除方法 3.2.3 复杂气动、液压系统、小功率内燃机整机维修工艺知识 3.2.4 机床整机维修工艺知识

3.4 二级/技师

职业功能	工作内容	技能要求	相关知识要求
1. 机械设备装调	1.1 设备装配	1.1.1 能按技术要求进行三轴加工中心、大型内燃机等设备功能部件的整机装配 1.1.2 能按技术要求进行液压工作站功能部件的整机装配 1.1.3 能按技术要求进行工业机器人工作站功能部件的整机装配	1.1.1 三轴加工中心等加工设备的结构与工作原理 1.1.2 三轴加工中心等设备部件和整机总装配图的识读知识 1.1.3 三轴加工中心装配工艺及方法 1.1.4 压力机的结构原理及装配方法 1.1.5 工业机器人安装调试知识

（续）

职业功能	工作内容	技能要求	相关知识要求
1. 机械设备装调	1.2 设备调试	1.2.1 能按技术要求进行三轴加工中心、大型内燃机设备的调试 1.2.2 能按技术要求进行液压工作站的调试 1.2.3 能按技术要求进行工业机器人工作站或自动化生产线的调试	1.2.1 三轴加工中心、压力机等大型复杂设备的工作环境要求知识 1.2.2 三轴加工中心运行及调试知识 1.2.3 电力拖动基础知识 1.2.4 PLC基本知识 1.2.5 大型复杂生产线的安装调试知识
	1.3 设备检测	1.3.1 能按技术要求检测三轴加工中心、大型内燃机等设备的功能和性能指标 1.3.2 能按技术要求检测液压工作站各项技术指标 1.3.3 能按技术要求检测工业机器人工作站、自动化生产线技术指标 1.3.4 能按技术要求使用高精度光学仪器检测设备、部件、零件等	1.3.1 三轴加工中心、压力机等设备性能指标的查阅知识 1.3.2 三轴加工中心精度与性能的检测知识 1.3.3 激光干涉仪、球杆仪等仪器的应用知识 1.3.4 自动化控制原理图的阅读知识 1.3.5 网络通讯及组态信息技术知识 1.3.6 光学仪器测量知识
2. 机械设备保养与维修	2.1 设备维护与保养	2.1.1 能按技术要求进行三轴加工中心等加工设备的一级维护与保养 2.1.2 能按技术要求进行液压工作站的一级维护与保养 2.1.3 能按技术要求进行工业机器人工作站或自动化生产线等设备的一级维护与保养	2.1.1 三轴加工中心、大型压力机等设备的维护与保养知识 2.1.2 传感器的识别知识 2.1.3 工业机器人工作站或自动化生产线等设备的维护与保养知识
	2.2 故障诊断与维修	2.2.1 能判断三轴加工中心等加工设备的故障 2.2.2 能按技术要求进行三轴加工中心等加工设备的大修 2.2.3 能按技术要求进行液压工作站的大修 2.2.4 能按技术要求进行工业机器人工作站、自动化生产线等设备的大修	2.2.1 液压工作站的故障诊断及排除相关知识 2.2.2 三轴加工中心的故障诊断及排除相关知识 2.2.3 工业机器人工作站、自动化生产线等设备的故障诊断及排除相关知识
3. 技术指导与革新	3.1 技术指导	3.1.1 能编制本职业作业范畴的生产工艺、产品质量、设备维护保养等技术指导文件 3.1.2 能编制设备及生产线的操作规程 3.1.3 能对三级/高级工及以下级别人员进行培训 3.1.4 能编写培训方案	3.1.1 产品工艺质量管控知识 3.1.2 机械设备操作规程的编制知识 3.1.3 培训方案的制订知识 3.1.4 技能培训方法与技巧
	3.2 技术革新	3.2.1 能对复杂工装夹具进行技术革新 3.2.2 能对普通切削或专用机床等设备进行性能提升或增加功能技术革新	3.2.1 新技术、新工艺、新设备、新材料知识 3.2.2 复杂工装夹具革新知识 3.2.3 普通切削或专用机床性能提升或功能增加的技术革新知识及工艺

3.5 一级/高级技师

职业功能	工作内容	技能要求	相关知识要求
1. 机械设备装调	1.1 设备装配	1.1.1 能按技术要求进行五轴加工中心等精密加工设备功能部件的整机装配 1.1.2 能按技术要求进行大型发动机、大型内燃机设备功能部件的整机装配 1.1.3 能按技术要求进行高精密工装夹具的装配	1.1.1 吊装作业安全要求知识 1.1.2 五轴加工中心机床装配要求知识 1.1.3 复杂精密工装夹具的装配工艺知识 1.1.4 大型内燃机的结构原理及装配要求知识
	1.2 设备调试	1.2.1 能按技术要求进行五轴加工中心等精密加工设备的调试 1.2.2 能按技术要求进行大型发动机、大型内燃机设备的调试 1.2.3 能按技术要求进行高精密工装夹具的安装 1.2.4 能按技术要求进行智能制造生产线成套设备的调试	1.2.1 五轴加工中心的调试步骤与方法 1.2.2 大型发动机、大型内燃机的调试步骤与方法 1.2.3 机电一体设备系统原理图知识 1.2.4 精密加工制造、自动化生产线及相关工艺文件和技术标准
	1.3 设备检测	1.3.1 能按技术要求检测五轴加工中心等精密加工设备 1.3.2 能按技术要求检测大型发动机、大型内燃机设备 1.3.3 能按技术要求检测智能制造生产线等成套设备 1.3.4 能按技术要求使用坐标测量仪等光学仪器对设备、部件、零件等进行检测	1.3.1 五轴加工中心等精密加工设备的检测步骤与方法 1.3.2 大型发动机、大型内燃机的检测步骤与方法 1.3.3 复杂高精密工装夹具、自动化机构的检测步骤与方法
2. 机械设备保养与维修	2.1 设备维护与保养	2.1.1 能按技术要求进行五轴加工中心等精密加工设备的维护与保养 2.1.2 能按技术要求进行精密设备、液压站、柴油发动机等成套设备的一级维护与保养 2.1.3 能按技术要求进行高精密工装夹具、自动化机构的一级维护与保养	2.1.1 五轴加工中心等精密加工设备的维护与保养知识 2.1.2 大型发动机的维护与保养知识 2.1.3 智能制造自动化生产线保养事项 2.1.4 精密检测设备、仪器的使用与保养知识
	2.2 故障诊断与维修	2.2.1 能按技术要求大修五轴加工中心等精密加工设备 2.2.2 能按技术要求维修高精密工装夹具 2.2.3 能按技术要求维修智能制造自动化生产线成套设备	2.2.1 五轴加工中心等精密加工设备性能指标 2.2.2 五轴加工中心等精密加工设备大修工艺知识 2.2.3 高精密工装夹具维修工艺知识 2.2.4 自动化生产线成套设备维修工艺知识

（续）

职业功能	工作内容	技能要求	相关知识要求
3. 技术指导与革新	3.1 技术指导	3.1.1 能对二级/技师及以下级别人员进行生产和安全培训 3.1.2 能编写培训讲义 3.1.3 能负责现场安全管理 3.1.4 能负责生产项目组织和管理 3.1.5 能制订产品技术标准	3.1.1 系统培训方案制订方法 3.1.2 生产工艺标准制订方法 3.1.3 大型自动化生产线综合调试及试运行作业指导书的编制方法 3.1.4 项目管理知识 3.1.5 生产组织和管理知识 3.1.6 产品技术标准的制订知识
	3.2 技术革新	3.2.1 能对数控机床等设备进行技术革新 3.2.2 能对生产线、高精密等成套或专用设备进行技术革新	3.2.1 数控机床等设备技术革新知识 3.2.2 生产线、高精密等成套或专用设备技术革新知识及工艺方法

4. 权重表

4.1 理论知识权重表

项目		技能等级				
		五级/初级工（%）	四级/中级工（%）	三级/高级工（%）	二级/技师（%）	一级/高级技师（%）
基本要求	职业道德	5	5	5	5	5
	基础知识	15	15	10	10	10
相关知识要求	基本作业	35	30	20	—	—
	机械设备装调	30	30	30	25	20
	机械设备保养与维修	15	20	35	30	30
	技术指导与革新	—	—	—	30	35
合计		100	100	100	100	100

4.2 技能要求权重表

项目		技能等级				
		五级/初级工（%）	四级/中级工（%）	三级/高级工（%）	二级/技师（%）	一级/高级技师（%）
技能要求	基本作业	35	30	20	—	—
	机械设备装调	35	35	40	40	30
	机械设备保养与维修	30	35	40	25	30
	技术指导与革新	—	—	—	35	40
合计		100	100	100	100	100

附录 B　模具工国家职业技能标准

（2019 年版）

1. 职业概况

1.1　职业名称

模具工[①]

1.2　职业编码

6—18—04—01

1.3　职业定义

操作设备和使用工具，加工、装配、调试和维修金属或非金属制件模具的人员。

1.4　职业技能等级

本职业共设四个等级，分别为：四级/中级工、三级/高级工、二级/技师、一级/高级技师。

1.5　职业环境条件

室内、常温。

1.6　职业能力特征

具有一定的学习和计算能力，空间感强，对实物和图形资料中细部结构敏感，手指、手臂灵活，动作协调，无色盲，有一定的沟通表达能力。

1.7　普通受教育程度

高中毕业（或同等学力）。

1.8　职业技能鉴定要求

1.8.1　申报条件

具备以下条件之一者，可申报四级/中级工：

（1）取得相关职业五级/初级工职业资格证书（技能等级证书）后，累计从事本职业或相关职业工作 4 年（含）以上。

---

① 相关职业：钳工、车工、铣工、磨工、电切削工等机械制造类职业，下同。

(2) 累计从事本职业或相关职业工作 6 年（含）以上。

(3) 取得技工学校本专业或相关专业①毕业证书（含尚未取得毕业证书的在校应届毕业生）；或取得经评估论证、以中级技能为培养目标的中等及以上职业学校本专业或相关专业毕业证书（含尚未取得毕业证书的在校应届毕业生）。

具备以下条件之一者，可申报三级/高级工：

(1) 取得本职业或相关职业四级/中级工职业资格证书（技能等级证书）后，累计从事本职业或相关职业工作 5 年（含）以上。

(2) 取得本职业或相关职业四级/中级工职业资格证书（技能等级证书），并具有高级技工学校、技师学院毕业证书（含尚未取得毕业证书的在校应届毕业生）；或取得本职业或相关职业四级/中级工职业资格证书，并具有经评估论证、以高级技能为培养目标的高等职业学校本专业或相关专业毕业证书（含尚未取得毕业证书的在校应届毕业生）。

(3) 具有大专及以上本专业或相关专业毕业证书，并取得本职业或相关职业四级/中级工职业资格证书（技能等级证书）后，累计从事本职业或相关职业工作 2 年（含）以上。

具备以下条件之一者，可申报二级/技师：

(1) 取得本职业或相关职业三级/高级工职业资格证书（技能等级证书）后，累计从事本职业或相关职业工作 4 年（含）以上。

(2) 取得本职业或相关职业三级/高级工职业资格证书（技能等级证书）的高级技工学校、技师学院毕业生，累计从事本职业或相关职业工作 3 年（含）以上；或取得本职业或相关职业预备技师证书的技师学院毕业生，累计从事本职业或相关职业工作 2 年（含）以上。

具备以下条件者，可申报一级/高级技师：

取得本职业或相关职业二级/技师职业资格证书（技能等级证书）后，累计从事本职业或相关职业工作 4 年（含）以上。

1.8.2 鉴定方式

分为理论知识考试、技能考核以及综合评审。理论知识考试以笔试、机考等方式为主，主要考核从业人员从事本职业应掌握的基本要求和相关知识要求；技能考核采用现场操作、模拟操作等方式进行，主要考核从业人员从事本职业应具备的技能水平综合评审主要针对技师和高级技师，通常采取审阅申报材料、答辩等方式进行。

理论知识考试、技能考核和综合评审均实行百分制，成绩皆达 60 分（含）以上者为合格。

1.8.3 监考人员、考评人员与考生配比

理论知识考试中的监考人员与考生配比不低于 1:15，且每个考场不少于 2 名监考人员；技能考核中的考评人员与考生配比不低于 1:5，且考评人员为 3 名（含）以上单数；综合评审委员为 3 人（含）以上单数。

---

① 本专业或相关专业：模具制造、机床切削加工、数控加工、机械设计与制造、机电一体化等机械类、机电类相关专业，下同。

1.8.4 鉴定时间

理论知识考试时间不少于 100min；技能考核时间：四级/中级工和三级/高级工不少于 180min、二级/技师和一级/高级技师不少于 240min；综合评审时间不少于 30min。

1.8.5 鉴定场所设备

理论知识考试在标准教室或机房进行；技能考核在配有车床、铣床、磨床、装配平台、成型设备等相关设备的实训室或车间进行，鉴定场所需配备必要的工具、量具、夹具和计算机及 CAD/CAM/CAE 软件。

2. 基本要求

2.1 职业道德

2.1.1 职业道德基本知识
2.1.2 职业守则

（1）遵纪守法，爱岗敬业。
（2）忠于职守，诚信待人。
（3）团结合作，积极进取。
（4）勤于钻研，勇于创新。
（5）讲究质量，工匠精神。
（6）爱护设备，文明生产。
（7）注重防护，安全生产。

2.2 基础知识

2.2.1 基本理论知识

（1）机械制图知识。
（2）公差与配合知识。
（3）常用模具材料及热处理知识。
（4）常用制件材料知识。
（5）气压传动、液压传动基础知识。
（6）电工基础知识。

2.2.2 专业基础知识

（1）钳工知识。
（2）车、铣、磨等普通机床加工知识。
（3）材料成型工艺与典型模具结构知识。
（4）典型模具零部件机械加工工艺知识。
（5）模具零部件数控加工基础知识。
（6）金属切削刀具知识。
（7）常用工具、夹具、量具使用与维护知识。

(8) 模具成型设备知识。
(9) 模具装配、调试、保养、维修等知识。
(10) CAD/CAM 软件使用知识。

2.2.3 安全文明生产与环境保护相关知识

(1) 安全操作与劳动保护相关知识。
(2) 安全用电相关知识。
(3) 环境保护相关知识。
(4) 现场安全文明生产相关知识。

2.2.4 质量管理知识

(1) 企业的质量管理方针。
(2) 岗位质量管理要求。
(3) 岗位质量保证体系与措施。

2.2.5 相关法律、法规知识

(1)《中华人民共和国劳动法》相关知识。
(2)《中华人民共和国劳动合同法》相关知识。
(3)《中华人民共和国知识产权法》相关知识。
(4)《中华人民共和国环境保护法》相关知识。

3. 工作要求

本标准对四级/中级工、三级/高级工、二级/技师、一级/高级技师的技能要求和相关知识要求依次递进,高级别涵盖低级别的要求。

根据实际情况,本标准将模具工分为冲压模(A)和注射模(B)两个职业方向,有标注的为单独考核项,未标注的为共同考核项。

3.1 四级/中级工

职业功能	工作内容	技能要求	相关知识要求
1. 模具结构分析	1.1 识读制件工艺	1.1.1 能识读制件零件图 1.1.2 能读懂制件技术要求 1.1.3 能区分冲压、注射、压铸等常见成型工艺方法	1.1.1 零件的三视图表达方法、局部视图和剖视图等画法 1.1.2 常用金属材料和塑料知识 1.1.3 制件成型工艺方法 1.1.4 几何公差、表面粗糙度、极限与配合及其选用 1.1.5 CAD 软件使用知识
	1.2 识读模具结构	1.2.1 能识读凸模、凹模等主要模具零件图(A) 1.2.2 能绘制冲孔、落料等单工序冲压模零件草图(A) 1.2.3 能识读冲孔、落料、折弯等单工序冲压模装配图及其结构(A) 1.2.4 能识读冲孔落料复合模装配图及其结构(A)	1.2.1 冲压模具成型原理(A) 1.2.2 冲压模具零件图和装配图中标注、符号的含义(A) 1.2.3 冲压模具零件、标准件的表示方法(A) 1.2.4 冲压模具零件图、装配图识读方法(A)

（续）

职业功能	工作内容	技能要求	相关知识要求
1. 模具结构分析	1.2 识读模具结构	1.2.5 能识读型芯、型腔等主要模具零件图（B） 1.2.6 能绘制两板模具（无侧抽芯结构）零件草图（B） 1.2.7 能识读两板模具（无侧抽芯结构）装配图及其结构（B）	1.2.5 冲压模具二维图形和轴测图的画法（A） 1.2.6 冲压模具典型零件和标准件的名称、材料及其作用（A） 1.2.7 典型模架、导向、定位、脱料、成型等机构的类型和功能（A） 1.2.8 单工序冲压模具和冲孔落料复合模具的典型结构及工作原理（A） 1.2.9 注射模具成型原理（B） 1.2.10 注射模具零件图和装配图中标注、符号的含义（B） 1.2.11 注射模具零件、标准件的表示方法（B） 1.2.12 注射模具零件图、装配图识读方法（B） 1.2.13 注射模具二维图形和轴测图的画法（B） 1.2.14 注塑模具典型零件和标准件的名称、材料及其作用（B） 1.2.15 两板模具（无侧抽芯结构）的典型结构及工作原理（B）
2. 模具制造	2.1 识读零件加工工艺	2.1.1 能读懂零件加工工艺、加工基准和加工方法 2.1.2 能读懂模具零件机械加工工艺卡 2.1.3 能根据工艺卡准备加工物料 2.1.4 能按照工艺卡要求进行上下工序的衔接	2.1.1 零件加工工艺文件的内容 2.1.2 车、铣、磨、钳工等加工方法及适用范围 2.1.3 金属材料的种类和性能 2.1.4 退火、淬火、回火等热处理知识
	2.2 零件加工	2.2.1 能钻、铰 IT8 级及以下精度孔 2.2.2 能加工紧固螺纹 2.2.3 能使用车、铣、磨等普通机床加工零件，并达到 IT8 级精度要求 2.2.4 能加工配合零件，达到 IT8 级精度要求 2.2.5 能手动刃磨车、铣、钻等通用金属切削刀具	2.2.1 划线工艺知识 2.2.2 锯、锉等钳工工艺知识 2.2.3 加工精度知识 2.2.4 材料硬度知识 2.2.5 钻孔、铰孔和攻螺纹工艺知识 2.2.6 车、铣、钻等通用金属切削刀具刃磨方法 2.2.7 铣床、钻床、磨床、车床的使用和安全注意事项 2.2.8 刀具材料和加工参数知识
	2.3 零件研磨抛光	2.3.1 能选择研磨、抛光工具 2.3.2 能对模具成型零件进行研磨和抛光，研磨精度 ≤ IT8 级；抛光表面粗糙度值 ≤ $Ra0.4\mu m$ 2.3.3 能控制模具零件边角尺寸，不出现塌角等情况	2.3.1 研磨工具的种类和应用 2.3.2 常用研磨料的性能及用途 2.3.3 研磨、抛光的操作方法和检测方法

（续）

职业功能	工作内容	技能要求	相关知识要求
2. 模具制造	2.4 零件检测	2.4.1 能使用百分表、游标卡尺、千分尺、量块等通用量具检测零部件 2.4.2 能使用通规、止规等专用检具检测零部件	2.4.1 百分表、游标卡尺、千分尺、量块等常用量具量仪使用方法 2.4.2 常用尺寸精度和几何公差的检测方法 2.4.3 通规、止规等检具使用方法
3. 模具装配	3.1 零部件修配	3.1.1 能装拆滑动导向和滚动导向模架（A） 3.1.2 能装拆制件精度IT8级及以下、料厚（t）大于1mm且小于3mm的单工序冲压模和冲孔落料复合模的成型、导向、定位、卸料等机构（A） 3.1.3 能对冲压模具零件进行修配，如圆角、螺纹、倒角、嵌件等（A） 3.1.4 能装拆两板模（无侧抽芯结构）的成型、浇注、顶出等机构（B） 3.1.5 能对分型面和注射模具零件进行修配，如圆角、螺纹、倒角、嵌件等（B）	3.1.1 典型模架、导向、成型、定位、卸料等机构的结构和装拆方法（A） 3.1.2 调整凸、凹模间隙的透光法、垫片法等（A） 3.1.3 冲压模具零件3D图档的检视方法（A） 3.1.4 使用钳工工具、油石等常用修配工具修配冲压模具零件的方法与注意事项（A） 3.1.5 冲压模具零件磨削的方法与注意事项（A） 3.1.6 两板模（无侧抽芯结构）模具常见结构和拆装方法（B） 3.1.7 注射模具零件3D图档的检视方法（B） 3.1.8 使用钳工工具、油石等常用修配工具修配注射模具零件的方法与注意事项（B） 3.1.9 注射模具零件磨削的方法与注意事项（B）
	3.2 模具总装配	3.2.1 能装拆制件精度IT8级及以下、料厚（t）大于1mm且小于3mm的冲孔、落料、折弯等单工序冲压模（A） 3.2.2 能装拆冲孔落料复合模（A） 3.2.3 能使用起吊设备起吊、移动、翻转冲压模具（A） 3.2.4 能装拆两板模（无侧向抽芯）（B） 3.2.5 能使用起吊设备起吊、移动、翻转注射模具（B）	3.2.1 冲压模具装配技术要求（A） 3.2.2 单工序冲压模具结构与装配方法（A） 3.2.3 冲孔落料复合模结构与装配方法（A） 3.2.4 冲压模具起吊方法和起吊设备安全操作规范（A） 3.2.5 两板模（无侧抽芯结构）装配技术要求（B） 3.2.6 两板模（无侧抽芯结构）模具典型结构与装配方法（B） 3.2.7 注射模具起吊方法和起吊设备安全操作规范（B）
	3.3 模具检验与调整	3.3.1 能根据模具总装图完成冲压模具外观检验（A） 3.3.2 能完成冲压模具运动性能检验（A） 3.3.3 能完成制件精度IT8级及以下、料厚（t）大于1mm且小于3mm的冲孔、落料、折弯等单工序冲压模和冲孔落料复合模精度检验并进行调整（A） 3.3.4 能根据模具总装图完成注射模具外观检验（B） 3.3.5 能根据模具总装图检测两板模（无侧抽芯结构）的分型面配合情况并做简单调整（B） 3.3.6 能根据总装图检测模具冷却系统并进行调整（B）	3.3.1 冲压模具精度要求和检验方法（A） 3.3.2 切纸法等检验模具间隙的方法（A） 3.3.3 冲压间隙和配合间隙调整方法（A） 3.3.4 注射模具精度要求和检验方法（B） 3.3.5 两板模（无侧抽芯结构）的分型面检验方法及要求（B） 3.3.6 常用注射模具间隙检验调整方法（B） 3.3.7 模具冷却系统种类和检测调整方法（B）

附　录

（续）

职业功能	工作内容	技能要求	相关知识要求
4. 模具试模与维修	4.1 模具试模	4.1.1 能根据试模要求准备冲压试模材料（A） 4.1.2 能在冲压设备上安装冲孔、落料、折弯等单工序冲压模具和冲孔落料复合模并进行试模（A） 4.1.3 能检验冲压制件尺寸和外观（A） 4.1.4 能根据试模要求准备注射试模材料（B） 4.1.5 能在注塑机上安装两板模（无侧抽芯结构），并进行试模（B） 4.1.6 能解决试模过程中异常情况，如顶出系统异常等（B） 4.1.7 能检验注射制件尺寸和外观（B）	4.1.1 冲压材料的要求及检验方法（A） 4.1.2 冲压设备结构与安全操作规程（A） 4.1.3 在冲压设备上安装冲压模的方法（A） 4.1.4 冲模试模工作程序及注意事项（A） 4.1.5 冲压工艺参数的含义（A） 4.1.6 冲压件质量分析（A） 4.1.7 塑料材料的要求及检验方法（B） 4.1.8 注塑机结构与安全操作规程（B） 4.1.9 注射模安装及试模方法（B） 4.1.10 注射模具试模的工作程序及注意事项（B） 4.1.11 注射工艺参数的含义（B） 4.1.12 注射件的质量分析（B）
	4.2 模具维修	4.2.1 能根据制件质量对制件精度IT8级及以下、料厚（t）大于1mm且小于3mm的单工序冲压模的刃口间隙、定位装置、卸料装置等进行修配和调整（A） 4.2.2 能根据试模结果对限位柱进行调整（A） 4.2.3 能对凸模、凹模刃口进行修复（A） 4.2.4 能修复或更换工作不良冲压模具零件（A） 4.2.5 能对冲压模具进行日常保养（A） 4.2.6 能根据制件质量对两板模（无侧抽芯结构）的成型零件、浇注系统、顶出机构等进行修配和调整（B） 4.2.7 能对注射模配合部位进行修复（B） 4.2.8 能修复或更换工作不良注射模具零件（B） 4.2.9 能对注射模具进行日常保养（B）	4.2.1 冲压模具拆装、保养方法（A） 4.2.2 冲压模具刃口刃磨方法（A） 4.2.3 冲压模具易损零件修复、更换方法（A） 4.2.4 冲压模合模高度计算和调整方法（A） 4.2.5 单工序模成型部位调整方法（A） 4.2.6 单工序模定位装置、卸料装置等调整方法（A） 4.2.7 冲压模具零部件的日常保养知识（A） 4.2.8 注射模具拆装、保养方法（B） 4.2.9 注射模具易损零件修复、更换方法（B） 4.2.10 合模高度、注射量、顶出高度等计算和调整方法（B） 4.2.11 两板模（无侧抽芯结构）模具分型面等调整方法（B） 4.2.12 两板模（无侧抽芯结构）模具浇注系统、顶出系统等调整方法（B） 4.2.13 注射模具零部件的日常保养知识（B）

3.2　三级/高级工

职业功能	工作内容	技能要求	相关知识要求
1. 模具结构分析	1.1 分析制件工艺	1.1.1 能读懂五工序以内冲压模的工序安排（A） 1.1.2 能读懂十工步以内浅成型级进模工艺排样图（A） 1.1.3 能对冲裁、弯曲、成型等工艺进行分析和工艺排序（A） 1.1.4 能识读冲压制件图中常用英文专业技术词汇（A） 1.1.5 能判断制件浇口类型、顶出方式、分型面位置等工艺要求（B） 1.1.6 能识读注射制件图中常用英文专业技术词汇（B）	1.1.1 三维软件冲压模具绘图知识（A） 1.1.2 冲压材料的种类、规格和特性（A） 1.1.3 冲压工艺工序设计和排样知识（A） 1.1.4 冲裁、弯曲、成型等简单工艺计算，如刃口间隙、冲裁力等（A） 1.1.5 常用冲压模具英文专业技术词汇（A） 1.1.6 三维软件注射模具绘图知识（B） 1.1.7 塑料的种类、规格和特性（B） 1.1.8 制件的注射工艺知识（B） 1.1.9 制件注射量等工艺参数的计算（B） 1.1.10 常用注射模具英文专业技术词汇（B）

(续)

职业功能	工作内容	技能要求	相关知识要求
1. 模具结构分析	1.2 分析模具结构及工作原理	1.2.1 能绘制成型机构、滑块、镶件、模板等模具零件图（A） 1.2.2 能识读带滑块等典型侧向成型结构冲压模具装配图（A） 1.2.3 能识读带拉深、折弯等工序的复合模的结构和装配图（A） 1.2.4 能识读五工序以内冲压模的结构和装配图（A） 1.2.5 能识读十工步以内浅成型级进模的结构和装配图（A） 1.2.6 能绘制成型零件、抽芯零件、模板等模具零件图（B） 1.2.7 能识读三板模具、侧向抽芯模具、带二级脱模机构的模具的结构和装配图（B） 1.2.8 能识读多分型面模具的结构和装配图（B） 1.2.9 能识读多点进胶热流道模具的结构和装配图（B）	1.2.1 带滑块等复杂冲压模具装配图的识读方法（A） 1.2.2 冲压模具第三视角绘图及标注方法（A） 1.2.3 常见侧向成型机构结构及计算（A） 1.2.4 典型折弯、拉深等成型结构及计算（A） 1.2.5 级进模导向、定位、浮料、脱料等装置结构和工作原理（A） 1.2.6 带侧向成型机构模具以及十工步以内浅成型级进模的典型结构及工作原理（A） 1.2.7 带抽芯机构等复杂注射模具装配图的识读方法（B） 1.2.8 注射模具第三视角绘图及标注方法（B） 1.2.9 常见侧向抽芯机构、二级脱模机构的结构、工作原理和相关计算（B） 1.2.10 热流道的种类、结构、作用和工作原理（B） 1.2.11 带滑块、斜顶等典型侧向抽芯机构的模具的结构及工作原理（B） 1.2.12 三板模具、多分型面模、多点进胶热流道模具的结构和工作原理（B）
2. 模具制造	2.1 制订零件加工工艺	2.1.1 能制订成型零件（如滑块等）、小型配合零件加工工艺 2.1.2 能根据零件使用要求选择材料 2.1.3 能制订模具零件数控加工、电加工、精密磨削等加工工艺流程	2.1.1 工艺规程制订原则 2.1.2 各工序间基准关系、排列顺序、加工余量、使用设备等工艺知识 2.1.3 数控、电加工、精密磨削等工艺知识 2.1.4 常用模具结构件、成型件的制造工艺知识 2.1.5 模具金属材料及热处理知识
	2.2 零件加工	2.2.1 能钻、铰IT7级及以上精度孔 2.2.2 能钻削斜孔、深孔、相交孔、小孔等各类孔 2.2.3 能加工配合零件，达到IT7级精度要求 2.2.4 能使用铣床加工零件，达到IT6级精度要求 2.2.5 能使用磨床加工平面、斜面等，达到IT5级精度要求	2.2.1 高精度孔的钻、铰知识 2.2.2 深孔、小孔、斜孔等特殊孔的加工方法 2.2.3 配合件的修配方法和注意事项 2.2.4 铣削、磨削工艺知识
	2.3 零件研磨抛光	2.3.1 能选择合适的研磨材料 2.3.2 能使用钳工工具及制作简单研磨工具对孔、滑动配合部位进行研磨，研磨精度≤IT7级 2.3.3 能对精密模具成型零件进行抛光，表面粗糙度值≤Ra0.3μm 2.3.4 能控制模具零件表面几何公差在公差范围内	2.3.1 研磨材料选用原则 2.3.2 高精度研磨与抛光工艺知识 2.3.3 研磨抛光工具结构和使用方法

（续）

职业功能	工作内容	技能要求	相关知识要求
2. 模具制造	2.4 零件检测	2.4.1 能使用光学投影仪等常用光学仪器检测零部件 2.4.2 能使用螺纹通、止规等检具检测零部件 2.4.3 能检测模具顶出、导向等机构的配合精度	2.4.1 常用光学测量仪器工作原理与使用知识 2.4.2 螺纹通、止规等检具使用方法 2.4.3 模具顶出、导向等机构的检测方法
3. 模具装配	3.1 零部件修配	3.1.1 能装拆内外导向模架（A） 3.1.2 能修配折弯、成型、浅拉深模具的凸、凹模（A） 3.1.3 能修配侧向成型机构（A） 3.1.4 能修配制件精度IT8级及以上、料厚（t）小于1mm且大于0.2mm的单工序冲压模和复合模的成型、导向、定位、卸料等机构（A） 3.1.5 能修配十工步以内浅成型级进模的成型、导料、卸料等机构（A） 3.1.6 能装调自动送料、收料等辅助机构（A） 3.1.7 能修配多件镶拼型芯、型腔（B） 3.1.8 能修配斜顶、滑块等侧向分型与抽芯机构（B） 3.1.9 能修配顶针、推板、扁顶针等顶出系统（B） 3.1.10 能装配多点热流道系统（B） 3.1.11 能加工模具及其成型零部件的排气槽（B）	3.1.1 内外导向模架装拆方法（A） 3.1.2 凸（凹）模固定方法（A） 3.1.3 侧向成型机构结构及修配方法（A） 3.1.4 常用级进模导向、卸料等装置的结构与装配方法（A） 3.1.5 冲压模侧向抽芯零件修配量的计算方法（A） 3.1.6 自动送料、收料等辅助机构的种类、结构和作用（A） 3.1.7 冲压模具液压与气动知识（A） 3.1.8 多件镶拼型芯、型腔结构和修配方法（B） 3.1.9 常见侧向分型与抽芯机构结构和修配方法（B） 3.1.10 常见顶出系统结构、作用和修配方法（B） 3.1.11 多点热流道系统结构、作用和装配方法（B） 3.1.12 计算注射模侧向抽芯零件修配量的方法（B） 3.1.13 常见排气槽形式、开设位置、加工方法和要求（B） 3.1.14 注射模具液压与气动知识（B）
	3.2 模具总装配	3.2.1 能装拆制件精度IT8级及以上、料厚（t）小于1mm且大于0.2mm的单工序冲压模和复合模（A） 3.2.2 能装拆带侧向成型机构的模具（A） 3.2.3 能装拆十工步以内浅成型级进模（A） 3.2.4 能装拆多于三次折弯成型、拉深等单工序冲压模（A） 3.2.5 能装拆三板模具、抽芯模、带二级脱模机构的注射模（B） 3.2.6 能装拆多分型面注射模（B） 3.2.7 能装拆多点热流道注射模（B） 3.2.8 能装拆带气动或液压机构的注射模（B）	3.2.1 高精度冲压模具装拆方法（A） 3.2.2 复合模结构和装拆方法（A） 3.2.3 级进模结构和装拆方法（A） 3.2.4 侧向成型机构装拆方法（A） 3.2.5 冲压模装配尺寸链知识（A） 3.2.6 三板模具、抽芯模、带二级脱模机构的注射模的结构和装拆方法（B） 3.2.7 多分型面注射模的结构和装拆方法（B） 3.2.8 多点热流道注射模结构和装拆方法（B） 3.2.9 带气动或液压机构的注射模的结构和装拆方法（B）

（续）

职业功能	工作内容	技能要求	相关知识要求
3. 模具装配	3.3 模具检验与调整	3.3.1 能根据装配要求检验侧向成型机构的行程、成型间隙、运动干涉等并进行调整（A） 3.3.2 能根据装配要求检验制件精度IT8级及以上、料厚（t）小于1mm且大于0.2mm的单工序冲压模和复合模的装配精度并进行调整（A） 3.3.3 能根据装配要求检验十工步以内浅成型级进模的装配精度并进行调整（A） 3.3.4 能根据模具验收标准对三板模具、侧向抽芯模、带二级脱模机构的注射模进行错装、漏装等点检和装配精度检验（B） 3.3.5 能根据装配要求检验多分型面注射模运动干涉等装配精度并进行调整（B） 3.3.6 能根据装配要求检验多点热流道装配精度（B） 3.3.7 能根据模具装配图检测气动、液压装置的动作及工作顺序（B） 3.3.8 能使用压力计对水路进行测试（B）	3.3.1 高精度冲压模具质量评价标准（A） 3.3.2 级进模质量评价标准（A） 3.3.3 常用冲压模具的检测手段（A） 3.3.4 工艺留量法、镀铜法、涂层法等模具间隙调整方法（A） 3.3.5 合模机的使用方法和安全知识（B） 3.3.6 分型面技术要求和检验方法（B） 3.3.7 三板模具、侧向抽芯模、带二级脱模机构的注射模的检验方法和要求（B） 3.3.8 多点热流道装配方法和要求（B） 3.3.9 气动、液压装置检验方法和要求（B） 3.3.10 压力计的使用方法（B）
4. 模具试模与维修	4.1 模具试模	4.1.1 能使用冲压设备对折弯、拉深等单工序冲压和复合模进行安装试模（A） 4.1.2 能在冲压机上对十工步以内浅成型级进模进行安装和试模（A） 4.1.3 能调试送料机或送料机构（A） 4.1.4 能调整级进模的定位、推出等机构（A） 4.1.5 能判断冲压制件外观及尺寸缺陷并分析原因（A） 4.1.6 能连接模具试模的水路、油路、气路等（B） 4.1.7 能在注塑机上对三板模具、侧向抽芯模、带二级脱模机构的注射模进行安装和试模（B） 4.1.8 能在注塑机上对多分型面注射模进行安装和试模（B） 4.1.9 能根据试模情况对注射温度、压力及周期等工艺参数给出建议（B） 4.1.10 能判断注射制件外观及尺寸缺陷并分析原因（B）	4.1.1 常用单工序模和复合模试模要求及调整知识（A） 4.1.2 十工步以内浅成型级进模试模要求及调整知识（A） 4.1.3 模具闭合高度、压边力、拉深速度等试模参数的含义及对制件质量的影响（A） 4.1.4 送料机构的结构、工作原理与使用规程（A） 4.1.5 冲压设备的种类、型号、结构和使用方法（A） 4.1.6 冲压制件缺陷种类及改善措施（A） 4.1.7 注射模具常见水路、油路、气路等种类、结构和作用 4.1.8 三板模具、侧向抽芯模、带二级脱模机构或多分型面注射模的试模要求及调整知识（B） 4.1.9 单点、多点热流道注射模的试模要求及调整知识（B） 4.1.10 常用注射工艺参数的含义及其对制件质量的影响（B） 4.1.11 注射制件缺陷种类及改善措施（B）

附　录

（续）

职业功能	工作内容	技能要求	相关知识要求
4. 模具试模与维修	4.2 模具维修	4.2.1 能调整折弯成型角度和拉深工艺（A） 4.2.2 能修配冲压模滑块与滑块槽、滑块斜面与楔紧块斜面等运动间隙（A） 4.2.3 能诊断制件精度IT8级及以上、料厚（t）小于1mm且大于0.2mm的单工序冲压模、复合模的缺陷，提出解决方案并维修（A） 4.2.4 能解决十工步以内浅成型级进模脱料、送料、定位等异常问题（A） 4.2.5 能更换损坏的冲压模具零件（A） 4.2.6 能对冲压模具进行各级保养（A） 4.2.7 能通过修复模具相关零部件，解决制件排气不良、漏胶等常见问题（B） 4.2.8 能修配注射模滑块与滑块槽、滑块斜面与楔紧块斜面等运动间隙（B） 4.2.9 能诊断三板模具、侧向抽芯模、带二级脱模机构注射模的缺陷，提出解决方案并维修（B） 4.2.10 能诊断多分型面注射模的缺陷，提出解决方案并维修（B） 4.2.11 能更换损坏的注射模具零件（B） 4.2.12 能对注射模具进行各级保养（B）	4.2.1 冲压模具常见缺陷及修理工艺（A） 4.2.2 折弯成型和拉深工艺常见缺陷及改善方法（A） 4.2.3 冲压模滑块和楔紧块配合缺陷及修配方法（A） 4.2.4 级进模步距、脱料、定位等常见问题及解决办法（A） 4.2.5 冲压模具一级保养、二级保养、三级保养的要求和内容（A） 4.2.6 注射模常见缺陷及修理工艺（B） 4.2.7 制件排气不良、漏胶等常见制件缺陷改善方法（B） 4.2.8 注射模滑块和楔紧块等配合缺陷及修配方法（B） 4.2.9 注射模具一级保养、二级保养、三级保养的要求和内容（B）

3.3　二级/技师

职业功能	工作内容	技能要求	相关知识要求
1. 模具结构分析	1.1 改善制件工艺	1.1.1 能绘制制件二维、三维图 1.1.2 能根据制件的要求选择合适的成型工艺 1.1.3 能根据制件要求提出模具结构、加工工艺、生产工艺等改善建议 1.1.4 能读懂一种或以上外文图样	1.1.1 制件二维、三维绘图知识 1.1.2 多点顺序进胶、气辅、叠层、双色等工艺知识 1.1.3 深成型、薄壁件、高精度等成型难点的解决方法 1.1.4 激光加工、3D打印等新工艺方法 1.1.5 成型工艺的模流分析知识 1.1.6 模具常见国外标准
	1.2 评审模具结构	1.2.1 能根据冲压模具装配图拆画零件图或测绘零件图（A） 1.2.2 能识读五工序以上冲压和十工步以上级进模等各种冲压模具的零件图和装配图（A） 1.2.3 能确定级进模的成型、送料、导向、模内检测等结构（A） 1.2.4 能评估多工位拉深、折弯等难点成型方案（A）	1.2.1 冲压模具零件测绘、拆画知识（A） 1.2.2 深拉深、多步折弯等难点成型工艺（A） 1.2.3 常见模内检测种类、结构和作用（A） 1.2.4 高精度、多工步级进等复杂模具结构知识（A）

（续）

职业功能	工作内容	技能要求	相关知识要求
1. 模具结构分析	1.2 评审模具结构	1.2.5 能识读大型覆盖件模具、高速冲压模具、精密冲压模具等特殊结构模具结构（A） 1.2.6 能提出冲压模具结构改善建议（A） 1.2.7 能根据注射模具装配图拆画零件图或测绘模具零件图（B） 1.2.8 能识读多次组合抽芯、多次顶出等注射模的零件图和装配图（B） 1.2.9 能评估多点顺序进胶热流道方案（B） 1.2.10 能读懂如汽车保险杠等大型模具、叠层模、双色模、气辅模等特殊注射模具结构（B） 1.2.11 能提出注射模具结构改善建议（B）	1.2.5 大型覆盖件模具、高速冲压模具、精密冲压模具等特殊结构冲压模具结构和工作原理（A） 1.2.6 注射模具零件测绘、拆画知识（B） 1.2.7 多次组合抽芯、多次顶出模具结构和工艺（B） 1.2.8 叠层、高光、气辅、双色成型工艺和结构（B） 1.2.9 顺序进胶热流道工艺和结构（B） 1.2.10 叠层模、高光模、气辅模、顺序进胶热流道注射模等特殊注射模具结构特点、技术要求、动作原理（B）
2. 模具制造	2.1 制定零件加工工艺	2.1.1 能编制模具零件加工工艺 2.1.2 能选用超声波、电化学、激光、光学曲线磨等特种加工方法 2.1.3 能选用涂层、渗碳、深冷等模具零件处理方法 2.1.4 能参与工装设计，并提出方案优化建议	2.1.1 典型零件数控加工、电加工、图文雕刻等加工工艺编制知识 2.1.2 超声波、电化学、激光、光学曲线磨等相关技术知识 2.1.3 工业机器人等智能制造知识 2.1.4 工装设计知识 2.1.5 涂层、渗碳、深冷等模具零件处理知识
	2.2 零件加工	2.2.1 能解决加工过程中出现的如深孔（深高比10以上）和高精度孔（达到IT5级精度）等难题 2.2.2 能加工配合零件，达到IT5级精度要求 2.2.3 能加工IT4级精度零件	2.2.1 小、精、深孔的钻削知识 2.2.2 高精度配合零件的加工方法 2.2.3 IT4级精度零件的加工工艺和方法
	2.3 零件研磨抛光	2.3.1 能对高硬度、高精度、高寿命、复杂成型零件进行精研磨、抛光 2.3.2 能研磨抛光精加工，达到研磨精度≤IT6级，表面粗糙度值≤Ra0.2μm 2.3.3 能评估研磨抛光工艺和质量	2.3.1 高硬度、高精度、高寿命、复杂成型零件的研磨方法和操作要点 2.3.2 镜面抛光方法、技巧和操作要点 2.3.3 研磨抛光常见缺陷及原因
	2.4 零件检测	2.4.1 能使用三坐标测量机检测零部件 2.4.2 能设计制作检测用工装夹具 2.4.3 能分析模具零部件检测结果	2.4.1 三坐标测量机工作原理和使用知识 2.4.2 专用量具、检测夹具设计、制作知识 2.4.3 测量数据的采集和分析处理知识

附 录

（续）

职业功能	工作内容	技能要求	相关知识要求
3. 模具装配	3.1 零部件修配	3.1.1 能装调液压、气动抽芯等长距离侧向成型机构（A） 3.1.2 能修配多工位拉深模的凸凹模（A） 3.1.3 能修配十工步以上精密级进模等冲压模具的零部件（A） 3.1.4 能修配如汽车覆盖件、大家电等大型模具零部件（A） 3.1.5 能修配高速冲压模具（400次/min）、精密冲压模具零部件（A） 3.1.6 能装调模内检测、模内攻牙、模内铆接、模内叠铆等自动生产机构（A） 3.1.7 能修配多点顺序进胶热流道（B） 3.1.8 能修配液压与气动顶出机构和抽芯机构等零部件（B） 3.1.9 能修配气辅模、双色模、叠层模及多次抽芯、多次顶出模具零部件（B） 3.1.10 能修配螺纹脱模机构等复杂脱模机构（B）	3.1.1 液压抽芯装置结构与安装知识（A） 3.1.2 多工位拉深模工艺与结构（A） 3.1.3 高精密级进模零部件结构与装配方法（A） 3.1.4 大型冲模零部件结构与装配方法（A） 3.1.5 高速冲压模具、精密冲压模具零部件结构与装配方法（A） 3.1.6 常见模具检测机构和模内攻牙、模内铆接、模内叠铆等自动生产机构结构特点、技术要求、动作原理（A） 3.1.7 多点顺序进胶热流道模具工作原理及装配方法（B） 3.1.8 多次抽芯、多次顶出机构结构和装配方法（B） 3.1.9 叠层、高光、气辅、双色成型零部件结构和装配方法（B） 3.1.10 螺纹脱模机构等复杂脱模机构的特点和工作原理（B）
	3.2 模具总装配	3.2.1 能装配十工步以上精密级进模等冲压模具（A） 3.2.2 能装配如汽车覆盖件等大型冲压模具（A） 3.2.3 能装配精密冲压模具（A） 3.2.4 能装配高速冲压模具（400次/min）（A） 3.2.5 能够根据工步和工序特点制定模具装配整体方案（A） 3.2.6 能装配多点顺序进胶热流道注射模具（B） 3.2.7 能装配多次组合抽芯模具、多次顶出模具（B） 3.2.8 能装配如汽车保险杠、打印机外壳等大型注射模具（B） 3.2.9 能装配气辅模、双色模、叠层模、内螺纹抽芯模具等特殊结构模具（B） 3.2.10 能根据产品的外观、安装要求制定模具分型面研配作业技术要点和工艺方案（B）	3.2.1 多工位级进模结构和装配知识（A） 3.2.2 大型冲压模、高速冲压模、精密冲压模等特殊结构模具结构和装配方法（A） 3.2.3 多点顺序进胶热流道注射模具结构与装配方法（B） 3.2.4 多次组合抽芯模具、多次顶出模具结构和装配方法（B） 3.2.5 如汽车保险杠等大型注射模具结构和装配方法（B） 3.2.6 气辅模、双色模、叠层模、内螺纹抽芯模等特殊结构模具的结构与装配方法（B）
	3.3 模具检验与调整	3.3.1 能完成模具模内检测机构、液压气动装置、模内攻牙装置等自动生产机构的精度检验与调整（A） 3.3.2 能根据模具验收标准完成十工步以上级进模等冲压模具检验与调整（A）	3.3.1 模内攻牙、模内铆接、模内叠铆等自动生产机构检验与调试方法（A） 3.3.2 高速冲压模具、精密冲压模具等特殊结构冲压模的精度检验与调试方法（A）

（续）

职业功能	工作内容	技能要求	相关知识要求
3. 模具装配	3.3 模具检验与调整	3.3.3 能根据模具验收标准完成高速冲压模具、大型冲压模具、精密冲压模具等特殊结构冲压模的检验与调整（A） 3.3.4 能完成多点顺序进胶热流道的装配精度及线路的检验与调整（B） 3.3.5 能根据模具验收标准完成多次组合抽芯模具、多次顶出模具的检验与调整（B） 3.3.6 能根据模具验收标准完成如汽车保险杠、打印机外壳等大型注射模具的检验与调整（B） 3.3.7 能根据模具验收标准完成气辅模、双色模、叠层模、内螺纹抽芯模具等特殊结构模具的检验与调整（B）	3.3.3 冲压模具验收工作内容及要求（A） 3.3.4 多点顺序进胶热流道模具检验与调试方法（B） 3.3.5 多次组合抽芯模具、多次顶出模具的检验与调试方法（B） 3.3.6 大型注射模具精度检验与调试方法(B) 3.3.7 气辅模、双色模、内螺纹抽芯模等特殊结构注射模精度检验与调试方法（B） 3.3.8 注射模具验收工作内容及要求（B）
4. 模具试模与维修	4.1 模具试模	4.1.1 能对十工步以上级进模、深拉深模、大型冲压模、高速冲压模具、精密冲压模具等进行试模（A） 4.1.2 能制订冲压模具试模工艺流程（A） 4.1.3 能制订冲压模具试模记录表和模具工作状况表（A） 4.1.4 能评估冲压模具能否实现稳定、可靠、自动化连续作业生产（A） 4.1.5 能提出冲压模具改进方案（A） 4.1.6 能对叠层模、内螺纹抽芯模具等特殊结构模具和大型、多次抽芯顶出类注射模具进行试模（B） 4.1.7 能制订注射模具试模工艺流程（B） 4.1.8 能制订注射模具试模记录表和模具工作状况表（B） 4.1.9 能评估注射模具能否实现稳定、可靠、自动化连续作业生产（B） 4.1.10 能提出注射模具改进方案（B）	4.1.1 十工步以上级进模、深拉深模、大型冲压模、高速冲压模具、精密冲压模具等复杂冲压模具试模流程与方法（A） 4.1.2 冲压模具试模工序流程制订方法（A） 4.1.3 冲压模具试模记录表和模具工作状况表编制方法（A） 4.1.4 热流道模具、多次抽芯、多次顶出模具的试模流程与方法（B） 4.1.5 气辅、双色、叠层等特殊结构注射试模流程与方法（B） 4.1.6 注射模具试模工序流程制订方法（B） 4.1.7 注射试模记录表和模具工作状况表编制方法（B）
	4.2 模具维修	4.2.1 能根据试模情况，对制件毛刺、断裂等外观及尺寸缺陷进行分析并给出解决方案（A） 4.2.2 能诊断十工位以上级进模、深拉深模、大型冲压模、高速冲压模具、精密冲压模等模具缺陷，提出解决方案并维修（A） 4.2.3 能制订冲压制件异常分析记录表（A） 4.2.4 能通过修复模具相关零部件，解决制件熔接痕、排气不良、尺寸超差、缩水、变形等常见问题（B）	4.2.1 毛刺、断裂等制件外观及尺寸缺陷产生的原因及解决方案（A） 4.2.2 冲压制件异常分析记录表的内容和结构（A）

（续）

职业功能	工作内容	技能要求	相关知识要求
4. 模具试模与维修	4.2 模具维修	4.2.5 能诊断气辅、双色、叠层、内螺纹抽芯等特殊结构模具和大型、多次抽芯顶出类复杂结构模具的缺陷，提出解决方案并维修（B） 4.2.6 能根据试模情况制订制件的注射成型周期及相应的工艺方案（B） 4.2.7 能制订注射制件异常分析记录表（B）	4.2.3 制件熔接痕、排气不良、变形等外观及尺寸缺陷产生的原因及解决方案（B） 4.2.4 注射制件异常分析记录表的内容和结构（B）
5. 管理与培训	5.1 人员培训	5.1.1 能对三级/高级工及以下级别人员的工作进行示范指导 5.1.2 能对三级/高级工及以下级别人员进行安全生产培训 5.1.3 能对三级/高级工及以下级别人员进行专项技能培训和技术标准培训 5.1.4 能编写培训方案	5.1.1 培训教学的基本方法和常用技巧 5.1.2 培训方案的编写要求 5.1.3 岗位安全生产职责 5.1.4 专项技能培训和技术标准培训方法
	5.2 模具生产管理	5.2.1 能对模具装调、试模、维修进行质量跟踪和管控并形成模具档案 5.2.2 能制订模具保养作业方案，延长模具使用周期 5.2.3 能组织实施废水、废油等废弃品的处理以符合环保等政策要求 5.2.4 能根据模具生产状况制订改善措施	5.2.1 模具生产管理和安全管理知识 5.2.2 生产质量跟踪和管控体系知识 5.2.3 模具系统保养方案 5.2.4 ISO14000 环境管理系列标准知识

3.4 一级/高级技师

职业功能	工作内容	技能要求	相关知识要求
1. 模具结构分析	1.1 改善制件工艺	1.1.1 能对三次以上折弯成型、深腔、薄壁等高难度制件成型提出工艺方案 1.1.2 能提出改进制件成型工艺方案的建议 1.1.3 能借助工具查阅外文资料	1.1.1 深腔、薄壁等高难度制件成型工艺知识 1.1.2 外文工具使用方法
	1.2 优化模具结构	1.2.1 能分析模具加工工艺合理性 1.2.2 能提出或优化模具自动化生产方案，如模内攻螺纹、模内铆接、模内叠铆、使用机械手等 1.2.3 能运用增材制造、逆向技术等新技术进行模具零件加工工艺方案评估 1.2.4 能根据 CAE 仿真分析数据进行成型工艺方案优化 1.2.5 能在模具评审中对影响效率和制件品质的因素提出改善方案	1.2.1 模具机械手、自动化生产线等自动化生产知识 1.2.2 模具增材制造、逆向等新技术 1.2.3 柔性制造等模具自动化加工知识 1.2.4 模具 CAE 仿真方法

(续)

职业功能	工作内容	技能要求	相关知识要求
2. 模具制造	2.1 制订零件加工工艺	2.1.1 能对模具零部件结构工艺性提出改进建议 2.1.2 能使用增材制造、智能制造单元等新加工工艺制订模具零部件加工工艺流程 2.1.3 能对高精密、特殊零件（如易变形、高互换性要求等）加工工艺进行分析评估 2.1.4 能对模具零件工艺方案进行成本评估	2.1.1 模具零件加工工艺合理性分析 2.1.2 增材制造、智能制造单元等新加工工艺与应用 2.1.3 成本核算知识
	2.2 零件加工	2.2.1 能解决加工过程中出现的不宜装夹、加工困难等难题 2.2.2 能设计特殊零件加工夹具并进行加工 2.2.3 能对加工方案提出创新性建议	2.2.1 夹具设计知识 2.2.2 智能制造单元等新加工方案知识
	2.3 零件检测	2.3.1 能使用复合手段检测零件 2.3.2 能分析检测数据，诊断模具零件质量问题产生的原因，并能提出解决方案	2.3.1 检测数据分析方法 2.3.2 模具零部件产生质量问题的原因及排除方法
3. 模具装配	3.1 零部件修配	3.1.1 能装调模内激光焊接、模内感应器等模具自动化生产部件（A） 3.1.2 能装配超高精度（IT4级）冲压模具零部件（A） 3.1.3 能对大型模具组件如汽车大型覆盖件等特殊模具零部件装配方案提出改进办法（A） 3.1.4 能对冲压模具零件修配中的非常规性问题提供解决方案（A） 3.1.5 能装调模内自动机构、模内感应器等模具自动化生产部件（B） 3.1.6 能装配超高精度（IT4级）注射模具零部件（B） 3.1.7 能对医疗、光学等高精密模具零部件装配方案提出改进办法（B） 3.1.8 能对注射模具零件修配中的非常规性问题提供解决方案（B）	3.1.1 模内激光焊接、模内感应器等模具自动化生产部件结构和装配工艺（A） 3.1.2 超高精度冲压模具零部件结构和装配工艺（A） 3.1.3 大型覆盖件等特殊模具零部件结构和装配工艺（A） 3.1.4 模内自动机构、模内感应器等模具自动化生产部件的结构和装配工艺（B） 3.1.5 高精度注射模具零部件结构和装配工艺（B） 3.1.6 医疗、光学等高精密模具零部件结构和装配工艺（B）
	3.2 模具总装配	3.2.1 能装配如汽车仪表板、大型覆盖件等大型精密模具 3.2.2 能装配如医疗器械、接插件、集成电路封装等自动化生产的高精密模具 3.2.3 能制订新型模具、大型模具、精密模具装配方案	3.2.1 大型精密复杂模具的结构、装配工艺和技术要求 3.2.2 自动化生产高精密模具的结构、装配工艺和技术要求
	3.3 模具检验与调整	3.3.1 能诊断模具质量问题，分析产生的原因，并提出解决方案 3.3.2 能诊断模具动态质量问题，并提出解决方案	3.3.1 模具装配过程中疑难问题分析和解决方法 3.3.2 模具装配工艺规程

附 录

（续）

职业功能	工作内容	技能要求	相关知识要求
4. 模具试模与维修	4.1 模具试模	4.1.1 能审定冲压模具试模工艺流程和相关文件（A） 4.1.2 能进行如触头与支座组件、微小电动机等多功能、精密复杂冲压模具的试模与调试（A） 4.1.3 能进行如集成电路封装模等自动化生产模具的试模与调试（A） 4.1.4 能处理和解决冲压模具试模过程中出现的各类问题（A） 4.1.5 能根据冲压模具试模结果提出模具结构及工艺改进方案（A） 4.1.6 能审定注射模具试模工艺流程和相关文件（B） 4.1.7 能进行多点进胶、顺序进胶等复杂热流道、多腔多分型面、复合抽芯等精密复杂注射模具的试模和调整（B） 4.1.8 能进行如医疗器械接插件等高精密微型模具的试模和调整（B） 4.1.9 能处理和解决注射模具试模过程中出现的各类问题（B） 4.1.10 能根据注射模具试模结果提出模具结构及工艺改进方案（B）	4.1.1 冲压模具调试工艺知识（A） 4.1.2 多步成型、高精度角度成型等精密复杂冲压模具故障形式与解决对策（A） 4.1.3 冲压模具缺陷分析与解决方案（A） 4.1.4 冲压模具自动化生产工艺（A） 4.1.5 高难度冲压制件成型工艺确定原则（A） 4.1.6 注射模调试工艺知识（B） 4.1.7 复杂热流道、多腔多分型面、复合抽芯等多功能、精密复杂注射模具的故障形式与解决对策（B） 4.1.8 注射模具缺陷分析与解决方案（B） 4.1.9 注射模具机电一体化解决方案（B） 4.1.10 高难度塑料制件成型工艺确定原则（B）
	4.2 模具维修	4.2.1 能评估并优化修模方案 4.2.2 能应用新工艺、新材料、新技术维修模具 4.2.3 能解决模具修复中的难题 4.2.4 能制订延长模具使用周期的方案 4.2.5 能对维修问题点进行归纳总结，并提出预防解决方案	4.2.1 模具新工艺、新材料、新技术知识 4.2.2 精密模具修复技术 4.2.3 模具使用周期管理知识
5. 管理与培训	5.1 人员培训	5.1.1 能对二级/技师的工作进行示范指导 5.1.2 能编写培训讲义	5.1.1 系统培训方案制订方法 5.1.2 培训讲义编写方法
	5.2 模具生产管理	5.2.1 能对核算模具报价和成本数据提供建议 5.2.2 能开展模具生产组织和管理 5.2.3 能制订企业内部技术标准	5.2.1 项目管理知识 5.2.2 报价和成本核算知识 5.2.3 模具技术标准内容和制订方法

4. 权重表

4.1 理论知识权重表

项目		技能等级			
		四级/中级工(%)	三级/高级工(%)	二级/技师(%)	一级/高级技师(%)
基本要求	职业道德	5	5	5	5
	基础知识	25	20	10	5
相关知识要求	模具结构分析	10	15	15	20
	模具制造	25	20	15	10
	模具装配	20	20	25	25
	模具试模与维修	15	20	20	25
	管理与培训	—	—	10	10
合 计		100	100	100	100

4.2 技能要求权重表

项目		技能等级			
		四级/中级工(%)	三级/高级工(%)	二级/技师(%)	一级/高级技师(%)
技能要求	模具结构分析	15	15	15	10
	模具制造	35	30	20	20
	模具装配	35	30	25	20
	模具试模与维修	15	25	30	35
	管理与培训	—	—	10	15
合 计		100	100	100	100

参 考 文 献

[1] 李云程. 模具制造工艺学 [M]. 北京：机械工业出版社，2011.
[2] 朱磊. 模具装配、调试与维修 [M]. 北京：机械工业出版社，2012.
[3] 汪哲能，骆书芳，徐文庆. 钳工工艺与技能训练 [M]. 4版. 北京：机械工业出版社，2024.
[4] 孙喜兵. 钳工工艺与技能 [M]. 2版. 北京：中国劳动社会保障出版社，2024.

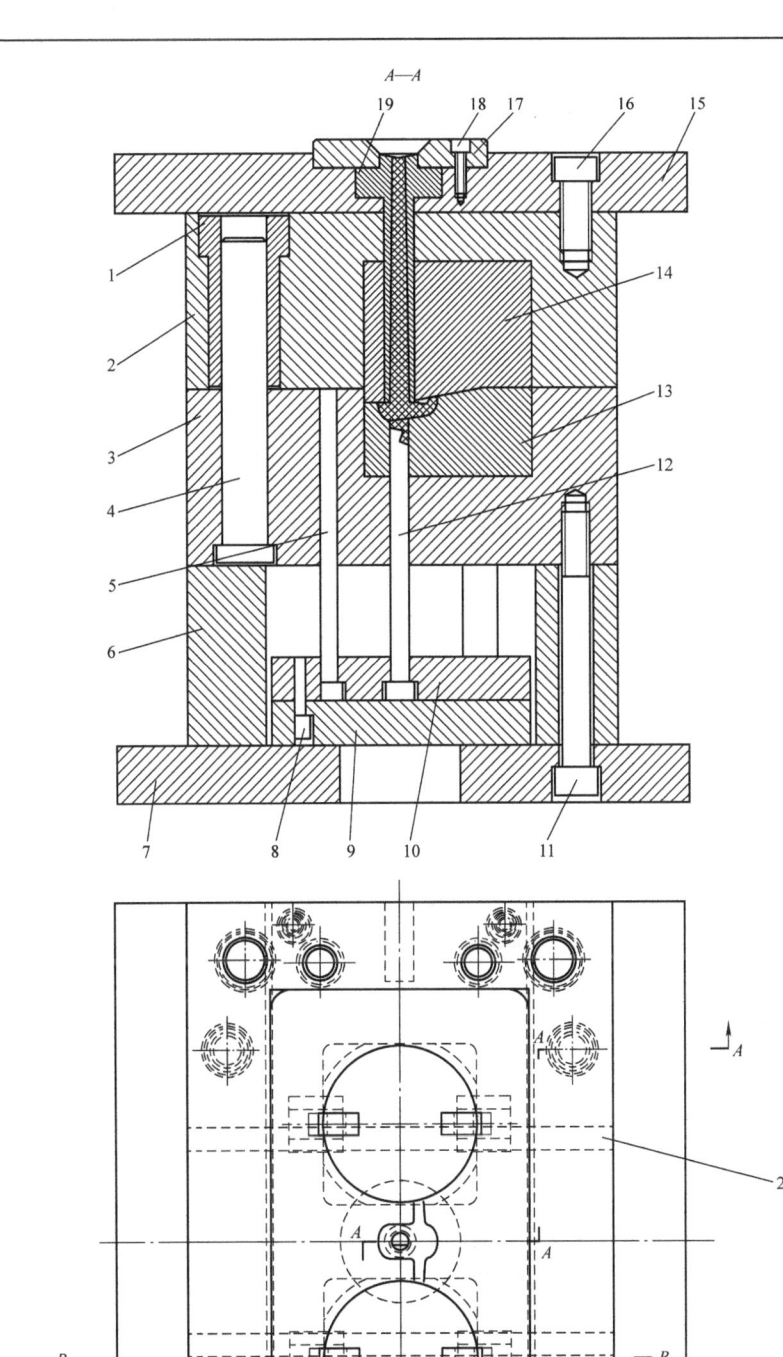
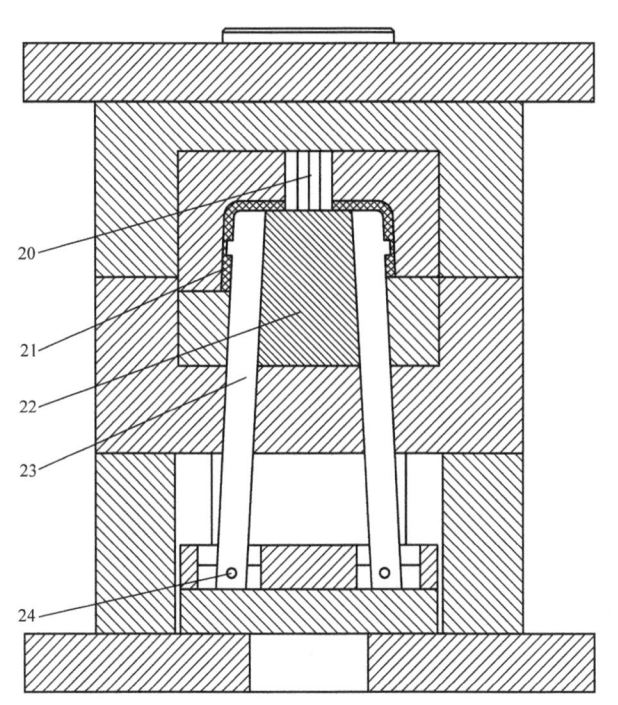
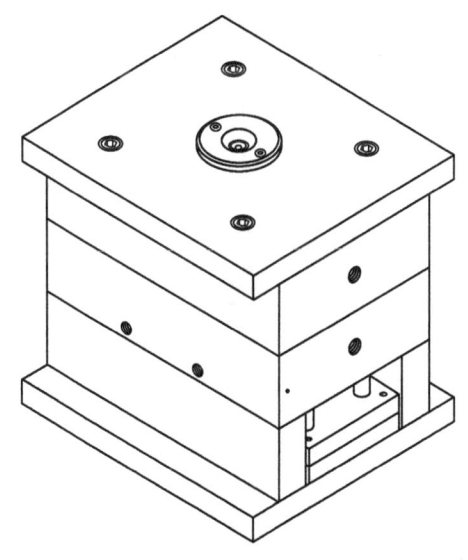
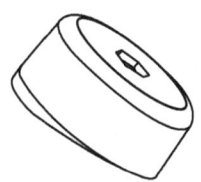

塑件

技术要求
1. 塑件材料为聚苯乙烯，流动性好，所以模具飞边间隙要求小于0.03mm(单边)。
2. 模具成型零件材料为45钢，需要加工型芯、型腔、斜滑顶杆，保证能够进行塑料的生产。
3. 模具上的所有标准件和模架可以定做。
4. 外形不得有损伤、划痕等缺陷。
5. 分型面闭合间隙小于0.03mm，型芯和型腔对撞面间隙小于0.03mm。
6. 顶杆痕迹深度小于0.2mm，塑件顶杆部分无突起。
7. 各个零件参数见明细表。

序号	代号	名称	规格	材料	单件总计 质量	备注
25	MJ-01-25	冷却水道				
24	MJ-01-24	斜滑推杆固定针	φ3×10	45钢	4	
23	MJ-01-23	斜滑推杆		45钢	4	正火处理
22	MJ-01-22	动模型芯		45钢	2	
21	PE	塑件		PE	2	
20	MJ-01-20	定模小型芯		45钢	2	
19	MJ-01-19	浇口套	φr30	T8A	1	
18	GB/T 70.1-2008	螺栓	M3.5×15	Q235	4	
17	MJ-01-17	定位圈	φ60×15	45钢	1	
16	GB/T 70.1-2008	螺栓	M10×30	Q235	4	
15	MJ-01-15	定模座板	200×230×20	45钢	1	
14	MJ-01-14	型腔镶块	92×170×48	45钢	1	正火处理
13	MJ-01-13	型芯镶块	92×170×25	45钢	1	正火处理
12	MJ-01-12	拉料杆	φ6.5×93	45钢	1	
11	GB/T 70.1-2008	螺栓	M10×102	Q235	4	
10	MJ-01-10	推杆固定板	90×230×15	45钢	1	
9	MJ-01-09	推板	90×230×15	45钢	1	
8	GB/T 70.1-2008	螺栓	M8×12	Q235	4	
7	MJ-01-07	动模座板	200×230×20	45钢	1	
6	MJ-01-06	垫块	28×230×60	45钢	2	
5	MJ-01-05	复位杆	φ12×106	T10A	4	
4	MJ-01-04	导柱	φ16×110	T10A	4	
3	MJ-01-03	动模板	150×230×60	45钢	1	正火处理
2	MJ-01-02	定模板	150×230×60	45钢	1	正火处理
1	MJ-01-01	导套	φ25×58	T10A	4	

设计			杯盖注射模	比例	1:1
校对				材料	
审核				图号	MJ-01
工艺				第 张 共 张	

附录 A

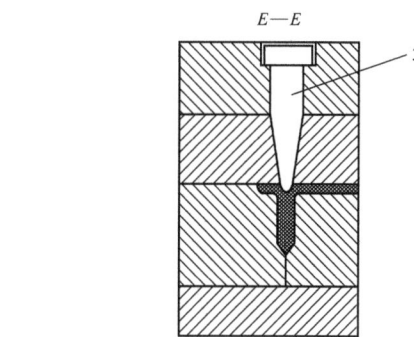

立体图1:2

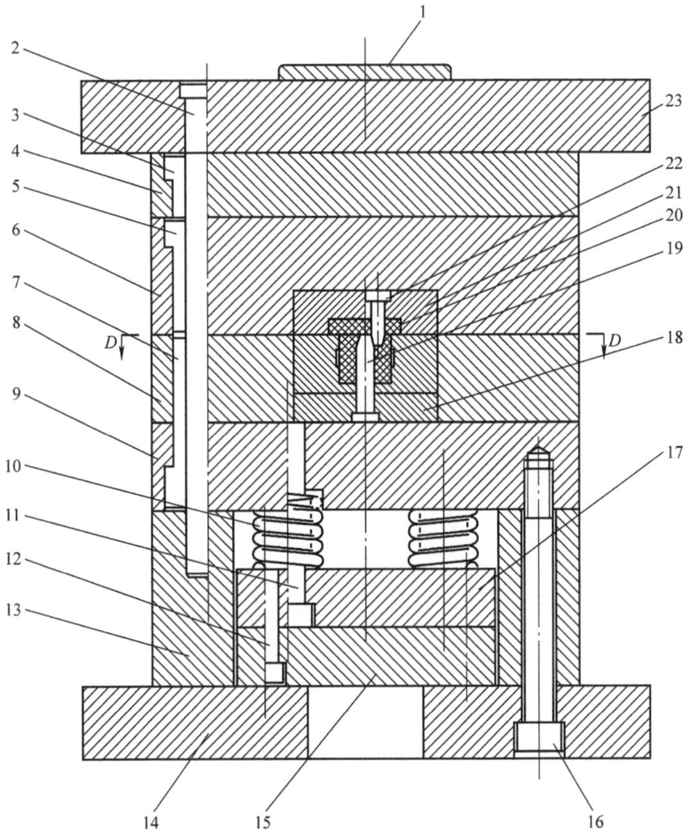

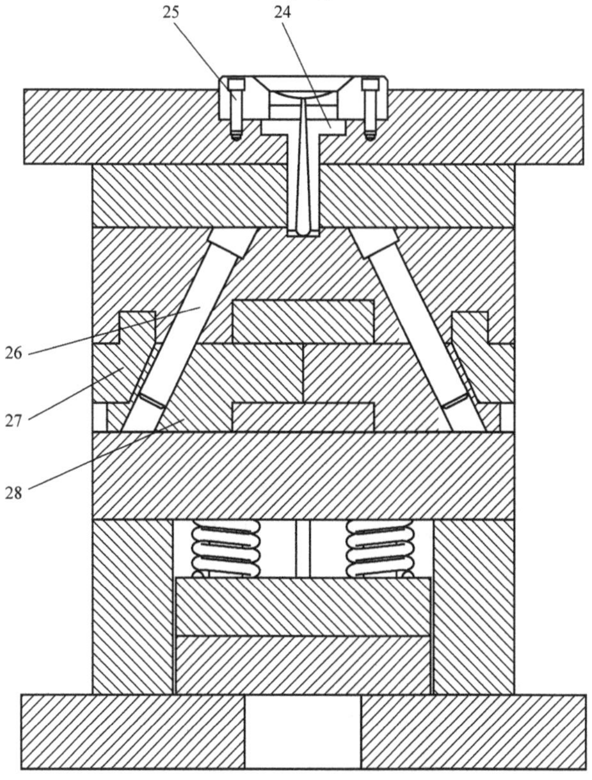

技术要求
1. 塑件材料为聚苯乙烯，流动性好，所以模具飞边间隙要求小于0.03mm(单边)。
2. 模具成型零件材料为45钢，需要加工型芯、型腔、斜滑块，保证能够进行塑料的生产。
3. 模具上的所有标准件和模架可以定做。
4. 外形不得有损伤、划痕等缺陷。
5. 分型面闭合间隙小于0.03mm，型芯和型腔对撞面间隙小于0.03mm。
6. 顶杆痕迹深度小于0.2mm，塑件顶杆部分无突起。
7. 各个零件参数见明细表。

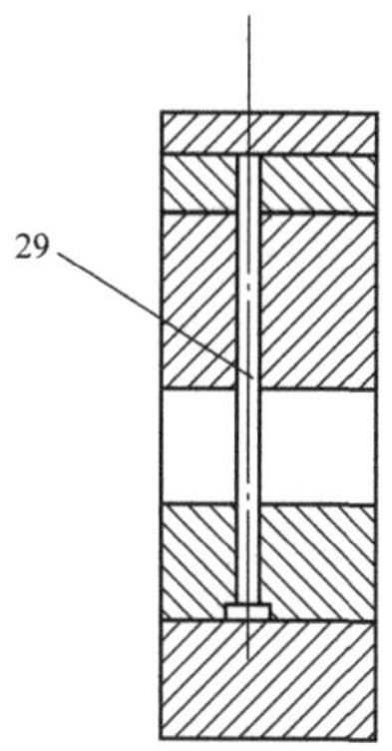

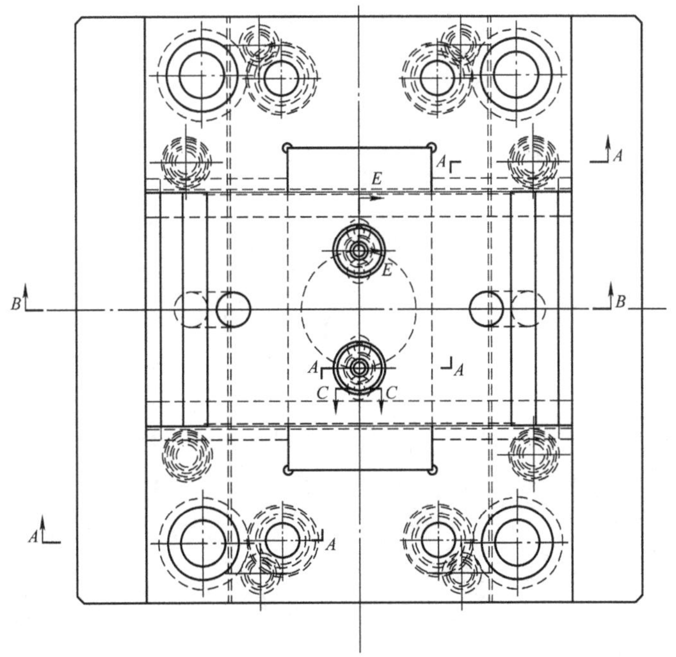

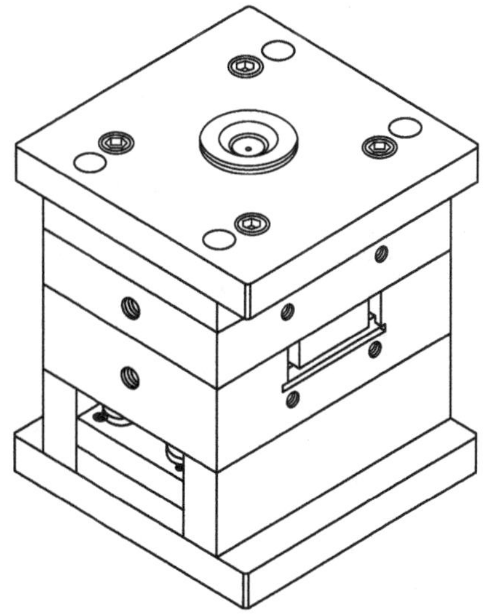

30	MJ-02-30	拉料钉	φ10×42	45钢	2	
29	MJ-02-29	顶针	φ4×77	45钢	4	
28	MJ-02-28	斜滑块		45钢	2	正火处理
27	MJ-02-27	楔紧块		45钢	2	
26	MJ-02-26	斜导柱	φ10×58	标准件	2	
25	GB/T 70.1-2008	螺栓	M3.5×15	Q235	4	
24	MJ-02-24	浇口套	φr30	T8A	1	
23	MJ-02-23	定模座板	200×200×25	45钢	1	
22	MJ-02-22	动模小型芯	φ5×15	45钢	2	正火处理
21	MJ-02-21	动模小型芯固定板	50×110×15	45钢	1	正火处理
20	PE	塑件		PE	2	
19	MJ-02-19	定模小型芯	φ6×27	45钢	2	正火处理
18	MJ-02-18	定模小型芯固定板	50×110×30	45钢	1	正火处理
17	MJ-02-17	推杆固定板	90×200×20	45钢	1	
16	GB/T 70.1-2008	螺栓	M10×92	Q235	4	
15	MJ-02-15	推板	90×200×20	45钢	1	
14	MJ-02-14	动模座板	200×200×25	45钢	1	
13	MJ-02-13	垫块	29×200×60	45钢	2	
12	GB/T 70.1-2008	螺栓	M9×32	Q235	4	
11	MJ-02-11	复位杆	φ12×62	T10A	4	
10	MJ-02-10	复位弹簧	φ24×27	标准件	4	
9	MJ-02-09	垫板	150×200×30	45钢	1	
8	MJ-02-08	定模板	150×200×30	45钢	1	正火处理
7	MJ-02-07	导套	φ25×58	T10A	4	
6	MJ-02-06	动模板	150×200×40	45钢	1	正火处理
5	MJ-02-05	导套	φ25×38	T10A	4	
4	MJ-02-04	拉板	150×200×22	45钢	1	
3	MJ-02-03	导套	φ25×21	T10A	4	
2	MJ-02-02	导柱	φ16×165	T10A	4	
1	MJ-02-01	定位圈	φ60×15	45钢	1	
序号	代号	名称	规格	材料	单件总计 质量	备注

设计			旋钮注射模		比例	1:1
校对					材料	
审核					图号	MJ-02
工艺					第 张 共 张	

附录B